U0168167

国家科学技术学术著作出版基金资助出版

随机-区间混合可靠性分析及优化设计

姜　潮　郑　静　著

科　学　出　版　社
北　京

内 容 简 介

本书是一本全面论述随机-区间混合结构可靠性分析及优化设计的专著，主要内容包括：首先，聚焦混合结构可靠性分析的计算效率难点，提出多种高效求解算法；其次，针对结构系统可靠性、可靠度敏感性、时变可靠性、考虑变量相关性的可靠性等重要问题，建立相应的可靠性分析方法；最后，将混合结构可靠性分析拓展至结构优化设计问题，并提出随机-区间混合可靠性优化方法和结构-材料一体化鲁棒性拓扑优化方法。

本书可作为高等院校机械工程、力学、土木工程、航空航天等专业的研究生及高年级本科生学习的参考用书，也可供相关领域的科研人员阅读。

图书在版编目(CIP)数据

随机-区间混合可靠性分析及优化设计 / 姜潮，郑静著. —北京：科学出版社，2023.10

ISBN 978-7-03-076132-3

Ⅰ. ①随… Ⅱ. ①姜… ②郑… Ⅲ. ①结构可靠性-分析 ②结构最优化-研究 Ⅳ. ①TB114.33 ②TU318.4

中国国家版本馆CIP数据核字(2023)第150329号

责任编辑：陈 婕 李 娜 / 责任校对：任苗苗
责任印制：赵 博 / 封面设计：陈 敬

科学出版社出版
北京东黄城根北街16号
邮政编码：100717
http://www.sciencep.com
北京中石油彩色印刷有限责任公司印刷
科学出版社发行 各地新华书店经销
*
2023年10月第 一 版 开本：720×1000 1/16
2024年 1 月第二次印刷 印张：13 1/2
字数：270 000

定价：98.00 元

（如有印装质量问题，我社负责调换）

前　言

在工程实际问题中，往往存在着与材料属性、几何尺寸、载荷等相关的大量参数不确定性。根据已知信息或认知水平的不同，这些不确定性大致可分为随机不确定性和认知不确定性两大类。随机不确定性是基于概率理论发展起来的，也可称为统计不确定性，主要通过概率模型进行度量；认知不确定性属于一种主观不确定性，主要来源于信息不完备、认知水平局限和知识缺乏等，一般可通过区间方法、证据理论等进行度量。结合概率方法及各类认知不确定性模型，理论上可以构建出不同类型的混合不确定性模型，从而为未来更为复杂的工程不确定性问题的处理提供强大的分析工具。随机-区间混合不确定性模型是近年来广受关注的一类混合不确定性模型，在此基础上发展出一类重要的结构可靠性分析方法，即随机-区间混合结构可靠性分析方法，在本书中简称为随机-区间混合可靠性分析或混合可靠性分析。混合可靠性分析有效结合了传统概率方法和非概率区间方法的优点，有望为未来复杂工程结构的安全性评估和设计提供新的思路和技术手段，同时可以为未来其他类型的混合不确定性模型与相应可靠性分析方法的构建提供重要的参考及一定的理论基础。

本书是作者及其所在课题组在随机-区间混合可靠性分析领域多年的研究成果总结。全书共 11 章。第 1 章对传统结构可靠性分析基本理论进行简要介绍；第 2 章对随机-区间混合不确定性分类及结构可靠性分析问题进行描述，并对相关研究领域进行综述和展望；第 3 章～第 5 章主要针对随机-区间混合可靠性分析领域由嵌套优化造成的计算效率难点问题，分别基于单调性分析、响应面、等效转换等提出三种高效求解算法，有效提升了其解决复杂工程问题的能力；第 6 章～第 9 章分别针对结构系统可靠性、可靠度敏感性、时变可靠性、变量相关性等结构可靠性领域的四类重要问题，建立相应的随机-区间混合可靠性分析方法，进一步完善其理论框架和方法体系；第 10 章和第 11 章将随机-区间混合可靠性分析拓展至结构优化设计问题，分别提出一种随机-区间混合可靠性优化方法和一种结构-材料一体化鲁棒性拓扑优化方法，实现了混合不确定性条件下的结构最优设计。

本书得以出版，需要感谢李金武博士、刘海波博士、黄志亮博士、李文学硕士、刘丽新硕士、路国营硕士的创新性工作，同时需要感谢龙湘云博士、李金武博士、刘海波博士、倪冰雨博士、张哲博士、韦新鹏博士、黄志亮博士等在本书的整理、讨论、撰写及修订过程中付出的辛勤劳动。此外，感谢项目合作方中国工程物理研究院总体工程研究所的魏发远博士、万强博士等在本书出版过程中给予的大力支持。

本书内容相关研究得到了国防基础科研核科学挑战专题(TZ2018007)、国家杰出青年科学基金项目(51725502)、国家优秀青年科学基金项目(51222502)等的支持。

限于作者水平，书中难免存在不足之处，敬请各位读者和专家批评指正。

姜　潮

2023 年 5 月于岳麓山

目　　录

第1章 传统结构可靠性分析基本理论

结构可靠性分析(structural reliability analysis)理论是基于工程结构设计中存在的各类参数不确定性发展起来的，旨在实现工程结构的可靠性评估与安全性设计。根据已知信息或认知水平的不同，目前结构中的不确定性主要分为随机不确定性(aleatory uncertainty)和认知不确定性(epistemic uncertainty)两类[1,2]。传统结构可靠性分析主要考虑结构中的随机不确定性，是将概率统计理论与工程结构问题相结合而发展出来的一套行之有效的可靠性分析理论与方法，目前已广泛应用于实际工程问题中。本章主要介绍传统结构可靠性分析的基本理论，为后续随机-区间混合可靠性分析方法的介绍提供必要的理论基础。本章的主要内容分为两部分：一部分给出结构可靠性基本概念，包括功能函数、极限状态面、结构可靠度、失效概率等；另一部分对结构可靠性分析的经典方法，即一次二阶矩方法[3-6]进行简要介绍。更多结构可靠性分析的理论、方法和应用可参考相关著作[7-13]。

1.1 结构可靠性基本概念

1.1.1 功能函数和极限状态面

结构可靠性定义为结构在规定时间内和规定条件下，完成规定功能的能力[10,12]。结构可靠性分析需要度量结构是否满足某一功能要求，因此需要建立结构响应与影响该响应的各个不确定因素之间的函数关系，即结构的功能函数或极限状态函数。功能函数用以描述结构在刚度、强度、振动特性等方面的功能或性能，通常表现为位移、应力、应变等结构响应或其函数形式。若考虑结构中由 n 个随机变量(random variable)组成的随机向量 $\boldsymbol{X}=(X_1,X_2,\cdots,X_n)^{\mathrm{T}}$，则单失效模式问题的结构功能函数(performance function)可表示为

$$Z=g(\boldsymbol{X})=g(X_1,X_2,\cdots,X_n) \tag{1.1}$$

整个结构或者结构的一部分超过某一特定状态就不能满足设计规定的某一功能要求，此特定状态称为结构的极限状态。因此，结构的可靠性分析以结构是否达到极限状态为依据。对于式(1.1)中的功能函数，本书规定 $Z>0$ 时结

构处于可靠状态，$Z<0$ 时结构处于失效状态，$Z=0$ 时结构处于极限状态。因此，结构的极限状态方程(limit-state function)可表示为

$$g(\boldsymbol{X})=0 \tag{1.2}$$

在随机参数空间中，由极限状态方程构成的曲面称为极限状态面，也称为失效面。极限状态面将参数域 Ω 分割为失效域 Ω_{f} 和可靠域 Ω_{r}：

$$\Omega_{\mathrm{f}}=\{\boldsymbol{X}|g(\boldsymbol{X})<0\} \tag{1.3}$$

$$\Omega_{\mathrm{r}}=\{\boldsymbol{X}|g(\boldsymbol{X})\geqslant 0\} \tag{1.4}$$

极限状态面是 Ω_{f} 和 Ω_{r} 的分界面，可任意包含于式(1.3)或者式(1.4)所表示的区域中。当 $n=2$ 时，功能函数 $Z=g(X_1,X_2)$，其对应的极限状态面、失效域和可靠域如图 1.1 所示。

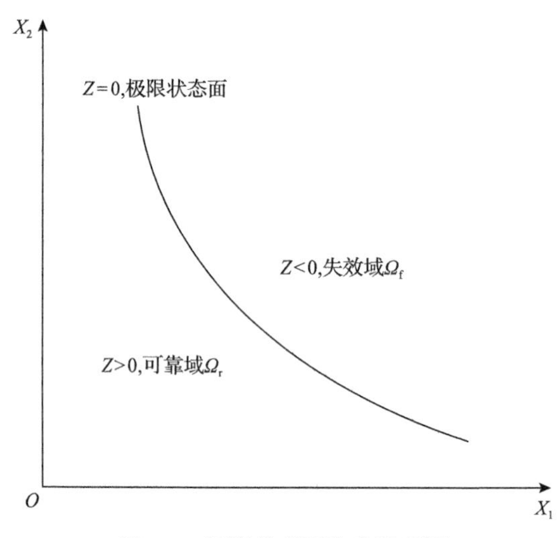

图 1.1　极限状态面定义示意图

对于经典的广义应力强度问题，通常假设结构中存在两个随机变量 r 和 s，其中 r 表示结构抗力，s 表示载荷效应，其极限状态方程可写为

$$Z=g(r,s)=r-s=0 \tag{1.5}$$

$r>s$ 时结构处于可靠状态，$r<s$ 时结构处于失效状态，$r=s$ 时结构处于极限状态。

1.1.2　结构可靠度和失效概率

结构可靠度(reliability)是结构可靠性的概率度量。结构需要完成的功能通过功能函数表示，功能函数是随机变量的函数，因此功能函数本身也是一个随机变量，其取值大于 0(结构可靠)还是小于 0(结构失效)是不确定的。对于随机参数空间中的任意一个点，该点落入可靠域 Ω_{r} 的概率称为结构可靠度，用 R 表示；该点落入失效域 Ω_{f} 的概率称为结构的失效概率(probability of failure)，用 P_{f} 表示。结构可靠与结构失效是两个互不相容事件，因此 R 和 P_{f} 满足如下关系：

$$R+P_{\mathrm{f}}=1 \tag{1.6}$$

理论上，上述两个指标都可以用于度量结构的可靠性，为了计算和表示的方便，在实际使用中常用失效概率来反映结构的可靠性。

假定功能函数 Z 的概率密度函数为 $f_Z(Z)$，则结构可靠度可表示为

$$R=\mathrm{Prob}(Z \geqslant 0)=\int_0^{+\infty} f_Z(Z)\mathrm{d}Z \tag{1.7}$$

结构的失效概率可表示为

$$P_{\mathrm{f}}=\mathrm{Prob}(Z<0)=\int_{-\infty}^{0} f_Z(Z)\mathrm{d}Z \tag{1.8}$$

其中，Prob 表示概率。一般情况下，功能函数的概率分布都是未知的，因此无法直接通过式(1.7)或式(1.8)进行求解。但是，功能函数中随机变量的分布通常可以确定。例如，功能函数 $Z=g(r,s)=r-s$ 中，已知随机变量 r 和 s 的联合概率密度函数为 $f_{rs}(r,s)$，则根据定义，结构的失效概率可通过式(1.9)进行计算：

$$P_{\mathrm{f}}=\mathrm{Prob}(Z<0)=\mathrm{Prob}(r<s)=\iint_{r<s} f_{rs}(r,s)\mathrm{d}r\mathrm{d}s \tag{1.9}$$

假设随机变量 r 和 s 之间相互独立，其概率密度函数分别为 $f_r(r)$ 和 $f_s(s)$，累积分布函数分别为 $F_r(r)$ 和 $F_s(s)$，则式(1.9)可转化为

$$P_{\mathrm{f}}=\mathrm{Prob}(r<s)=\int_0^{+\infty}\int_0^{s} f_r(r)f_s(s)\mathrm{d}s\mathrm{d}r=\int_0^{+\infty} F_r(s)f_s(s)\mathrm{d}s \tag{1.10}$$

或者为

$$P_{\mathrm{f}} = \mathrm{Prob}(r < s) = \int_0^{+\infty} \int_r^{+\infty} f_r(r) f_s(s) \mathrm{d}r\mathrm{d}s = \int_0^{+\infty} [1 - F_s(r)] f_r(r) \mathrm{d}r \tag{1.11}$$

对于一般的功能函数 $Z = g(\boldsymbol{X})$，随机变量的联合概率密度函数设为 $f_{\boldsymbol{X}}(X_1, X_2, \cdots, X_n)$，则结构的失效概率为

$$P_{\mathrm{f}} = \int_{\Omega_{\mathrm{f}}} f_{\boldsymbol{X}}(\boldsymbol{X}) \mathrm{d}\boldsymbol{X} = \int \cdots \int_{\Omega_{\mathrm{f}}} f_{\boldsymbol{X}}(X_1, X_2, \cdots, X_n) \mathrm{d}X_1 \mathrm{d}X_2 \cdots \mathrm{d}X_n \tag{1.12}$$

若各随机变量 $X_i\ (i = 1, 2, \cdots, n)$ 之间相互独立，$f_{X_i}(X_i)\ (i = 1, 2, \cdots, n)$ 表示各个随机变量的概率密度函数，则

$$P_{\mathrm{f}} = \int \cdots \int_{\Omega_{\mathrm{f}}} f_{X_1}(X_1) f_{X_2}(X_2) \cdots f_{X_n}(X_n) \mathrm{d}X_1 \mathrm{d}X_2 \cdots \mathrm{d}X_n \tag{1.13}$$

1.1.3 结构可靠度指标

从 1.1.2 节可知，结构失效概率的计算通常需要求解多重积分，积分维数与变量数目相同。当随机变量较多时，多重积分的求解将会比较困难。在实际应用中，一般较少直接对多重积分进行求解，而是通过引入可靠度指标的概念来进行更为方便且高效的求解。

当已知功能函数 $Z = g(\boldsymbol{X})$ 的分布形式时，可通过式(1.8)直接求解结构的失效概率。而功能函数的分布取决于所有随机变量的分布以及功能函数本身的特性，不妨假定 Z 服从正态分布 $Z \sim N(\mu_Z, \sigma_Z^2)$，其均值和标准差分别为 μ_Z 和 σ_Z，则失效概率 P_{f} 可通过式(1.14)求得

$$P_{\mathrm{f}} = \int_{-\infty}^{0} f_Z(Z) \mathrm{d}Z = \int_{-\infty}^{0} \frac{1}{\sqrt{2\pi}\sigma_Z} \exp\left[-\frac{(Z - \mu_Z)^2}{2\sigma_Z^2}\right] \mathrm{d}Z \tag{1.14}$$

进行如下变换：

$$t = \frac{Z - \mu_Z}{\sigma_Z} \tag{1.15}$$

则式(1.14)可转换为

$$P_{\mathrm{f}} = \int_{-\infty}^{-\frac{\mu_Z}{\sigma_Z}} \varphi(t) \mathrm{d}t = \Phi\left(-\frac{\mu_Z}{\sigma_Z}\right) \tag{1.16}$$

其中，$\varphi(\cdot)$ 和 $\Phi(\cdot)$ 分别表示标准正态变量的概率密度函数和累积分布函数。

定义可靠度指标(reliability index) β 为

$$\beta=\frac{\mu_Z}{\sigma_Z} \tag{1.17}$$

则可靠度指标与失效概率之间存在如下对应关系：

$$P_{\mathrm{f}}=\Phi(-\beta)=1-\Phi(\beta) \tag{1.18}$$

仍以功能函数 $g(r,s)=r-s$ 为例，如果 r 和 s 均服从正态分布且相互独立，Z 是 r 和 s 的线性函数，则 Z 也服从正态分布，且有 $\mu_Z=\mu_r-\mu_s$，$\sigma_Z^2=\sigma_r^2+\sigma_s^2$。根据式(1.17)，可靠度指标可表示为

$$\beta=\frac{\mu_r-\mu_s}{\sqrt{\sigma_r^2+\sigma_s^2}} \tag{1.19}$$

上述分析中，可靠度指标 β 是基于功能函数服从正态分布的假设来定义的，然而在实际问题中，功能函数很多时候并不服从正态分布。对于涉及非正态随机变量或非线性复杂功能函数的问题，结构可靠度指标难以直接求解，而是需要通过一些近似方法来求解[14]。一次二阶矩方法是目前求解结构可靠度指标及结构可靠度的一类有效方法，已被广泛应用于工程结构的可靠性分析与设计中，也是后续发展出的很多先进结构可靠性分析方法的基础。下面将对几种常用的一次二阶矩方法进行简要介绍，更多的内容可参考相关文献[3-6,8-12]。

1.2　一次二阶矩方法

实际问题中，功能函数的非线性或随机变量的非正态性给可靠性分析带来了一定的困难。通过泰勒展开将功能函数展开至一次项，并根据可靠度指标的定义进行近似求解，形成结构可靠度的一次二阶矩方法[8-12]。一次二阶矩方法包括中心点法和验算点法：中心点法不需要考虑变量的概率分布；验算点法中的基本设计验算点法[3]只能处理正态随机变量问题，当量正态化法[4]及映射变换法[5]等可处理其他类型的随机变量问题。因为篇幅有限，下面主要介绍中心点法、基本设计验算点法、当量正态化法和映射变换法，其他类型的一次二阶矩方法将不在本章进行介绍。

1.2.1　中心点法

中心点法是早期用于求解结构可靠性分析问题的一种方法，其基本思想是

将非线性功能函数在中心点处进行一阶泰勒展开，以近似求解功能函数的均值和标准差，从而得到结构的可靠度指标。

对于式(1.1)中的功能函数 $Z=g(\boldsymbol{X})$，其中 $\boldsymbol{X}$ 的均值向量为 $\boldsymbol{\mu}_{\boldsymbol{X}}=(\mu_{X_1},\mu_{X_2},\cdots,\mu_{X_n})^{\mathrm{T}}$，标准差向量为 $\boldsymbol{\sigma}_{\boldsymbol{X}}=(\sigma_{X_1},\sigma_{X_2},\cdots,\sigma_{X_n})^{\mathrm{T}}$，并假设 n 个随机变量 $X_1,X_2,\cdots,X_n$ 相互独立。将 Z 在中心点(即均值点)处进行一阶泰勒展开(Z_{L} 为泰勒展开表达式)：

$$Z \approx Z_{\mathrm{L}} = g(\boldsymbol{\mu}_{\boldsymbol{X}})+\sum_{i=1}^{n}\frac{\partial g(\boldsymbol{\mu}_{\boldsymbol{X}})}{\partial X_i}(X_i-\mu_{X_i}) \tag{1.20}$$

则功能函数 Z 的均值 μ_Z 和方差 σ_Z 可按如下公式进行近似计算：

$$\mu_Z \approx \mu_{Z_{\mathrm{L}}} = g(\boldsymbol{\mu}_{\boldsymbol{X}})+\sum_{i=1}^{n}\frac{\partial g(\boldsymbol{\mu}_{\boldsymbol{X}})}{\partial X_i}E(X_i-\mu_{X_i}) = g(\boldsymbol{\mu}_{\boldsymbol{X}}) \tag{1.21}$$

$$\sigma_Z^2 \approx \sigma_{Z_{\mathrm{L}}}^2 = \sum_{i=1}^{n}\sum_{j=1}^{n}\frac{\partial g(\boldsymbol{\mu}_{\boldsymbol{X}})}{\partial X_i}\frac{\partial g(\boldsymbol{\mu}_{\boldsymbol{X}})}{\partial X_j}E((X_i-\mu_{X_i})(X_j-\mu_{X_j})) = \sum_{i=1}^{n}\left[\frac{\partial g(\boldsymbol{\mu}_{\boldsymbol{X}})}{\partial X_i}\right]^2\sigma_{X_i}^2 \tag{1.22}$$

将式(1.21)和式(1.22)代入式(1.17)，可近似求得结构可靠度指标 β：

$$\beta = \frac{\mu_Z}{\sigma_Z} = \frac{g(\boldsymbol{\mu}_{\boldsymbol{X}})}{\sqrt{\sum_{i=1}^{n}\left[\frac{\partial g(\boldsymbol{\mu}_{\boldsymbol{X}})}{\partial X_i}\right]^2\sigma_{X_i}^2}} \tag{1.23}$$

中心点法的优点是无须进行迭代，可以方便地估计可靠度指标的近似值。但是，中心点法也存在缺点：①中心点一般并不在极限状态面上，功能函数在均值点处进行泰勒展开后的曲面可能会明显偏离原始极限状态面；②中心点法在较大程度上依赖功能函数的表达形式，对于具有相同意义但具有不同表达形式的功能函数，中心点法可能会给出不同的可靠度指标估计；③中心点法仅利用了随机变量的前二阶矩，没有用全其概率分布信息。尽管如此，中心点法计算简便，对于功能函数非线性程度不高及结构可靠度精度要求不高的问题，仍具有一定的实用价值。

1.2.2 基本设计验算点法

与中心点法不同，验算点法中功能函数的泰勒展开点选在极限状态面上，并且考虑了随机变量的分布情况，从而较好地解决了中心点法的问题。本节将针对相互独立的正态随机变量，介绍基本设计验算点法，说明验算点的概念和原理，而在 1.2.3 节和 1.2.4 节中将介绍针对任意分布变量的设计验算点法。

在如式(1.1)所示的功能函数中，假设随机变量为相互独立的正态随机变量，且 $\boldsymbol{X}$ 的均值向量为 $\boldsymbol{\mu_X}=(\mu_{X_1},\mu_{X_2},\cdots,\mu_{X_n})^{\mathrm{T}}$，标准差向量为 $\boldsymbol{\sigma_X}=(\sigma_{X_1},\sigma_{X_2},\cdots,\sigma_{X_n})^{\mathrm{T}}$，结构对应的极限状态方程如式(1.2)所示，已知其极限状态面上的一点 $\boldsymbol{X}^*=(X_1^*,X_2^*,\cdots,X_n^*)^{\mathrm{T}}$，则功能函数在该点的一阶泰勒展开 Z_{L} 为

$$Z_{\mathrm{L}}=g(\boldsymbol{X}^*)+\sum_{i=1}^{n}\frac{\partial g(\boldsymbol{X}^*)}{\partial X_i}(X_i-X_i^*) \tag{1.24}$$

在随机参数空间，$Z_{\mathrm{L}}=0$ 表示过 $\boldsymbol{X}^*$ 点处的极限状态面的切平面。根据正态分布的线性组合特性，Z_{L} 的均值和方差分别为

$$\mu_{Z_{\mathrm{L}}}=g(\boldsymbol{X}^*)+\sum_{i=1}^{n}\frac{\partial g(\boldsymbol{X}^*)}{\partial X_i}(\mu_{X_i}-X_i^*) \tag{1.25}$$

$$\sigma_{Z_{\mathrm{L}}}^2=\sum_{i=1}^{n}\sum_{j=1}^{n}\frac{\partial g(\boldsymbol{X}^*)}{\partial X_i}\frac{\partial g(\boldsymbol{X}^*)}{\partial X_j}E((X_i-\mu_{X_i})(X_j-\mu_{X_j}))=\sum_{i=1}^{n}\left[\frac{\partial g(\boldsymbol{X}^*)}{\partial X_i}\right]^2\sigma_{X_i}^2 \tag{1.26}$$

引入灵敏度因子(sensitivity factor) α_i：

$$\alpha_i=\frac{\dfrac{\partial g(\boldsymbol{X}^*)}{\partial X_i}\sigma_{X_i}}{\sqrt{\sum_{i=1}^{n}\left[\dfrac{\partial g(\boldsymbol{X}^*)}{\partial X_i}\right]^2\sigma_{X_i}^2}} \tag{1.27}$$

Z_{L} 的标准差 $\sigma_{Z_{\mathrm{L}}}$ 可表示为

$$\sigma_{Z_{\mathrm{L}}}=\sum_{i=1}^{n}\frac{\partial g(\boldsymbol{X}^*)}{\partial X_i}\alpha_i\sigma_{X_i} \tag{1.28}$$

根据式(1.17)，得到近似可靠度指标：

$$\beta=\frac{\mu_{Z_{\mathrm{L}}}}{\sigma_{Z_{\mathrm{L}}}}=\frac{g(\boldsymbol{X}^*)+\sum_{i=1}^{n}\dfrac{\partial g(\boldsymbol{X}^*)}{\partial X_i}(\mu_{X_i}-X_i^*)}{\sum_{i=1}^{n}\dfrac{\partial g(\boldsymbol{X}^*)}{\partial X_i}\alpha_i\sigma_{X_i}} \tag{1.29}$$

由于 $\boldsymbol{X}^*$ 是极限状态面上的一点，$g(\boldsymbol{X}^*)=0$，所以式(1.29)可改写为

$$\sum_{i=1}^{n}\frac{\partial g(\boldsymbol{X}^*)}{\partial X_i}(\mu_{X_i}-X_i^*-\beta\alpha_i\sigma_{X_i})=0 \tag{1.30}$$

由于 $\frac{\partial g(\boldsymbol{X}^*)}{\partial X_i}\neq 0$（若 $\frac{\partial g(\boldsymbol{X}^*)}{\partial X_i}=0$，则 Z_{L} 中不存在与 X_i 有关的项），所以对于所有 i，有

$$\mu_{X_i}-X_i^*-\beta\alpha_i\sigma_{X_i}=0 \tag{1.31}$$

式(1.29)中可靠度指标的求解需要已知验算点信息，而验算点可通过式(1.31)求解，其中灵敏度因子由式(1.27)得到。这几个表达式之间相互耦合，因此为得到验算点以及可靠度指标，可通过迭代的方式联立进行求解。其迭代步骤如下：

(1) 给定初始验算点 $\boldsymbol{X}^{*(i)}=(X_1^{*(i)},X_2^{*(i)},\cdots,X_n^{*(i)})^{\mathrm{T}}$，一般初始点可设置为随机变量均值 $\boldsymbol{X}^{*(i)}=(\mu_{X_1},\mu_{X_2},\cdots,\mu_{X_n})^{\mathrm{T}}$，令 $i=0$。

(2) 通过式(1.27)求解 α_i。

(3) 通过式(1.29)求解 β。

(4) 通过式(1.31)计算下一步中新的验算点 $\boldsymbol{X}^{*(i+1)}=(X_1^{*(i+1)},X_2^{*(i+1)},\cdots,X_n^{*(i+1)})^{\mathrm{T}}$。

(5) 计算两步迭代之间验算点是否满足 $\|\boldsymbol{X}^{*(i+1)}-\boldsymbol{X}^{*(i)}\|<\varepsilon$，其中 ε 表示容差值。如果满足，则停止迭代，β 即为所求可靠度指标；如果不满足，则令 $i=i+1$，转到步骤(2)继续进行下一步迭代。

由于正态随机变量与标准正态随机变量之间存在如下关系：

$$U_i=\frac{X_i-\mu_{X_i}}{\sigma_{X_i}},\quad i=1,2,\cdots,n \tag{1.32}$$

所以原随机空间中的一点 $\boldsymbol{X}^*$ 经过线性变换式(1.32)对应于标准正态空间中的点 $\boldsymbol{U}^*$。于是，式(1.31)可等效表示为

$$U_i^*=-\beta\alpha_i \tag{1.33}$$

同理，根据式(1.33)也可在标准正态空间中通过迭代计算得到验算点及可靠度指标值。

在标准正态空间中，功能函数(1.24)可改写为

$$
\begin{aligned}
Z_{\mathrm{L}} &= g(\boldsymbol{X}^*)+\sum_{i=1}^{n}\frac{\partial g(\boldsymbol{X}^*)}{\partial X_i}(\sigma_{X_i}U_i+\mu_{X_i}-X_i^*) \\
&= g(\boldsymbol{X}^*)+\sum_{i=1}^{n}\frac{\partial g(\boldsymbol{X}^*)}{\partial X_i}(\mu_{X_i}-X_i^*)+\sum_{i=1}^{n}\frac{\partial g(\boldsymbol{X}^*)}{\partial X_i}\sigma_{X_i}U_i
\end{aligned} \tag{1.34}
$$

式(1.34)对应的极限状态方程 $Z_{\mathrm{L}}=0$，两边同时除以 $\sigma_{Z_{\mathrm{L}}}$ 有

$$
\frac{g(\boldsymbol{X}^*)+\sum_{i=1}^{n}\frac{\partial g(\boldsymbol{X}^*)}{\partial X_i}(\mu_{X_i}-X_i^*)}{\sqrt{\sum_{i=1}^{n}\left[\frac{\partial g(\boldsymbol{X}^*)}{\partial X_i}\right]^2\sigma_{X_i}^2}}+\frac{\sum_{i=1}^{n}\frac{\partial g(\boldsymbol{X}^*)}{\partial X_i}\sigma_{X_i}U_i}{\sqrt{\sum_{i=1}^{n}\left[\frac{\partial g(\boldsymbol{X}^*)}{\partial X_i}\right]^2\sigma_{X_i}^2}}=0 \tag{1.35}
$$

结合式(1.35)和式(1.29)，有

$$
\beta+\frac{\sum_{i=1}^{n}\frac{\partial g(\boldsymbol{X}^*)}{\partial X_i}\sigma_{X_i}U_i}{\sqrt{\sum_{i=1}^{n}\left[\frac{\partial g(\boldsymbol{X}^*)}{\partial X_i}\right]^2\sigma_{X_i}^2}}=0 \tag{1.36}
$$

即

$$
\sum_{i=1}^{n}\alpha_i U_i+\beta=0 \tag{1.37}
$$

式(1.37)即是标准正态空间内的法线式超平面方程，其中 $\alpha_i=\cos\theta_{U_i}$ 为法线与坐标轴的夹角 θ_{U_i} 的余弦，且满足

$$
\sum_{i=1}^{n}\cos^2\theta_{U_i}=1 \tag{1.38}
$$

由该法线式超平面方程可知，法线是标准正态空间中极限状态面上的点 $\boldsymbol{U}^*$(原随机空间中的 $\boldsymbol{X}^*$)到原点的连线。也就是说，极限状态近似超平面过原点的法线与超平面的交点为 $\boldsymbol{U}^*$，坐标原点到极限状态面的垂直距离(即最短距离)为 β。图 1.2 给出了二维随机变量的情况，可靠度指标 β 为标准正态空间中坐标原点到极限状态面的最短距离[3]，所对应的极限状态面上的点 $\boldsymbol{U}^*$ 称为设计验算

点或验算点。

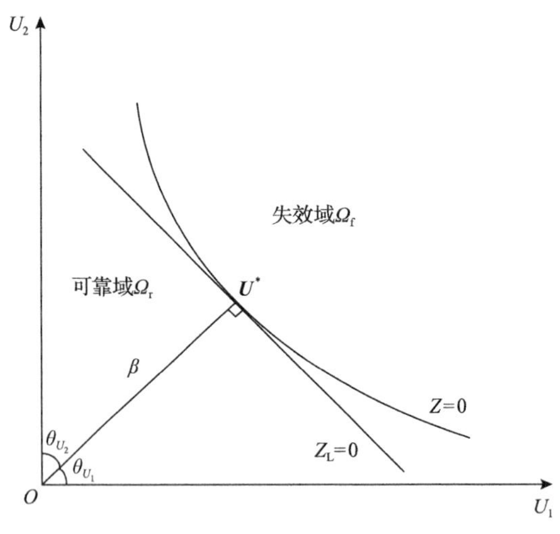

图 1.2　可靠度指标的几何意义[12]

根据可靠度指标的几何意义，其求解可以归结为如下优化问题[3,4]：

$$\begin{cases}\beta = \min\|\boldsymbol{U}\| \\ \text{s.t.}\ \ g(\boldsymbol{X}) = 0\end{cases} \tag{1.39}$$

对于上述优化问题，可以根据拉格朗日乘子法建立迭代格式，或采用一些有约束的优化方法进行求解[10]。

1.2.3　当量正态化法

当量正态化法[4]（又称 JC 法），是由国际结构安全性联合委员会（International Joint Committee on Structural Safety, JCSS）推荐使用的处理非正态随机变量的验算点法。假设功能函数中含 n 个非正态随机变量 $\boldsymbol{X}=(X_1,X_2,\cdots,X_n)^{\mathrm{T}}$，其中 X_i 的均值为 μ_{X_i}，标准差为 σ_{X_i}，概率密度函数为 $f_{X_i}(X_i)$，累积分布函数为 $F_{X_i}(X_i)$。将 X_i 对应的当量正态化变量记为 X_i'，相应地，其均值和标准差分别为 $\mu_{X_i'}$ 和 $\sigma_{X_i'}$，概率密度函数和累积分布函数分别为 $f_{X_i'}(X_i')$ 和 $F_{X_i'}(X_i')$。

如图 1.3 所示，当量正态化条件要求在验算点 X_i^* 处，随机变量 X_i 正态化前后的累积分布函数值和概率密度函数值均相等[4]，即

$$F_{X_i'}(X_i^*)=\Phi\left(\frac{X_i^*-\mu_{X_i'}}{\sigma_{X_i'}}\right)=F_{X_i}(X_i^*) \tag{1.40}$$

$$f_{X_i'}(X_i^*)=\frac{1}{\sigma_{X_i'}}\varphi\left(\frac{X_i^*-\mu_{X_i'}}{\sigma_{X_i'}}\right)=f_{X_i}(X_i^*) \tag{1.41}$$

其中，$\Phi(\cdot)$和$\varphi(\cdot)$分别表示标准正态分布的累积分布函数和概率密度函数，则当量正态化变量的均值和标准差可分别通过式(1.42)和式(1.43)得到：

$$\mu_{X_i'}=X_i^*-\Phi^{-1}(F_{X_i}(X_i^*))\sigma_{X_i'} \tag{1.42}$$

$$\sigma_{X_i'}=\frac{\varphi(\Phi^{-1}(F_{X_i}(X_i^*)))}{f_{X_i}(X_i^*)} \tag{1.43}$$

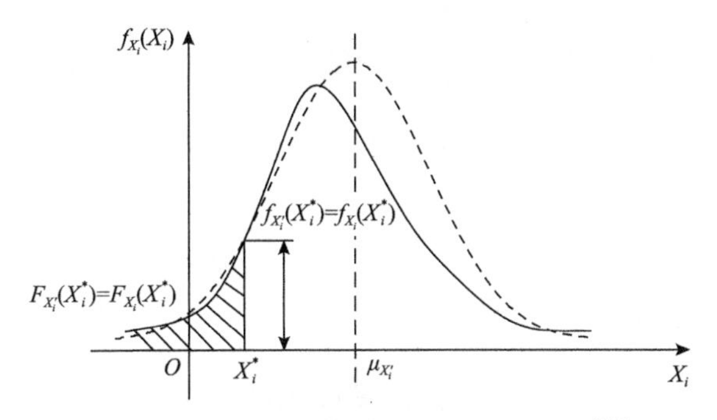

图 1.3　当量正态化法的当量正态化条件[12]

当量正态化法的迭代步骤与 1.2.2 节中基本验算点法的迭代步骤相似，只是增加了一个当量正态化的过程，可总结如下：

(1) 给定初始验算点$\boldsymbol{X}^{*(i)}=(X_1^{*(i)},X_2^{*(i)},\cdots,X_n^{*(i)})^{\mathrm{T}}=(\mu_{X_1},\mu_{X_2},\cdots,\mu_{X_n})^{\mathrm{T}}$，令$i=0$。

(2) 通过式(1.42)和式(1.43)计算当量正态化变量的均值$\mu_{X_i'}$和标准差$\sigma_{X_i'}$，并用$\mu_{X_i'}$替换μ_{X_i}、$\sigma_{X_i'}$替换σ_{X_i}。

(3) 通过式(1.27)求解α_i。

(4) 通过式(1.29)求解β。

(5) 通过式(1.31)计算下一步中新的验算点$\boldsymbol{X}^{*(i+1)}=(X_1^{*(i+1)},X_2^{*(i+1)},\cdots,X_n^{*(i+1)})^{\mathrm{T}}$。

(6) 判定是否满足$\left\|\boldsymbol{X}^{*(i+1)}-\boldsymbol{X}^{*(i)}\right\|<\varepsilon$，如果满足，则停止迭代；如果不满足，则令$i=i+1$，转到步骤(2)继续进行下一步迭代。

1.2.4　映射变换法

映射变换法[5]或称等概率变换法，是按照概率分布函数值相等的原则，将非正态分布随机变量等效变换为正态分布随机变量的方法。首先，将原始空间中的随机变量 $X_i\ (i=1,2,\cdots,n)$ 映射到标准正态空间中，得到新的标准正态随机变量 $U_i\ (i=1,2,\cdots,n)$，则有

$$F_{X_i}(X_i)=\Phi(U_i) \tag{1.44}$$

由此可得

$$X_i=F_{X_i}^{-1}(\Phi(U_i)) \tag{1.45}$$

在此基础上，功能函数可由原参数空间转换到标准正态空间：

$$g(\boldsymbol{X})=g(F_{X_1}^{-1}(\Phi(U_1)),F_{X_2}^{-1}(\Phi(U_2)),\cdots,F_{X_n}^{-1}(\Phi(U_n)))=G(\boldsymbol{U}) \tag{1.46}$$

其中，G 表示标准正态空间中的功能函数。

针对功能函数 $G=G(\boldsymbol{U})$，可以直接采用考虑独立正态随机变量的设计验算点法进行求解。特别地，$U_i\ (i=1,2,\cdots,n)$ 是标准正态随机变量，则式(1.29)、式(1.27)和式(1.33)可分别写为

$$\beta=\frac{g(\boldsymbol{X}^*)-\sum_{i=1}^{n}\frac{\partial G(\boldsymbol{U}^*)}{\partial U_i}U_i^*}{\sum_{i=1}^{n}\frac{\partial G(\boldsymbol{U}^*)}{\partial U_i}\alpha_i\sigma_{X_i}} \tag{1.47}$$

$$\alpha_i=\frac{\dfrac{\partial G(\boldsymbol{U}^*)}{\partial U_i}}{\sqrt{\sum_{i=1}^{n}\left[\dfrac{\partial G(\boldsymbol{U}^*)}{\partial U_i}\right]^2}} \tag{1.48}$$

$$U_i^*=-\beta\alpha_i \tag{1.49}$$

其中，

$$\frac{\partial G(\boldsymbol{U}^*)}{\partial U_i}=\frac{\partial g(\boldsymbol{X}^*)}{\partial X_i}\cdot\left.\frac{\partial X_i}{\partial U_i}\right|_{\boldsymbol{U}^*} \tag{1.50}$$

由上述公式可见，在求解结构可靠度指标的过程中，可以通过式(1.45)计算 $\boldsymbol{X}^*$ 和 $\left.\dfrac{\partial X_i}{\partial U_i}\right|_{\boldsymbol{U}^*}$ 的值。对于工程实际问题中的常用分布，如正态分布、对数正态分布、

极值 I 型分布和威布尔(Weibull)分布等，标准正态空间中验算点 $\boldsymbol{U}^*$ 与原空间中验算点 $\boldsymbol{X}^*$ 的等效变换公式以及 $\dfrac{\partial X_i}{\partial U_i}$ 的表达式可直接查询相关文献[10]。

下面给出映射变换法的迭代步骤：

(1) 给定初始验算点 $\boldsymbol{U}^{*(i)}=(U_1^{*(i)},U_2^{*(i)},\cdots,U_n^{*(i)})^{\mathrm{T}}=(0,0,\cdots,0)^{\mathrm{T}}$，令 $i=0$。

(2) 计算 $\boldsymbol{X}^*$ 和 $\left.\dfrac{\partial X_i}{\partial U_i}\right|_{\boldsymbol{U}^*}$ 的值。

(3) 通过式(1.48)求解 α_i。

(4) 通过式(1.47)求解 β。

(5) 通过式(1.49)计算下一步中新的验算点 $\boldsymbol{U}^{*(i+1)}=(U_1^{*(i+1)},U_2^{*(i+1)},\cdots,U_n^{*(i+1)})^{\mathrm{T}}$。

(6) 判定是否满足 $\left\|\boldsymbol{U}^{*(i+1)}-\boldsymbol{U}^{*(i)}\right\|<\varepsilon$（$\varepsilon$ 为小的非负实数），如果满足，则停止迭代；如果不满足，则令 $i=i+1$，转到步骤(2)继续进行下一步迭代。

另外，正如 1.2.2 节中所述，可靠度指标也可以通过构建优化问题(1.39)进行求解。该优化问题在标准正态空间中可以表示为

$$\begin{cases}\beta=\min\|\boldsymbol{U}\| \\ \text{s.t.}\ \ G(\boldsymbol{U})=0\end{cases} \tag{1.51}$$

通过式(1.51)获得的设计验算点 $\boldsymbol{U}^*$，也称为最可能失效点(most probable point, MPP)[9,15]。可靠度指标为标准正态空间内坐标原点到极限状态面的最短距离，表示为

$$\beta=\left\|\boldsymbol{U}^*\right\| \tag{1.52}$$

这种在 MPP 处对极限状态面进行一阶展开的可靠性分析方法称为一次可靠度法(first order reliability method, FORM)。在结构可靠性分析中，通常通过构造式(1.51)中的优化问题来求解 MPP 及可靠度指标，一般可采用 HL-RF(Hasofer-Lind Rackwitz-Fiessler)方法[3,4]或改进的 HL-RF(improved HL-RF, iHL-RF)方法[16]进行高效求解，也可采用非线性优化方法进行求解，最后通过式(1.18)可近似获得结构的失效概率。这类方法也称为可靠度指标分析(reliability index analysis, RIA)方法[17,18]，其主要思想是通过在标准正态空间中求解坐标原点到极限状态面的最短距离，得到结构的可靠度指标。另外一类功能度量分析(performance measurement analysis, PMA)方法[19,20]是一种逆可靠性分析方法，其主要思想是在目标可靠度指标下，搜寻

超曲面上使得功能函数达到最小值的目标点(minimum performance target point, MPTP)，其优化问题表示如下：

$$\begin{cases} G_{\mathrm{t}} = \min\limits_{\boldsymbol{U}} G(\boldsymbol{U}) \\ \text{s.t. } \|\boldsymbol{U}\| = \beta_{\mathrm{t}} \end{cases} \tag{1.53}$$

其中，β_{t} 表示目标可靠度指标值；G_{t} 表示目标功能函数值。在几何意义上，MPTP 为标准空间中极限状态方程和半径为 β_{t} 的球的切点。PMA 方法由于其高效性和鲁棒性，也广泛应用于可靠性分析求解中，一般可采用改进均值(advanced mean-value, AMV)方法[21,22]进行高效求解。值得注意的是，以上所述内容均是基于随机变量相互独立的假设，对于相关变量问题，则可采用 Rosenblatt 变换、Nataf 变换等进行分析，具体内容可参考相关文献[23-26]。

1.3 本 章 小 结

本章简要介绍了传统随机结构可靠性分析的基本理论和方法。一方面，给出了结构可靠性的基本概念，包括功能函数和极限状态面的定义、结构可靠度和失效概率的求解、可靠度指标的定义等；另一方面，对四类经典的一次二阶矩方法做了简要介绍。上述内容将为后续随机-区间混合可靠性分析方法的构建提供必要的理论基础。另外，目前结构可靠性分析领域也已发展出一系列其他类型的方法，如基于蒙特卡罗模拟(Monte Carlo Simulation, MCS)的直接求解方法[27-29]、基于功能函数二阶展开的二次可靠度方法(second order reliability method, SORM)[30-32]、解决多失效模式问题的结构系统可靠性分析方法(system reliability analysis method, SRAM)[33-35]、基于可靠性的优化设计(reliability-based design optimization, RBDO)方法[36-38]等，读者可以参考相关文献进行了解。

参 考 文 献

[1] Elishakoff I, Colombi P. Combination of probabilistic and convex models of uncertainty when scarce knowledge is present on acoustic excitation parameters. Computer Methods in Applied Mechanics and Engineering, 1993, 104(2): 187-209.

[2] Oberkampf W L, Helton J C, Joslyn C A, et al. Challenge problems: Uncertainty in system response given uncertain parameters. Reliability Engineering & System Safety, 2004, 85(1-3): 11-19.

[3] Hasofer A M, Lind N C. Exact and invariant second-moment code format. Journal of the Engineering Mechanics Division, 1974, 100(1): 111-121.

[4] Rackwitz R, Flessler B. Structural reliability under combined random load sequences. Computers & Structures, 1978, 9(5): 489-494.

[5] Hohenbichler M, Rackwitz R. Non-normal dependent vectors in structural safety. Journal of Engineering Mechanics Division, 1981, 107(6): 1227-1238.

[6] Hohenbichler M, Rackwitz R. First-order concepts in system reliability. Structural Safety, 1982, 1(3): 177-188.

[7] Zacks S. Introduction to Reliability Analysis: Probability Models and Statistical Methods. New York: Springer Verlag, 1992.

[8] Ditlevsen O, Madsen H O. Structural Reliability Methods. Chichester: John Wiley & Sons, 1996.

[9] Madsen H O, Krenk S, Lind N C. Methods of Structural Safety. New York: Courier Corporation, 2006.

[10] Melchers R E, Beck A T. Structural Reliability Analysis and Prediction. Hoboken: Wiley, 2018.

[11] 贡金鑫. 工程结构可靠度计算方法. 大连: 大连理工大学出版社, 2003.

[12] 张明. 结构可靠度分析: 方法与程序. 北京: 科学出版社, 2009.

[13] 赵国藩, 曹居易, 张宽权. 工程结构可靠度. 北京: 科学出版社, 2011.

[14] Rackwitz R. Reliability analysis: A review and some perspectives. Structural Safety, 2001, 23(4): 365-395.

[15] Hohenbichler M, Gollwitzer S, Kruse W, et al. New light on first-and second-order reliability methods. Structural Safety, 1987, 4(4): 267-284.

[16] Zhang Y, Der Kiureghian A. Two improved algorithms for reliability analysis. The Sixth IFIP WG 7.5 Working Conference on Reliability and Optimization of Structural Systems, Assisi, 1995.

[17] Reddy M V, Grandhi R V, Hopkins D A. Reliability based structural optimization: A simplified safety index approach. Computers & Structures, 1994, 53(6): 1407-1418.

[18] Yu X, Chang K H, Choi K K. Probabilistic structural durability prediction. AIAA Journal, 1998, 36(4): 628-637.

[19] Youn B D, Choi K K, Du L. Enriched performance measure approach for reliability-based design optimization. AIAA Journal, 2005, 43(4): 874-884.

[20] Keshtegar B, Lee I. Relaxed performance measure approach for reliability-based design optimization. Structural and Multidisciplinary Optimization, 2016, 54(6): 1439-1454.

[21] Wu Y T, Wirsching P H. New algorithm for structural reliability estimation. Journal of Engineering Mechanics, 1987, 113(9): 1319-1336.

[22] Wu Y T. Computational methods for efficient structural reliability and reliability sensitivity analysis. AIAA Journal, 1994, 32(8): 1717-1723.

[23] Rosenblatt M. Remarks on a multivariate transformation. The Annals of Mathematical Statistics, 1952, 23(3): 470-472.

[24] Nataf A. Détermination des distributions de probabilité dont les marges sont données. Comptes Rendus de l'Académie des Sciences, 1962, 225: 42-43.

[25] Liu P L, Der Kiureghian A. Multivariate distribution models with prescribed marginals and covariances. Probabilistic Engineering Mechanics, 1986, 1(2): 105-112.

[26] Der Kiureghian A, Liu P L. Structural reliability under incomplete probability information. Journal of Engineering Mechanics, 1986, 112(1): 85-104.

[27] Melchers R E, Ahammed M. A fast approximate method for parameter sensitivity estimation in Monte Carlo structural reliability. Computers & Structures, 2004, 82(1): 55-61.

[28] Grooteman F. Adaptive radial-based importance sampling method for structural reliability. Structural Safety, 2008, 30(6): 533-542.

[29] Papaioannou I, Papadimitriou C, Straub D. Sequential importance sampling for structural reliability analysis. Structural Safety, 2016, 62: 66-75.

[30] Breitung K. Asymptotic approximations for multinormal integrals. Journal of Engineering Mechanics, 1984, 110(3): 357-366.

[31] Breitung K. Asymptotic Approximations for Probability Integrals. Berlin: Springer Verlag, 2006.

[32] Zhang J F, Du X P. A second-order reliability method with first-order efficiency. Journal of Mechanical Design, 2010, 132(10): 101006.

[33] Thoft-Christensen P, Murotsu Y. Application of Structural Systems Reliability Theory. Berlin: Springer Verlag, 2012.

[34] Naess A, Leira B J, Batsevych O. System reliability analysis by enhanced Monte Carlo simulation. Structural Safety, 2009, 31(5): 349-355.

[35] Li M, Sadoughi M, Hu Z, et al. A hybrid Gaussian process model for system reliability analysis. Reliability Engineering & System Safety, 2020, 197: 106816.

[36] Du X P, Chen W. Sequential optimization and reliability assessment method for efficient probabilistic design. Journal of Mechanical Design, 2004, 126(2): 225-233.

[37] Liang J, Mourelatos Z P, Tu J. A single-loop method for reliability-based design optimisation. International Journal of Product Development, 2008, 5(1-2): 76-92.

[38] Kim C, Choi K K. Reliability-based design optimization using response surface method with prediction interval estimation. Journal of Mechanical Design, 2008, 130(12): 121401.

第2章　随机-区间混合不确定性分类及结构可靠性分析

随机-区间混合结构可靠性分析方法有效结合了传统概率方法和非概率区间方法的优点，将为未来复杂结构的安全性评估和设计提供重要手段，因此它成为近年来结构可靠性领域的重要研究方向之一。本章将系统介绍有关随机-区间混合可靠性分析的一些基本问题、基本概念和相关定义，包括随机-区间混合不确定性问题描述、功能函数构建、不确定性建模、不确定性传播分析、结构可靠性分析等。为使读者对随机-区间混合可靠性领域有一个更深的了解，本章也将介绍相关部分的研究进展。更多的研究进展将在本书后续章节中进行系统介绍，读者可以参考给出的相关文献。另外，本章将归纳相关领域目前存在的一些问题及未来需要进一步关注的研究重点和前沿，希望对进入该领域的同行有所帮助。需要指出的是，不确定性传播问题广义上也属于结构可靠性分析的范畴，为保证内容完整性，本章将介绍随机-区间混合不确定性传播分析领域的基本概念及研究进展[1]，但本书后续章节将不再具体介绍该方向的研究内容。

2.1　随机-区间混合不确定性问题描述

工程问题中不可避免地存在着与材料特性、几何尺寸和边界条件等相关的各类不确定性，如建筑物所受风载荷、汽车所受路面激励、加工工艺造成的产品尺寸偏差等。通常使用概率方法来描述结构中的参数不确定性，并在此基础上进行结构的可靠性分析，第 1 章中已经介绍了随机结构可靠性的基本概念和方法。使用概率方法的前提是，必须获得大量的测试样本，以构建不确定性参数的精确概率分布函数。然而，在实际工程问题中，因为测试的困难或成本的限制，很多时候难以获得足够的实验样本来构建参数的精确概率分布函数，这使得在使用概率方法进行结构不确定性分析时，不得不对参数的概率分布进行假设。有研究表明，概率分布参数与真实值之间的微小偏差有可能导致可靠性分析结果产生很大误差[2]，因此单纯的概率方法在实际的结构可靠性设计中将遭遇困境。另外，人们通过大量的工程实践发现，在样本信息不充足的情况下，尽管很难得到不确定性参数的精确概率分布，但是通常根据有限数据及工程经验获得参数的变化区间并不困难。例如，在板料成型分析中，由于润滑环境的复杂性，很难获得模具与板料之间摩擦系数的概率分布，但是根据已有经验，它属于区间[0.1,0.2][3]；又如，在实际的产品加工中，通常根据加工设备的精度可获得尺寸参数的公差，故通过设计名义值及公差就可以很容易地确定出结构加工后实际尺寸的区间。区间方法的系统提出和应用可追溯至20世纪70年代[4]甚至更早时期，当时区间方法主要应用于数值计算的误差分析中。20世纪90年代初，Ben-Haim[5]和Elishakoff等[6]将区间方法引入结构分析中，随后该方法在结构不确定性分析与可靠性设计领域得到了广泛关注和研究，一系列研究成果相继出现[7-9]。区间方法为小样本量下的结构可靠性分析提供了一种有效手段，目前已经成为一种重要的分析工具，在工程领域得到了广泛应用。

近年来，随着工程结构复杂性的不断提升以及人们对结构安全性设计要求的不断提高，工程人员开始遭遇一类具有一般性且更为复杂的不确定性问题。例如，实际工程结构问题通常涉及材料、载荷、尺寸等的多维不确定性参数，其中有些参数测试较为方便或已积累了大量数据，可获得精确的概率分布；有些参数由于测试难、成本高等因素难以获得足够高质量的样本，只能获得其变化区间；另外，有些参数根据以往经验及现有数据分析可以确定出概率分布类型，但是受测试数据所限，只能给出某些分布参数(均值、标准差等)的区间估计，而难以给定其精确值。对于上述问题，人们发现单纯通过概率方法或区间方法难以进行有效的不确定性表征，而是需要发展一种新的不确定性分析模型，该模型不仅需要继承传统概率方法的建模能力，而且需要具备区间方法在处理认知不确定性方面的功能，这便是随机-区间混合不确定性模型，本书简称随机-区间混合模型或混合模型。在某种程度上，随机-区间混合模型是一种更为一般性的不确定性分析方法：当所有参数的信息量充足时，混合模型将退化为传统的概率方法；当所有参数的信息量都无法达到建立精确概率分布函数所需的数量而只能给定变化范围时，混合模型将退化为单纯的区间模型。随机-区间混合模型的研究最早可追溯到20世纪90年代初[10,11]，但直到最近十几年，因为现代数值模拟技术、计算技术以及复杂结构设计工程需求等方面的共同推动，混合模型开始成为结构可靠性领域的一个重要研究方向，并且未来有望发展为一类可解决复杂结构可靠性分析与设计问题的重要工具。事实上，由于混合模型耦合了随机与区间两种截然不同的建模方法，该领域存在一系列技术难点需要突破。例如，当求解同时存在多种不确定性的可靠性问题时，计算量将会大幅提升甚至呈指数型增长[12]，正如Oberkampf等[13]所指出的，构建一个包含多种不确定性的有效的混合数学模型是一个非常重要且具有挑战性的问题。另外，Berleant 等[14]也总结了随机-区间混合不确定性问题的理论基础、算法以及待解决的一些问题。

2.2　功能函数构建

当结构中仅含随机不确定性时，可以根据可靠性评估要求建立如式(1.1)所示的功能函数。但是如果结构同时含有随机-区间混合不确定性，则对于单失效模式问题，其功能函数可表示为

$$Z = g(\boldsymbol{X}, \boldsymbol{Y}) \tag{2.1}$$

其中，$\boldsymbol{X} = (X_1, X_2, \cdots, X_n)^{\mathrm{T}}$ 表示 n 维随机向量，X_i 的概率密度函数和累积分布函数分别记为 $f_{X_i}(X_i)$ 和 $F_{X_i}(X_i)$，$\boldsymbol{X}$ 的联合概率密度函数和累积分布函数分别记为 $f_{\boldsymbol{X}}(\boldsymbol{X})$ 和 $F_{\boldsymbol{X}}(\boldsymbol{X})$；$\boldsymbol{Y} = (Y_1, Y_2, \cdots, Y_m)^{\mathrm{T}}$ 表示 m 个区间参数组成的区间向量[4]，其中，

$$Y_i \in Y_i^{\mathrm{I}} = [Y_i^{\mathrm{L}}, Y_i^{\mathrm{R}}],\quad Y_i^{\mathrm{C}} = \frac{Y_i^{\mathrm{L}} + Y_i^{\mathrm{R}}}{2},\quad Y_i^{\mathrm{W}} = \frac{Y_i^{\mathrm{R}} - Y_i^{\mathrm{L}}}{2},\quad i = 1, 2, \cdots, m \tag{2.2}$$

上标 I 表示区间变量；上标 L 和 R 分别表示区间变量的下界和上界；上标 C 和 W 分别表示区间变量的中点和半径。

作为一种不确定性表征模型，目前在结构分析领域，随机-区间混合模型的研究点主要包含如下三个方面：参数不确定性的建模问题，即如何在数学上表征随机参数 $\boldsymbol{X}$ 和区间参数 $\boldsymbol{Y}$ 同时存在时的复杂不确定性；不确定性传播问题，即如何从参数的不确定性定量计算出结构功能函数 g 的不确定性；可靠性分析问题，即如何定量描述结构功能函数在混合不确定性作用下的可靠性程度或失效程度。

2.3　不确定性建模

不确定性建模，即对结构中的材料、载荷、尺寸等参数不确定性进行定量表征，从而为后续结构可靠性分析与设计奠定基础。在传统概率模型中，通过边缘概率分布或联合概率分布对参数的不确定性进行描述[15,16]；而在常规区间方法中[4,7]，通常通过一个参数空间内的多维盒来给出参数不确定域的变化边界。而随机-区间混合不确定性的度量有其特殊性，要比单纯的概率方法或区

间方法更为复杂，根据建模方式的不同，可以将现有的随机-区间混合模型分为如下两大类，即Ⅰ型混合不确定性模型(简称Ⅰ型混合模型)和Ⅱ型混合不确定性模型(简称Ⅱ型混合模型)。

2.3.1 Ⅰ型混合模型

文献[10]较早地将Ⅰ型混合模型应用于结构的随机振动分析(random vibration analysis)，Ⅰ型混合模型在结构分析中的应用已有30年左右的历史。在Ⅰ型混合模型中，所有不确定性参数仍然采用概率模型进行描述，但是由于信息量缺乏，其中一些重要分布参数(如均值μ、标准差σ等)无法给出精确值，而只能给出其区间估计。如图2.1所示，利用正态分布描述某一参数X的不确定性，其均值只能给定一个变化区间$[\mu^{\mathrm{L}},\mu^{\mathrm{R}}]$，由于信息缺乏无法确定其均值的具体值，而仅能确定在该区间范围内。因此，对于Ⅰ型混合模型，功能函数(2.1)中的$\boldsymbol{X}$表示随机向量，而$\boldsymbol{Y}$表示$\boldsymbol{X}$中所有非精确分布参数组成的区间向量。另外，Ⅰ型混合模型不仅可以用于处理常规随机变量分布中的不确定性，也可用于时变不确定性或动态不确定性的表征。时变不确定性通常由材料特性的衰退或结构受动态随机激励等造成，导致结构的可靠性随时间发生变化。目前，对于材料特性衰退等造成的时变不确定性，通常采用随时间衰减的概率分布函数来处理；对于结构所受的动态随机激励等，通常采用随机过程模型来处理；两者都需要基于大量样本信息来构建精确的分布特征。而Ⅰ型混合模型的引入能在较大程度上解决信息量缺乏给时变不确定性建模带来的困难，如可以使用区间描述材料特性衰减函数中的重要参数——衰减系数(attenuation coefficient)[17]，以及随机过程模型中的关键分布参数[18]等。目前，Ⅰ型混合模型已被应用于结构不确定性传播分析[10,19,20]、结构可靠性分析[17,18,21-27]等相关领域。

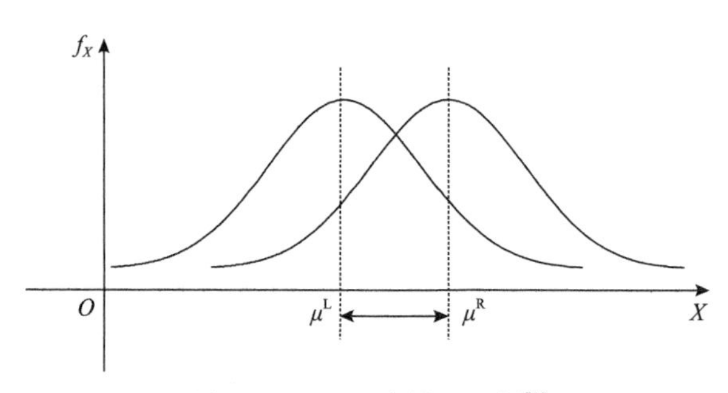

图2.1 Ⅰ型混合模型示例[1]

需要指出的是，在不确定性分析领域，还存在另外一类模型，即概率盒(probability box, P-box)模型[28-31]，它与Ⅰ型混合模型存在一定的相关性。如图 2.2 所示，对于不确定性参数 X ，P-box 模型使用一个概率分布函数区间 $[\underline{F}_X,\bar{F}_X]$ 来描述其不确定性。因信息量缺乏，无法给出 X 的精确概率分布函数，但是可以确定其位于两条概率分布边界组成的“带”内。P-box 模型也是一种可以用于处理认知不确定性的有效模型，在某种程度上Ⅰ型混合模型可以视为 P-box 模型的一种特殊情况[28,32]，近年来该模型在结构可靠性领域也得到了越来越多的关注[33,34]。因为篇幅所限，本书不对 P-box 模型做过多的论述，只在第 8 章的研究内容中有少量涉及。

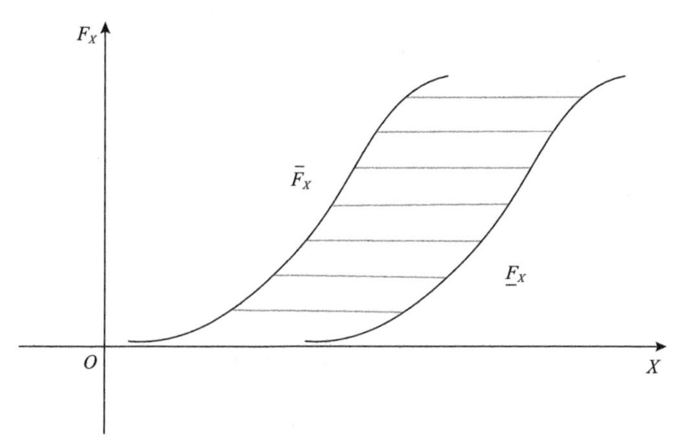

图 2.2　P-box 模型[28]

2.3.2　Ⅱ型混合模型

如图 2.3 所示，在Ⅱ型混合模型中，结构中所有的不确定性参数分为两类：对于样本充足的参数，可以建立其精确的概率密度函数 $f_{\boldsymbol{X}}$ ，故采用随机向量 $\boldsymbol{X}$ 进行处理；对于样本缺乏的参数，仅能确定其取值范围 $[\boldsymbol{Y}^{\mathrm{L}},\boldsymbol{Y}^{\mathrm{R}}]$ ，故采用区间向量 $\boldsymbol{Y}$ 进行处理。虽然Ⅱ型混合模型的研究比Ⅰ型混合模型开展得较晚，但是近年来它在结构分析领域的关注度及进展已超过Ⅰ型混合模型。目前，Ⅱ型混合模型已在不确定性传播分析[35-40]、结构可靠性分析[41-53]等相关领域取得了一系列进展。

在Ⅱ型混合模型的早期研究中，通常假设不确定性参数之间相互独立。如图 2.3 所示，独立情况下区间参数的不确定域属于一个多维盒(multidimensional box)。然而，在很多实际工程问题中，参数之间具有相关性，且变量间的相关性可能对不确定性结果产生很大的影响。在现有结构不确定性分析领域，凸模

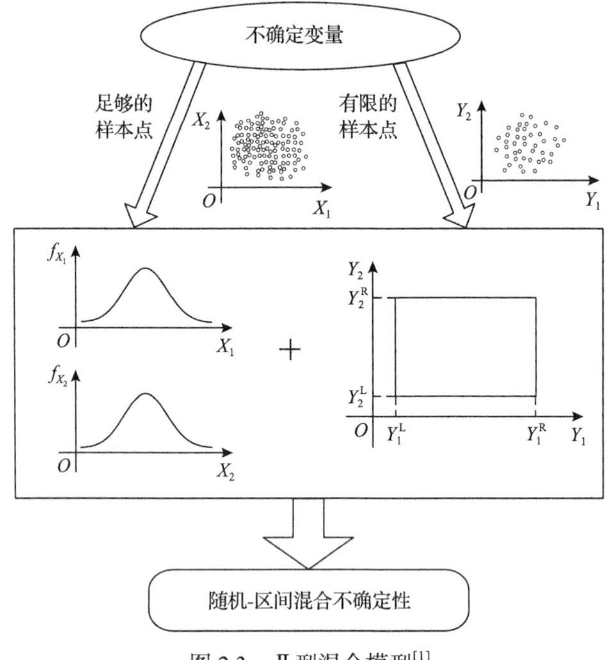

图 2.3　Ⅱ型混合模型[1]

型方法(convex model approach)是处理区间参数相关性的一类有效方法。在凸模型方法中，通过一个凸集对参数的不确定域进行定量描述，单个参数的变化范围为一个区间，而参数之间的相关性通过凸集的几何特征进行表征。目前，凸模型领域已发展出多类方法，如椭球模型(ellipsoidal model)[2,5,54]、超椭球模型[55,56]、多椭球模型[46,51,52]、平行六面体模型[57,58]等。图 2.4 为其中三类凸模型方法在二维问题中的应用，由图可知，所有单个参数的取值范围仍然属于一个区间，但是通过椭球、超椭球和平行六面体的形状可以定量反映出参数之间的相关性程度。最近几年，凸模型方法被逐渐引入Ⅱ型混合模型，用于处理区间参数之间的相关性，从而进一步提升随机-区间混合不确定性分析的精度与适用性。例如，文献[46]、[51]和[52]考虑了区间参数之间可能存在的相关性，采用多椭球模型描述有界不确定性，并与概率模型相结合，构建了概率-多椭球混合不确定性模型。Wang 等[47]基于椭球模型和概率模型，构建了相应的混合不确定性分析方法。Liu 和 Zhang[59]同样采用概率与椭球模型来度量不确定性，也发展了一种混合可靠性分析方法。近年来，姜潮等先后引入平行六面体凸模型及样本相关系数构建了两类混合不确定性模型，拓展了Ⅱ型混合模型对参数相关性的分析能力[60,61]，这两类模型及相应的结构可靠性分析方法将在本书后续章节进行介绍。

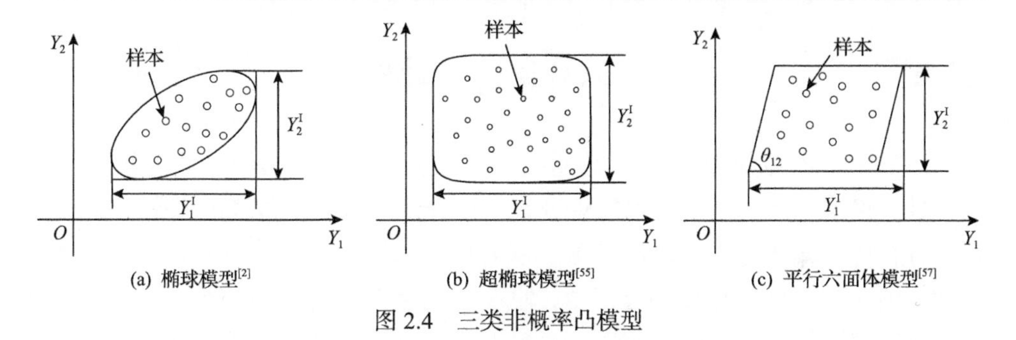

(a) 椭球模型[2]　(b) 超椭球模型[55]　(c) 平行六面体模型[57]

图 2.4　三类非概率凸模型

2.3.3　两类模型的适用性

现有研究表明，参数概率分布与真实值之间的微小偏差有可能导致可靠性分析结果产生很大误差[2]，因此保证可靠性分析精度的前提是必须给出所有随机参数的精确概率分布，否则可能造成很大的评估和设计风险。而在随机-区间混合模型中，原则上并不需要对样本信息缺乏的参数进行概率分布假设，仅需要给定其变化区间。随机-区间混合模型的出现，在结果上有可能会引入一定的保守性，但理论上它可以在很大程度上避免概率分布假设给可靠性设计带来的风险，而这对于实际复杂工程问题的可靠性设计是至关重要的。某种程度上，随机-区间混合模型可被视为传统概率模型的精度补偿方法，可大大拓展传统概率模型在复杂结构可靠性分析与设计中的适用性。

Ⅰ型混合模型和Ⅱ型混合模型应该说具有同等重要的作用，它们都可用于处理存在认知不确定性而无法给出精确概率分布的参数建模问题，但同时它们又具有不同的适用性：Ⅰ型混合模型适用于根据已有数据或经验确定参数的概率分布类型，但无法给定关键分布参数精确值的问题；Ⅱ型混合模型适用于一部分参数只知道变化区间，而难以获得其分布类型及分布参数值的问题。理论上，Ⅰ型混合模型针对的问题相对Ⅱ型混合模型应具有更多的数据信息或经验信息。但是，在实际应用过程中，很多时候信息量的多少本身具有一定的模糊性，工程人员有时很难精确把握对于同一问题应使用哪一类模型更合理，目前暂未发现针对两类模型选用准则方面的研究。当没有足够的经验和把握确定参数的概率分布类型时，建议应更多地考虑使用Ⅱ型混合模型进行处理，虽然Ⅱ型混合模型可能会得到比Ⅰ型混合模型更为保守的结果，但可以更好地保证分析结果对于结构设计是安全的。另外，未来将两类模型相结合，建立适用性更广的混合模型，在理论上也并不存在很大障碍。但是，可以预见的是，这样的混合模型将给结构的不确定性分析与可靠性设计在计算上带来不小的挑战，而这方面的研究目前还相对较少。

2.4 不确定性传播分析

不确定性传播分析，即如何从参数的不确定性定量计算出功能函数 g 的不确定性，很多时候它是结构可靠性分析与设计的基础。在传统的概率不确定性传播分析中，输入参数为随机变量，需要计算结构响应的概率分布特征[62-64]；在常规的区间不确定性传播分析中，输入参数为区间变量，需要计算结构响应的上下边界[6,65-67]。对于本书所涉及的问题，如图 2.5 所示，输入为随机-区间混合不确定性变量，则功能函数将不再为单纯的概率变量或区间变量，而是兼具概率变量和区间变量的特征，其概率分布通常由一个上边界函数 $\bar{F}_Z$ 和一个下边界函数 $\underline{F}_Z$（即一个 P-box 变量）组成。随机-区间混合不确定性传播问题，即是通过参数的不确定性特征求解该响应的概率分布边界。但是对于实际结构，精确求解响应概率分布的边界函数 $\bar{F}_Z$ 和 $\underline{F}_Z$ 是相对困难的，这通常会导致极为低下的计算效率。考虑到求解 $\bar{F}_Z$ 和 $\underline{F}_Z$ 的“矩”相对容易，且通过“矩”也能在较大程度上反映实际的分布函数特征，故在现有的随机-区间混合不确定性传播分析的研究中，主要工作在于求解结构功能函数的“矩”，尤其是前两阶矩的区间。下面将根据两类混合模型，对不确定性传播分析的研究进展分别进行概述。

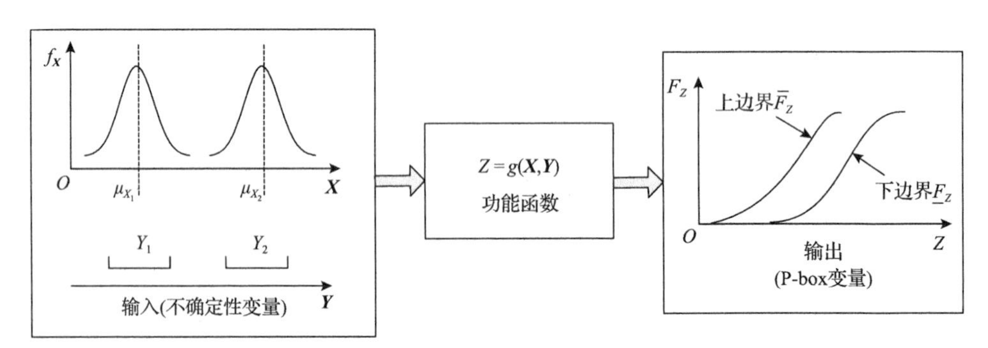

图 2.5　随机-区间混合不确定性传播分析[1]

2.4.1 Ⅰ型混合不确定性传播分析

Elishakoff 和 Colombi[10]在随时间衰弱的声激励中同时存在概率和区间不确定性的情况下，推导了等截面梁位移响应均方值的表达式。通过泰勒展开将结构响应转换为随机变量的线性函数，结合椭球不确定域约束及拉格朗日乘子法，求解得到位移均方值的上、下边界。该工作首次在随机-区间混合模型中引入凸模型的概念，为Ⅰ型混合可靠性问题的不确定性传播分析提供了前期的理论基础。Zhu 和 Elishakoff[19]将周期有限幅梁的声压激励处理为包含有界区间参数的随机变量，求解了周期结构的位移和弯矩响应的互功率谱密度函数，并在文献[10]的基础上，分别采用区间和椭球凸模型进行分析，同时对位移均方值的结果进行对比。近年来，Xia 等[20]将Ⅰ型混合模型进一步发展和应用于声学问题中，构造了混合不确定声学动力学方程及分析方法，并基于一阶泰勒展开及随机-区间矩方法[36]求解了声压响应均值及方差的上下边界。Zaman 等[68,69]研究了当概率分布中存在区间参数时的不确定性传播问题，以一个代数方程和弹簧-质点-阻尼系统为例，求解了系统响应累积分布函数的上下边界。

2.4.2 Ⅱ型混合不确定性传播分析

Ⅱ型混合不确定性传播分析的研究较Ⅰ型混合不确定性传播分析开展得要迟，但是近年来得到了更多的关注和发展。Du[35]对于同时存在概率和区间不确定性系统的鲁棒性进行了评估，通过双层蒙特卡罗方法计算了滑块机构以及四杆机构位移误差的均值和标准差的平均值。Gao 等[36]在区间四则运算法则的基础上，给出了随机-区间四则运算法则，并将随机变量矩方法扩展到随机-区间混合不确定性问题，提出了随机-区间矩方法；同时将该方法与摄动方法结合，提出了随机-区间摄动方法，用于求解结构响应的均值和方差的上下边界。随后，Gao 等[37]针对同时存在概率和区间参数的杆件结构，提出了一种混合摄动蒙特卡罗方法，用于求解其静态位移以及应力响应的均值和方差。Xia 等[38,39]基于随机-区间摄动方法，将Ⅱ型混合模型应用于结构-声学耦合系统的不确定性传播分析中。Zaman 等[68,69]也对Ⅱ型混合不确定性传播分析问题进行了研究，求解了不确定性参数的前四阶矩区间，并将其转换为一系列的 Johnson 分布，在此基础上分别利用采样方法和优化方法求解系统响应的累积分布函数的上下边界。Wu 等[70]对包含概率和区间的不确定性参数的车辆动力学问题进行了研究，结合多项式混沌理论和切比雪夫插值函数理论提出了一种混合多项式切比雪夫区间(polynomial-chaos-Chebyshev-interval)方法，求解了车辆四自由度平面摆动模型悬架变形的均值及方差区间。

目前，虽然在随机-区间混合不确定性传播分析方面的研究已有一些进展，但是整体而言，其研究仍然相对薄弱，目前发展出的一些方法及可以展现的结果都相对有限。未来，下列问题可能是该领域需要重点关注和解决的问题。首先，如前所述，对于随机-区间混合不确定性问题，结构响应的分布为 P-box，其由一个上边界函数和一个下边界函数组成，但是因为求解困难，目前几乎所有随机-区间混合不确定性传播分析方面的研究工作都仅为求解结构响应前两阶矩的区间，而对于更高精度的结构不确定性分析，前两阶矩的特征很多时候难以满足工程需求。为此，针对随机-区间混合不确定性问题，求解结构响应更高阶次的“矩”区间，甚至高效求解其精确的分布函数上下边界是值得研究的一个问题。传统概率分析中的“矩法”可能是可以借鉴的工作，它可以通过随机参数的各阶矩得出功能函数的各阶矩，并通过最大熵原理或函数逼近等确定出功能函数的概率密度函数[71,72]。将“矩法”拓展至随机-区间混合不确定性问题，有可能为结构响应概率分布函数边界的求解提供有效的计算工具。其次，现有随机-区间混合不确定性传播分析研究大多基于一阶泰勒展开及少量的二阶泰勒展开，并在此基础上求解响应的概率特征边界。在针对不确定性程度较大或者参数较多的问题时，通常难以保证一阶泰勒展开的精度，虽然二阶泰勒展开精度有所提升，但是涉及二阶导数求取等问题，实际应用中容易造成困难。为此，在传统泰勒展开之外，发展一些适合随机-区间混合不确定性问题的新型不确定性传播分析方法具有重要的工程意义。目前，在传统概率方法领域，降维积分[73,74]和混沌多项式展开[75,76]等被证明是比泰勒展开更为有效的不确定性传播分析方法，具有较好的全局逼近效果，并且易于计算。将降维积分和混沌多项式展开等与随机-区间混合模型相结合[77]，有可能实现结构响应概率分布函数边界的更有效求解，从而为混合不确定性传播分析开辟出一条新的路径，但是目前该方面的研究还相对较少。再次，考虑时变与动态不确定性的传播分析应该也是该领域的重要问题。近年来，已有少量工作针对随机-区间时变不确定性的研究，但主要集中在不确定性建模及可靠性分析领域，而较少涉及传播问题。时变不确定性通常由材料特性的衰退或结构受动态随机激励等造成，在随机-区间混合不确定性作用下，结构响应的概率分布区间将随时间变化，即具有时变特性。建立相关的时变不确定性传播分析方法，精确获得结构响应概率分布边界随时间的演化历程，对于考虑全服役周期的结构可靠性分析与设计具有重要的工程意义。但可以预见的是，该方面的研究将是一个具有挑战性的课题，尤其是针对随机动态载荷问题，其时变不确定性传播分析将可能涉及复杂的随机振动问题，使得结构响应概率分布边界的时变特性的求解非常困难。

2.5　结构可靠性分析

在随机-区间混合不确定性条件下，结构的功能函数定义如式(2.1)所示。

在对结构进行可靠性分析时，结构的可靠度可定义为

$$R = \text{Prob}(Z \geqslant 0)=\text{Prob}\{g(\boldsymbol{X},\boldsymbol{Y}) \geqslant 0\} \tag{2.3}$$

结构的失效概率定义[41]为

$$P_{\text{f}} = \text{Prob}(Z < 0)=\text{Prob}\{g(\boldsymbol{X},\boldsymbol{Y}) < 0\} \tag{2.4}$$

结构的极限状态方程或极限状态面可定义为

$$Z = g(\boldsymbol{X},\boldsymbol{Y}) = 0 \tag{2.5}$$

如图 2.6 所示，由于区间变量的存在，功能函数的极限状态面 $g(\boldsymbol{X},\boldsymbol{Y})=0$ 将不再是单个的曲面，而是一系列曲面组成的“带”，这与第 1 章中介绍的传统随机可靠性分析中的极限状态面是不同的。这便造成在随机-区间混合不确定性条件下，结构的失效概率 P_{f} 不再是一个精确的值，而是属于一个区间：

$$P_{\text{f}} \in [P_{\text{f}}^{\text{L}}, P_{\text{f}}^{\text{R}}] \tag{2.6}$$

其中，P_{f}^{L} 与 P_{f}^{R} 分别表示最小失效概率和最大失效概率。同样，结构可靠度 R 也不再是一个精确的数值，而是属于一个区间：

$$R \in [R^{\text{L}}, R^{\text{R}}] = [1 - P_{\text{f}}^{\text{R}},\ 1 - P_{\text{f}}^{\text{L}}] \tag{2.7}$$

其中，R^{L} 与 R^{R} 分别表示最小可靠度和最大可靠度。

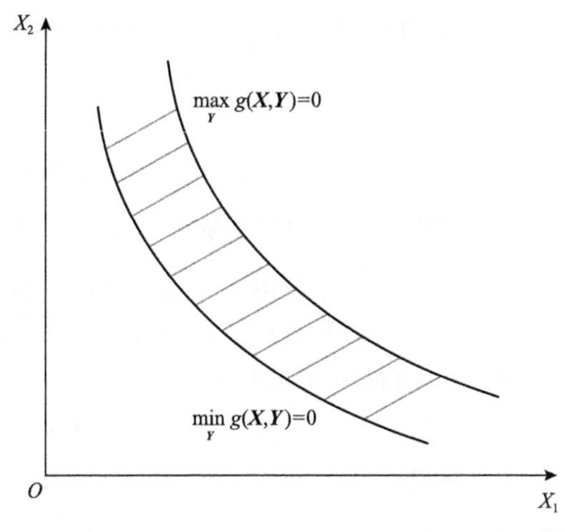

图 2.6　随机-区间混合不确定性下的极限状态带[24]

现有研究中，大都通过引入 FORM[78-81]近似求解上述混合可靠性问题，故

需要构建如下两个优化问题来求解结构可靠度指标的区间[24,25,41]：

$$
\begin{cases} \beta^{\mathrm{L}} = \min\limits_{\boldsymbol{U}} \|\boldsymbol{U}\| \\ \text{s.t.}\ \min\limits_{\boldsymbol{Y}} G(\boldsymbol{U},\boldsymbol{Y}) = 0 \end{cases},\quad \begin{cases} \beta^{\mathrm{R}} = \min\limits_{\boldsymbol{U}} \|\boldsymbol{U}\| \\ \text{s.t.}\ \max\limits_{\boldsymbol{Y}} G(\boldsymbol{U},\boldsymbol{Y}) = 0 \end{cases} \tag{2.8}
$$

其中，$\boldsymbol{U}$ 为标准正态向量；G 为标准正态空间中的功能函数；β^{L} 和 β^{R} 分别为最小可靠度指标和最大可靠度指标，即随机-区间混合不确定性下结构的可靠度指标也属于一个区间 $\beta \in [\beta^{\mathrm{L}}, \beta^{\mathrm{R}}]$。结构的失效概率区间可以通过式(2.9)得到：

$$
P_{\mathrm{f}} \in [P_{\mathrm{f}}^{\mathrm{L}}, P_{\mathrm{f}}^{\mathrm{R}}] = [\Phi(-\beta^{\mathrm{R}}), \Phi(-\beta^{\mathrm{L}})] \tag{2.9}
$$

同理，也可以获得结构可靠度区间。

结构可靠度属于一个区间而非精确值，这也正是随机-区间混合可靠性问题与传统可靠性问题的最大不同。区间参数的引入有效地处理了由样本信息缺乏造成的认知不确定性问题，虽然无法给出精确的可靠性值，但是可以精确地框定真实可靠性值所在的变化区间。这对于保证结构的安全性，尤其是对于一些可能造成重大安全性事故的结构可靠性设计是非常重要的。在随机-区间混合可靠性分析的框架下，如果采用结构最大失效概率进行分析，理论上是可以保证安全性设计的；但是在常规的随机可靠性框架下，对于样本信息缺乏的参数，如果引入概率分布假设，得到的可靠性计算结果有可能与真实值存在数量级上的差距[2]，如果以该结果进行可靠性设计，则有可能造成极大的安全隐患。当然，使用随机-区间混合可靠性进行结构的安全性评估与设计有可能带来过保守问题，这是该方法的一个不足，也是该领域需要重点关注和不断解决的一个问题。

另外，由上述分析可知，随机-区间混合可靠性的求解通常涉及双层嵌套优化问题，外层为概率可靠性分析，内层为区间分析。对于实际工程问题，结构的功能函数通常基于耗时的数值仿真模型，其嵌套优化将造成极低的计算效率。如何高效和稳定地求解该嵌套优化问题，获得结构可靠度的上下边界，也正是现阶段随机-区间混合可靠性分析的核心问题之一，目前该领域的很多工作都围绕该问题展开。下面仍将针对Ⅰ型混合模型和Ⅱ型混合模型，介绍其结构可靠性分析方面的研究进展。

2.5.1 Ⅰ型混合模型的可靠性分析

较早期的几个针对Ⅰ型混合模型的可靠性(简称Ⅰ型混合可靠性)分析工

作主要针对线性功能函数问题，即 $Z=g(r,s)=r-s$，其中，r 和 s 分别表示在外力作用下的结构抗力和载荷效应。Qiu 等[21]将 r 和 s 的均值及方差处理为区间参数，结合区间分析和传统概率分析方法，推导了混合可靠性指标上边界 β^{R} 及下边界 β^{L} 的计算公式。在此基础上，Qiu 等[22]进一步将区间分析方法引入结构系统可靠性问题中，计算了串联及并联系统在随机-区间混合不确定性下的失效概率区间及可靠度指标区间，并应用于多杆桁架结构的体系可靠性分析。另外，Gao 等[37]针对 I 型混合模型，推导了结构静力学应力响应均值和方差的区间计算公式，在此基础上建立了线性功能函数，求解了单失效模式下的结构失效概率区间，另外也针对多失效模式计算了结构系统的失效概率区间。

应该说，线性功能函数的混合可靠性分析相对简单，多数情况下甚至可以获得可靠性区间的解析表达；另外，即使对于体系可靠性这类相对复杂的问题，也可以通过蒙特卡罗模拟(MCS)方法进行计算，而无须担心计算效率的问题。但是，对于实际工程结构，其功能函数大都为隐式的非线性函数，而且通常情况下基于耗时的数值仿真模型，如有限元模型(finite element model, FEM)等。这类问题的混合可靠性分析要比线性问题复杂得多，如何保证计算效率及计算精度是其关键技术难点。姜潮等为解决上述计算效率和精度问题做出了尝试和努力[24,25]，他们从理论上揭示随机-区间混合不确定性下极限状态带的数学特征，为后续更高精度的结构可靠性分析提供了理论基础；将文献[41]中的方法拓展至 I 型混合可靠性问题，针对可靠性指标法和功能度量法两类经典的 FORM，分别构建了混合可靠性分析的单层求解方法，从而提升了混合可靠性分析的计算效率。另外，Ni 和 Qiu[23]分别针对随机变量为正态分布及非正态分布的情况，提出了一种区间验算点方法来求解结构的可靠度上下边界。Xiao 等[26]基于 MCS 方法和权重回归方法构造了线性正切函数，用于代替原功能函数，并推导了可靠度指标的上下边界表达式。

另外，除了上述工作之外，I 型混合可靠性问题也在一些相关领域进行了拓展，如时变可靠性分析、可靠度敏感性分析等。与静态可靠性问题不同的是，随机-区间混合不确定性下的结构时变可靠度的上下边界曲线是随服役周期变化的两条衰减函数。例如，张德权等[18]针对随机变量和随机过程中分布参数为区间的一类不确定性问题，提出了一种求解时变可靠性的区间 PHI2 方法，通过该方法可以获得结构在任一设计周期内的失效概率区间。可靠度敏感性分析(reliability sensitivity analysis)对结构设计也具有重要的工程意义，通过敏感性分析可定量获得相关参数对结构可靠度的影响程度，因此，在结构设计时应重点关注这一类关键参数的误差控制；另外，在进行结构的可靠性设计优化时，可靠度的灵敏度信息通常是利用梯度法求解的必要前提。随机-区间混合可靠性的敏感性分析技术是一个新的研究方向[82,83]，与常规的可靠度敏感性分析有较大的不同，因为混合可靠性分析的结果是一个区间值，它不仅需要考虑名义值对设计变量的敏感性，还需要考虑变化范围对设计变量的敏感性，所以涉及的敏感性指标较多，分析难度也较大。目前，这方面的研究工作也进行了一些。例如，Qiu 等[21]将强度和应力的均值和方差处理为区间参数，给出了结构可靠度指标上下边界的求解表达式，并在此基础上分析了当区间参数变化时可靠度指标区间的变化趋势。Xiao 等[26]定义了概率变量分布中均值和标准差为区间参数时结构失效概率对区间参数的敏感性指标，并分析了区间参数变化对敏感性指标的影响。在文献[43]的基础上，姜潮等定义了多类随机-区间混合可靠性的敏感性指标[27]，用于定量分析区间参数以及确定性设计变量对于结构失效概率区间的影响程度。虽然上述工作对Ⅰ型混合可靠性分析在若干领域进行了拓展，初步建立了相关的概念及方法，但是整体而言，这些研究不管是在广度还是在深度上都离实用有较大距离。这些方向在未来一段时间内仍将是Ⅰ型混合可靠性分析的研究重点。

2.5.2　Ⅱ型混合模型的可靠性分析

郭书祥和吕震宙[41]的研究工作是在Ⅱ型混合模型的可靠性(简称Ⅱ型混合可靠性)分析领域较早期的一项工作。如前所述，随机-区间混合可靠性的求解涉及两层嵌套优化问题，而且一直以来，Ⅱ型混合可靠性领域最重要的研究方向仍然是嵌套优化的高效求解问题。目前，围绕效率问题，在该领域已发展出三类主要求解方法。

第一类是单层解耦方法。该类方法主要是将多层嵌套优化问题进行解耦，从而有效降低计算量。郭书祥和吕震宙[41]的研究工作可以认为是该领域的重要进展。通过解耦将整个混合可靠性的求解转换为概率可靠性分析与区间分析的序列迭代过程，通常情况下，只要少数几次迭代便能收敛到最优解。该解耦策略为Ⅱ型混合可靠性的高效求解提供了一种有效途径，另外其单层求解思路也为Ⅰ型混合可靠性的高效求解提供了重要参考[25]。基于单层解耦策略，目前已有一系列针对Ⅱ型混合可靠性的分析方法[43,46,48-53]。

第二类是响应面方法。该类方法主要是建立功能函数的高效响应面模型，在混合可靠性分析中，通过调用响应面而非原功能函数进行计算，大大减少了计算量。例如，姜潮等[84]将传统概率可靠性分析中的响应面方法引入随机-区间混合可靠性分析中，通过轴向实验设计方法[85]和梯度投影方法相结合的方法建立了线性响应面函数，并通过迭代实现响应面的更新及可靠性结果精度的提升。在此基础上，Han 等[45]进一步基于轴向试验设计方法及二次多项式模型求解近似混合可靠性问题，并建立了响应面的更新机制来保证求解精度。上述两种方法也将在本书后续章节进行介绍，其他关于Ⅱ型混合可靠性的响应面方法可以参考相关文献[86-92]。

第三类是统一型分析方法。该类方法主要是将随机-区间混合可靠性问题通过等效的方式转换为传统的随机可靠性问题，从而采用常规方法进行分析。Jiang 等[44]将区间变量处理为均匀分布随机变量，从而将Ⅱ型混合可靠性问题转换为随机可靠性问题，并从数学上证明：若采用 FORM 进行求解，则该随机可靠性问题的解将等于原混合可靠性问题的最大失效概率。该方法为Ⅱ型混合可靠性问题的求解提供了一种新的思路，即将混合可靠性问题转换为等效的随机可靠性问题。传统可靠性分析领域已有一些成熟的方法，如 FORM、SORM 等都可以直接用于求解；更重要的是，该方法避免了复杂和耗时的嵌套优化问题，易于工程人员理解和使用。另外，Liu 和 Zhang[59]进一步将该方法拓展应用于概率-凸模型混合可靠性分析；Hu[93]针对效率和精度两项指标，将包括上述等效方法在内的几类Ⅱ型混合可靠性分析方法进行了对比。

另外，除了计算效率外，参数相关性问题是Ⅱ型混合可靠性领域的另一个研究重点，近年来该方面也出现了一定数量的研究成果。这些研究根据相关性参数的对象不同，可分为两类。第一类研究主要是针对区间参数之间的相关性，其主要思路是将非概率凸模型领域的一些方法引入随机-区间混合可靠性问题，采用各类凸模型方法描述区间变量之间的相关性，并在此基础上获得更为精确的结构可靠性区间。例如，Luo 等[46]使用多椭球模型处理区间变量之间的多源不确定性，提出了概率-多椭球混合可靠性模型，建立了高效的解耦算法，并进行了求解。Wang 等[47]采用椭球模型描述区间参数之间的相关性，构建了随机-椭球混合可靠性模型。第二类研究则针对更为一般的情况，即考虑各类不确定性参数之间的相关性。姜潮等[60]分别针对概率变量、概率和区间变量、区间变量定义了相关角的概念，用于定量描述不同变量之间的相关性，并构建了高效求解算法，获得了结构失效概率的上下边界。在此基础上，他们进一步引入样本相关系数的概念，尝试统一度量不同类型变量之间的相关性，并构建了相应的随机-区间混合可靠性模型及其求解算法[61]。

2.6 随机-区间混合可靠性分析领域未来需要关注的问题

作为近年来结构可靠性分析领域的重要研究方向，经过国内外同行的努力，目前随机-区间混合可靠性分析已初步形成理论和方法体系，并且越来越得到工业界的关注。尽管如此，随机-区间混合可靠性的研究不管是在不确定性度量的基础理论方面，还是在结构可靠性分析的方法构建等方面都远未完善。未来，为进一步推进和完善随机-区间混合可靠性方法，需要关注以下重要问题。

1) 不确定性建模问题

参数的不确定性建模是可靠性分析的前提和基础，为推进随机-区间混合可靠性分析的深度和广度，需要进一步发展随机-区间混合不确定性建模理论。在不确定性建模方面，目前已基本形成Ⅰ型混合模型和Ⅱ型混合模型两类相对成熟的混合模型。未来在该研究方向，下列问题可能是值得进一步研究和解决的。

(1) 不同类型混合模型的选择性问题。如前所述，理论上采用现有的两类混合模型可处理不同类型的情况，但实际工程中，由于信息量的多少往往具有一定的模糊性，很多时候工程人员难以精确把握对于同一问题使用哪一种模型更为合理。为此，建立混合模型的最优选择性准则，根据实际工程问题给出定量化的判断指标，对于提升随机-区间混合模型的工程实用性具有较大的作用，而目前该方面还未见相关研究报道。

(2) 混合模型的拓展问题。随着工程结构复杂性的不断提升，对现有的混合模型进行拓展，使其能处理更为多元或多样的不确定性是极为必要的。这种拓展可以是现有模型的“内在”拓展，如将Ⅰ型混合模型和Ⅱ型混合模型两类模型相结合，进一步增强不确定性建模能力；也可以是单个变量向场变量的拓展，如随机-区间场混合模型[94-96]；还可以是现有模型的“外在”拓展，如将随机-区间混合模型与现有的模糊集[97]、可能性理论[98]、证据理论[99]等相结合，从而建立适用性更广的不确定性模型。因为现有的各种不确定性模型，如模糊集、可能性理论、证据理论等基本上可以最终转换为概率模型或者区间模型进行分析，所以有理由相信随机-区间混合模型可以为其他类型的混合模型，甚至理想中的不确定性统一模型的构建提供重要参考和一定的理论基础。需要指出的是，对混合模型进行拓展后，虽然能在很大程度上提升其不确定性建模能力，但也不可避免地会给其后续的不确定性建模与可靠性分析造成数值计算上的困难，所以一个好的混合模型必须平衡其在不确定性建模与数值求解两方面的综合性能。

(3) 混合不确定性的相关性问题。参数相关性问题是不确定性分析向更高精度发展必须要考虑的问题，是未来希望建立的概率-非概率统一度量模型的重要理论基础，也是当前结构不确定性分析领域的研究重点和难点。目前，在随机-区间混合模型领域，已有一些参数相关性方面的工作出现。但这些工作主要是通过引入非概率凸模型来考虑区间参数之间的相关性，而对于其他类型变量之间的相关性，尤其是概率和区间变量之间的相关性考虑得很少。目前，不同类型变量之间的相关性建模依然是一个具有挑战性的问题，相信未来较长一段时间内它仍然会是不确定性分析领域的前沿和重点。

2）可靠性分析的精度问题

目前，随机-区间混合可靠性分析中的核心问题，即嵌套优化造成的计算效率问题已通过单层解耦算法、响应面方法及统一型分析方法等基本上得到解决，但是一直以来对其计算精度问题的关注和研究相对较少。现有的随机-区间混合可靠性分析，几乎都是在 FORM 框架下进行求解的。FORM 通常适合于功能函数非线性程度不强或可靠性要求不高的问题，而实际工程问题中可能涉及非线性程度较强的功能函数或较高的可靠度设计要求，现有的混合可靠性分析方法可能遭遇精度瓶颈。为此，开发能适用于强非线性问题、精度更高的混合可靠性分析方法仍然具有较大的工程意义。一个可行的方法是将随机-区间混合模型与精度更高的传统概率可靠性分析方法，如 SORM[100,101]等相结合开发相应的混合可靠性分析方法[102]，这在技术上应该不存在很大的难点。另一个可能的思路是，开发双层 MCS 方法，获得更为精确的混合可靠性分析结果，可以有效解决计算效率不是过于重要的工程问题。而在 P-box 领域，已有一系列类似的双层 MCS 方法[103,104]出现，这些工作对随机-区间混合可靠性的双层 MCS 方法开发具有重要的参考价值；同时，P-box 可靠性分析领域近期也发展出一些基于采样方法[105-108]、代理模型[109-113]以及积分策略[114,115]的方法，这些方法对于开展更高精度的随机-区间混合可靠性研究也具有一定的参考价值。此外，未来在随机-区间相关性建模理论突破的基础上，发展出更有效的考虑相关性的混合可靠性分析方法，也是解决精度问题的重要途径之一，这也将是一个重要的研究方向。

3）系统可靠性问题

目前，该领域绝大多数工作都是针对单失效模式问题的，而对存在多个失效模式的系统可靠性问题的研究滞后。但是绝大多数实际工程结构都存在多个失效模式，并且失效模式之间关系复杂，因此随机-区间系统可靠性分析的主要技术难点在于，如何防止最终的系统可靠性区间不至于过宽而失去实际工程价值。单失效模式下的混合可靠性结果已经是一个区间，未来在系统可靠性的分析中可能会引入边界估计等近似技术，从而可能使上述区间结果在体系中进行传递和放大，导致过宽的分析结果。另外，对于实际结构，将单失效模式下的混合可靠性分析方法拓展至多失效模式后，计算效率也将是一个不得不考虑的问题，这些都需要在未来的研究中得到突破和解决。

4)可靠性优化设计问题

基于可靠性的优化设计一直是结构可靠性领域的一个重要研究内容。目前，随机-区间混合 RBDO 领域虽有一些研究报道[48-53]，但整体上相对滞后，尚存在一系列有待进一步深入研究的问题。

(1)现有的混合 RBDO 的研究大都针对Ⅱ型混合可靠性问题，未来针对Ⅰ型混合可靠性问题开发相应的方法应是需要开展的工作[116-118]。

(2)现有混合 RBDO 处理中，都是基于最大失效概率建立相应的可靠性约束，这虽然能确保约束的安全性，但是是一种相对“刚性”的处理方式。实际上，约束的混合可靠性结果是由最大失效概率和最小失效概率组成的区间，未来能否建立一种能够综合反映失效概率上下边界、更为柔性的约束处理方式是值得研究的一个问题。

(3)为进一步提升混合 RBDO 方法在更多复杂工程问题中的适用性，未来也需要针对多目标、多学科、鲁棒性设计等问题[119-121]，开发一系列相应的方法。

(4)结合时变不确定性和拓扑优化等问题开发相应的混合 RBDO 方法，也将是随机-区间混合可靠性领域的研究前沿，目前已有相关的一些研究工作[122-132]。当然，上述各类混合 RBDO 方法的建立都需突破一个核心技术难点，即多层嵌套优化造成的计算效率问题。

2.7 本章小结

作为后续章节的基础，本章系统介绍了有关随机-区间混合可靠性的一些基本问题、基本概念和相关定义，包括随机-区间混合不确定性问题的描述、混合不确定性功能函数构建、混合不确定性建模与分类、不确定性传播分析、结构可靠性分析模型等，同时也给出了相关领域的研究综述和研究展望。

参考文献

[1] Jiang C, Zheng J, Han X. Probability-interval hybrid uncertainty analysis for structures with both aleatory and epistemic uncertainties: A review. Structural and Multidisciplinary Optimization, 2018, 57(6): 2485-2502.

[2] Ben-Haim Y, Elishakoff I. Convex Models of Uncertainty in Applied Mechanics. Amsterdam: Elsevier, 2013.

[3] Jiang C, Han X, Liu G R, et al. The optimization of the variable binder force in U-shaped forming with uncertain friction coefficient. Journal of Materials Processing Technology, 2007, 182(1-3): 262-267.

[4] Moore R E. Methods and Applications of Interval Analysis. Philadelphia: Siam, 1979.

[5] Ben-Haim Y. Convex models of uncertainty in radial pulse buckling of shells. Journal of Applied Mechanics, 1993, 60(3): 683-688.

[6] Elishakoff I, Elisseeff P, Glegg S A L. Nonprobabilistic, convex-theoretic modeling of scatter in material properties. AIAA Journal, 1994, 32(4): 843-849.

[7] Qiu Z P, Wang X J. Comparison of dynamic response of structures with uncertain-but-bounded parameters using non-probabilistic interval analysis method and probabilistic approach. International Journal of Solids and Structures, 2003, 40(20): 5423-5439.

[8] Qiu Z P, Wang X J. Parameter perturbation method for dynamic responses of structures with uncertain-but-bounded parameters based on interval analysis. International Journal of Solids and Structures, 2005, 42(18-19): 4958-4970.

[9] Jiang C, Han X, Lu G Y, et al. Correlation analysis of non-probabilistic convex model and corresponding structural reliability technique. Computer Methods in Applied Mechanics and Engineering, 2011, 200(33-36): 2528-2546.

[10] Elishakoff I, Colombi P. Combination of probabilistic and convex models of uncertainty when scarce knowledge is present on acoustic excitation parameters. Computer Methods in Applied Mechanics and Engineering, 1993, 104(2): 187-209.

[11] Walley P. Statistical Reasoning with Imprecise Probabilities. London: Chapman and Hall, 1991.

[12] Penmetsa R C, Grandhi R V. Efficient estimation of structural reliability for problems with uncertain intervals. Computers & Structures, 2002, 80(12): 1103-1112.

[13] Oberkampf W L, Helton J C, Joslyn C A, et al. Challenge problems: Uncertainty in system response given uncertain parameters. Reliability Engineering & System Safety, 2004, 85(1-3): 11-19.

[14] Berleant D J, Ferson S, Kreinovich V, et al. Combining interval and probabilistic uncertainty: Foundations, algorithms, challenges—An overview. The 4th International Symposium on Imprecise Probabilities and Their Applications, Pittsburgh, 2005.

[15] Madsen H O, Krenk S, Lind N C. Methods of Structural Safety. New York: Dover Publications, 2006.

[16] Walpole R E, Myers R H, Myers S L, et al. Probability and Statistics for Engineers and Scientists. New York: MacMillan, 1993.

[17] 姜潮, 黄新萍, 韩旭, 等. 含区间不确定性的结构时变可靠度分析方法. 机械工程学报, 2013, 49(10): 186-193.

[18] 张德权, 韩旭, 姜潮, 等. 时变可靠性的区间 PHI2 分析方法. 中国科学: 物理学 力学 天文学, 2015, 45(5): 054601.

[19] Zhu L P, Elishakoff I. Hybrid probabilistic and convex modeling of excitation and response of periodic structures. Mathematical Problems in Engineering, 1996, 2(2): 143-163.

[20] Xia B Z, Yu D J, Liu J. Hybrid uncertain analysis of acoustic field with interval random parameters. Computer Methods in Applied Mechanics and Engineering, 2013, 256: 56-69.

[21] Qiu Z, Yang D, Elishakoff I. Combination of structural reliability and interval analysis. Acta Mechanica Sinica, 2008, 24(1): 61-67.

[22] Qiu Z, Yang D, Elishakoff I. Probabilistic interval reliability of structural systems. International Journal of Solids and Structures, 2008, 45(10): 2850-2860.

[23] Ni Z, Qiu Z P. Interval design point method for calculating the reliability of structural systems. Science China Physics, Mechanics and Astronomy, 2013, 56(11): 2151-2161.

[24] Jiang C, Han X, Li W X, et al. A hybrid reliability approach based on probability and interval for uncertain structures. Journal of Mechanical Design, 2012, 134(3): 031001.

[25] Jiang C, Li W X, Han X, et al. Structural reliability analysis based on random distributions with interval parameters. Computers & Structures, 2011, 89(23-24): 2292-2302.

[26] Xiao N C, Huang H Z, Wang Z L, et al. Reliability sensitivity analysis for structural systems in interval probability form. Structural and Multidisciplinary Optimization, 2011, 44(5): 691-705.

[27] 姜潮, 李文学, 王彬, 等. 一种针对概率与非概率混合结构可靠性的敏感性分析方法. 中国机械工程, 2013, 24(19): 2577-2583.

[28] Ferson S, Kreinovich V, Ginzburg L, et al. Constructing probability boxes and Dempster-Shafer structures. Albuquerque: Sandia National Laboratories, 2003.

[29] Ferson S. RAMAS Risk Calc 4.0 Software: Risk Assessment with Uncertain Numbers. Boca Raton: CRC Press, 2002.

[30] Williamson R C, Downs T. Probabilistic arithmetic. I. Numerical methods for calculating convolutions and dependency bounds. International Journal of Approximate Reasoning, 1990, 4(2): 89-158.

[31] Ferson S, Nelsen R B, Hajagos J, et al. Dependence in probabilistic modeling, Dempster-Shafer theory, and probability bounds analysis. Albuquerque: Sandia National Laboratories, 2004.

[32] Faes M G R, Valdebenito M A, Moens D, et al. Operator norm theory as an efficient tool to propagate hybrid uncertainties and calculate imprecise probabilities. Mechanical Systems and Signal Processing, 2021, 152: 107482.

[33] Mi J H, Li Y F, Beer M, et al. Importance measure of probabilistic common cause failures under system hybrid uncertainty based on Bayesian network. Maintenance and Reliability, 2020, 22(1): 112-120.

[34] Liu X, Wang X, Xie J, et al. Construction of probability box model based on maximum entropy principle and corresponding hybrid reliability analysis approach. Structural and Multidisciplinary Optimization, 2020, 61(2): 599-617.

[35] Du X P. Interval reliability analysis. International Design Engineering Technical Conference & Computers and Information in Engineering Conference, Las Vegas, 2007.

[36] Gao W, Song C M, Tin-Loi F. Probabilistic interval analysis for structures with uncertainty. Structural Safety, 2010, 32(3): 191-199.

[37] Gao W, Wu D, Song C M, et al. Hybrid probabilistic interval analysis of bar structures with uncertainty using a mixed perturbation Monte-Carlo method. Finite Elements in Analysis and Design, 2011, 47(7): 643-652.

[38] Xia B Z, Yu D J. Change-of-variable interval stochastic perturbation method for hybrid uncertain structural-acoustic systems with random and interval variables. Journal of Fluids and Structures, 2014, 50: 461-478.

[39] Xia B Z, Yu D J, Liu J. Probabilistic interval perturbation methods for hybrid uncertain acoustic field prediction. Journal of Vibration and Acoustics, 2013, 135(2): 021009.

[40] Wang C, Matthies H G. A comparative study of two interval-random models for hybrid uncertainty propagation analysis. Mechanical Systems and Signal Processing, 2020, 136: 106531.

[41] 郭书祥，吕震宙．结构可靠性分析的概率和非概率混合模型．机械强度，2002, 24(4): 524-526.

[42] Du X P. Interval reliability analysis. ASME Design Engineering Technical Conference and Computers and Information in Engineering Conference, Las Vegas, 2007.

[43] Guo J, Du X P. Reliability sensitivity analysis with random and interval variables. International Journal for Numerical Methods in Engineering, 2009, 78(13): 1585-1617.

[44] Jiang C, Lu G Y, Han X, et al. A new reliability analysis method for uncertain structures with random and interval variables. International Journal of Mechanics and Materials in Design, 2012, 8(2): 169-182.

[45] Han X, Jiang C, Liu L X, et al. Response-surface-based structural reliability analysis with random and interval mixed uncertainties. Science China Technological Sciences, 2014, 57(7): 1322-1334.

[46] Luo Y J, Kang Z, Li A. Structural reliability assessment based on probability and convex set mixed model. Computers & Structures, 2009, 87(21-22): 1408-1415.

[47] Wang L, Wang X J, Xia Y. Hybrid reliability analysis of structures with multi-source uncertainties. Acta Mechanica, 2014, 225(2): 413-430.

[48] Liu X X, Elishakoff I. A combined importance sampling and active learning Kriging reliability method for small failure probability with random and correlated interval variables. Structural Safety, 2020, 82: 101875.

[49] Du X P, Sudjianto A, Huang B Q. Reliability-based design with the mixture of random and interval variables. Journal of Mechanical Design, 2005, 127(6): 1068-1076.

[50] Du X P. Reliability-based design optimization with dependent interval variables. International Journal for Numerical Methods in Engineering, 2012, 91(2): 218-228.

[51] Kang Z, Luo Y J. Reliability-based structural optimization with probability and convex set hybrid models. Structural and Multidisciplinary Optimization, 2010, 42(1): 89-102.

[52] 罗阳军, 高宗战, 岳珠峰, 等. 随机-有界混合不确定性下结构可靠性优化设计. 航空学报, 2011, 32(6): 1058-1066.

[53] Xia B Z, Lü H, Yu D J, et al. Reliability-based design optimization of structural systems under hybrid probabilistic and interval model. Computers & Structures, 2015, 160: 126-134.

[54] Lindberg H E. Convex models for uncertain imperfection control in multimode dynamic buckling. Journal of Applied Mechanics, 1992, 59(4): 937-945.

[55] Elishakoff I, Bekel Y. Application of Lamé's super ellipsoids to model initial imperfections. Journal of Applied Mechanics, 2013, 80(6): 061006.

[56] Ni B Y, Elishakoff I, Jiang C, et al. Generalization of the super ellipsoid concept and its application in mechanics. Applied Mathematical Modelling, 2016, 40(21-22): 9427-9444.

[57] Jiang C, Zhang Q F, Han X, et al. Multidimensional parallelepiped model—A new type of non-probabilistic convex model for structural uncertainty analysis. International Journal for Numerical Methods in Engineering, 2015, 103(1): 31-59.

[58] Ni B Y, Jiang C, Han X. An improved multidimensional parallelepiped non-probabilistic model for structural uncertainty analysis. Applied Mathematical Modelling, 2016, 40(7-8): 4727-4745.

[59] Liu X, Zhang Z Y. A hybrid reliability approach for structure optimisation based on probability and ellipsoidal convex models. Journal of Engineering Design, 2014, 25(4-6): 238-258.

[60] 姜潮, 郑静, 韩旭, 等. 一种考虑相关性的概率-区间混合不确定模型及结构可靠性分析. 力学学报, 2014, 46(4): 591-600.

[61] Jiang C, Zheng J, Ni B Y, et al. A probabilistic and interval hybrid reliability analysis method for structures with correlated uncertain parameters. International Journal of Computational Methods, 2015, 12(4): 1540006.

[62] Stefanou G. The stochastic finite element method: Past, present and future. Computer Methods in Applied Mechanics and Engineering, 2009, 198(9-12): 1031-1051.

[63] Sudret B, Der Kiureghian A. Stochastic finite element methods and reliability: A state-of-the-art report. Berkeley: University of California, 2000.

[64] Ghanem R G, Spanos P D. Stochastic Finite Elements: A Spectral Approach. New York: Dover Publications, 2003.

[65] Chen S H, Lian H D, Yang X W. Interval static displacement analysis for structures with interval parameters. International Journal for Numerical Methods in Engineering, 2002, 53(2): 393-407.

[66] Gao W. Interval finite element analysis using interval factor method. Computational Mechanics, 2007, 39(6): 709-717.

[67] Qiu Z P, Ma L H, Wang X J. Non-probabilistic interval analysis method for dynamic response analysis of nonlinear systems with uncertainty. Journal of Sound and Vibration, 2009, 319(1-2): 531-540.

[68] Zaman K, Mcdonald M, Rangavajhala S, et al. Representation and propagation of both probabilistic and interval uncertainty. The 51st AIAA/ASME/ASCE/AHS/ASC Structures, Structural Dynamics, and Materials Conference, Orlando, 2009.

[69] Zaman K, Mcdonald M, Mahadevan S. Probabilistic framework for uncertainty propagation with both probabilistic and interval variables. Journal of Mechanical Design, 2011, 133(2): 021010.

[70] Wu J L, Luo Z, Zhang N, et al. A new uncertain analysis method and its application in vehicle dynamics. Mechanical Systems and Signal Processing, 2015, 50: 659-675.

[71] Siddall J N, Diab Y. The use in probabilistic design of probability curves generated by maximizing the Shannon entropy function constrained by moments. Journal of Engineering for Industry, 1975, 96: 843-852.

[72] Tagliani A. On the existence of maximum entropy distributions with four and more assigned moments. Probabilistic Engineering Mechanics, 1990, 5(4): 167-170.

[73] Rahman S, Xu H. A univariate dimension-reduction method for multi-dimensional integration in stochastic mechanics. Probabilistic Engineering Mechanics, 2004, 19(4): 393-408.

[74] Xu H, Rahman S. A generalized dimension-reduction method for multidimensional integration in stochastic mechanics. International Journal for Numerical Methods in Engineering, 2004, 61(12): 1992-2019.

[75] Wiener N. The homogeneous chaos. American Journal of Mathematics, 1938, 60(4): 897-936.

[76] Xiu D B, Karniadakis G E. The Wiener-Askey polynomial chaos for stochastic differential equations. SIAM Journal on Scientific Computing, 2002, 24(2): 619-644.

[77] Yin S W, Zhu X H, Liu X. A novel sparse polynomial expansion method for interval and random response analysis of uncertain vibro-acoustic system. Shock and Vibration, 2021, 2021: 1125373.

[78] Hasofer A M, Lind N C. Exact and invariant second-moment code format. Journal of the Engineering Mechanics Division, 1974, 100(1): 111-121.

[79] Rackwitz R, Flessler B. Structural reliability under combined random load sequences. Computers & Structures, 1978, 9(5): 489-494.

[80] Hohenbichler M, Rackwitz R. Non-normal dependent vectors in structural safety. Journal of Engineering Mechanics Division, 1981, 107(6): 1227-1238.

[81] Hohenbichler M, Rackwitz R. First-order concepts in system reliability. Structural Safety, 1982, 1(3): 177-188.

[82] Sofi A, Muscolino G, Giunta F. A sensitivity-based approach for reliability analysis of randomly excited structures with interval axial stiffness. ASCE-ASME Journal of Risk and Uncertainty in Engineering Systems, Part B: Mechanical Engineering, 2020, 6(4): 041008.

[83] Sofi A, Giunta F, Muscolino G. Reliability analysis of randomly excited FE modelled structures with interval mass and stiffness via sensitivity analysis. Mechanical Systems and Signal Processing, 2022, 163: 107990.

[84] 姜潮, 刘丽新, 龙湘云. 一种概率-区间混合结构可靠性的高效计算方法. 计算力学学报, 2013, 30(5): 605-609.

[85] Bucher C G, Bourgund U. A fast and efficient response surface approach for structural reliability problems. Structural Safety, 1990, 7(1): 57-66.

[86] Jiang C, Long X Y, Han X, et al. Probability-interval hybrid reliability analysis for cracked structures existing epistemic uncertainty. Engineering Fracture Mechanics, 2013, 112: 148-164.

[87] Yang X F, Liu Y S, Gao Y, et al. An active learning Kriging model for hybrid reliability analysis with both random and interval variables. Structural and Multidisciplinary Optimization, 2015, 51(5): 1003-1016.

[88] Yang X F, Liu Y S, Zhang Y, et al. Probability and convex set hybrid reliability analysis based on active learning Kriging model. Applied Mathematical Modelling, 2015, 39(14): 3954-3971.

[89] Zhang J H, Xiao M, Gao L, et al. A novel projection outline based active learning method and its combination with Kriging metamodel for hybrid reliability analysis with random and interval variables. Computer Methods in Applied Mechanics and Engineering, 2018, 341: 32-52.

[90] Xiao M, Zhang J H, Gao L, et al. An efficient Kriging-based subset simulation method for hybrid reliability analysis under random and interval variables with small failure probability. Structural and Multidisciplinary Optimization, 2019, 59(6): 2077-2092.

[91] Yang X F, Wang T, Li J C, et al. Bounds approximation of limit-state surface based on active learning Kriging model with truncated candidate region for random-interval hybrid reliability analysis. International Journal for Numerical Methods in Engineering, 2020, 121(7): 1345-1366.

[92] Zhang X, Wu Z, Ma H, et al. An effective Kriging-based approximation for structural reliability analysis with random and interval variables. Structural and Multidisciplinary Optimization, 2021, 63(5): 2473-2491.

[93] Hu Z. Probabilistic engineering analysis and design under time-dependent uncertainty. Rolla: Missouri University of Science and Technology, 2014.

[94] Wu D, Gao W. Hybrid uncertain static analysis with random and interval fields. Computer Methods in Applied Mechanics and Engineering, 2017, 315: 222-246.

[95] Feng J W, Wu D, Gao W, et al. Hybrid uncertain natural frequency analysis for structures with random and interval fields. Computer Methods in Applied Mechanics and Engineering, 2018, 328: 365-389.

[96] Gao W, Wu D, Gao K, et al. Structural reliability analysis with imprecise random and interval fields. Applied Mathematical Modelling, 2018, 55: 49-67.

[97] Zadeh L A. Fuzzy sets. Information and Control, 1965, 8(3): 338-353.

[98] Zadeh L A. Possibility Theory and Soft Data Analysis. Singapore: World Scientific Publishing Co. Inc., 1996.

[99] Shafer G. A Mathematical Theory of Evidence. Princeton: Princeton University Press, 1976.

[100] Breitung K. Asymptotic approximations for multinormal integrals. Journal of Engineering Mechanics, 1984, 110(3): 357-366.

[101] Breitung K W. A Symptotic Approximation for Probability Integrals. Berlin: Springer Verlag, 1994.

[102] Wang P, Yang L, Zhao N, et al. A new SORM method for structural reliability with hybrid uncertain variables. Applied Sciences, 2020, 11(1): 346.

[103] Karanki D R, Kushwaha H S, Verma A K, et al. Uncertainty analysis based on probability bounds (P-box) approach in probabilistic safety assessment. Risk Analysis, 2009, 29(5): 662-675.

[104] Xiao Z, Han X, Jiang C, et al. An efficient uncertainty propagation method for parameterized probability boxes. Acta Mechanica, 2016, 227(3): 633-649.

[105] Zhang H, Mullen R L, Muhanna R L. Interval Monte Carlo methods for structural reliability. Structural Safety, 2010, 32(3): 183-190.

[106] Zhang H, Dai H, Beer M, et al. Structural reliability analysis on the basis of small samples: An interval quasi-Monte Carlo method. Mechanical Systems and Signal Processing, 2013, 37(1-2): 137-151.

[107] Zhang H. Interval importance sampling method for finite element-based structural reliability assessment under parameter uncertainties. Structural Safety, 2012, 38: 1-10.

[108] Wei P F, Lu Z Z, Song J W. Extended Monte Carlo simulation for parametric global sensitivity analysis and optimization. AIAA Journal, 2014, 52(4): 867-878.

[109] Crespo L G, Kenny S P, Giesy D P. Reliability analysis of polynomial systems subject to P-box uncertainties. Mechanical Systems and Signal Processing, 2013, 37(1-2): 121-136.

[110] Yang X F, Liu Y S, Zhang Y S, et al. Hybrid reliability analysis with both random and probability-box variables. Acta Mechanica, 2015, 226(5): 1341-1357.

[111] Schöbi R, Sudret B. Structural reliability analysis for P-boxes using multi-level meta-models. Probabilistic Engineering Mechanics, 2017, 48: 27-38.

[112] Wei P F, Song J W, Bi S F, et al. Non-intrusive stochastic analysis with parameterized imprecise probability models: I. Performance estimation. Mechanical Systems and Signal Processing, 2019, 124: 349-368.

[113] Chen N, Yu D J, Xia B Z, et al. Uncertainty analysis of a structural-acoustic problem using imprecise probabilities based on P-box representations. Mechanical Systems and Signal Processing, 2016, 80: 45-57.

[114] Liu H B, Jiang C, Jia X Y, et al. A new uncertainty propagation method for problems with parameterized probability-boxes. Reliability Engineering & System Safety, 2018, 172: 64-73.

[115] Liu H B, Jiang C, Liu J, et al. Uncertainty propagation analysis using sparse grid technique and saddlepoint approximation based on parameterized P-box representation. Structural and Multidisciplinary Optimization, 2019, 59(1): 61-74.

[116] Hu Z, Du X, Kolekar N S, et al. Robust design with imprecise random variables and its application in hydrokinetic turbine optimization. Engineering Optimization, 2014, 46(3): 393-419.

[117] Huang Z L, Jiang C, Zhou Y S, et al. Reliability-based design optimization for problems with interval distribution parameters. Structural and Multidisciplinary Optimization, 2017, 55(2): 513-528.

[118] Wu J L, Luo Z, Li H, et al. A new hybrid uncertainty optimization method for structures using orthogonal series expansion. Applied Mathematical Modelling, 2017, 45: 474-490.

[119] Cheng J, Lu W, Liu Z Y, et al. Robust optimization of engineering structures involving hybrid probabilistic and interval uncertainties. Structural and Multidisciplinary Optimization, 2021, 63(3): 1327-1349.

[120] Xu X, Chen X B, Liu Z, et al. Reliability-based design for lightweight vehicle structures with uncertain manufacturing accuracy. Applied Mathematical Modelling, 2021, 95: 22-37.

[121] Zaeimi M, Ghoddosain A. System reliability based design optimization of truss structures with interval variables. Periodica Polytechnica Civil Engineering, 2020, 64(1): 42-59.

[122] Wang W X, Gao H S, Zhou C C, et al. Reliability analysis of motion mechanism under three types of hybrid uncertainties. Mechanism and Machine Theory, 2018, 121: 769-784.

[123] Wang L, Ma Y J, Yang Y W, et al. Structural design optimization based on hybrid time-variant reliability measure under non-probabilistic convex uncertainties. Applied Mathematical Modelling, 2019, 69: 330-354.

[124] Ling C Y, Lu Z Z. Adaptive Kriging coupled with importance sampling strategies for time-variant hybrid reliability analysis. Applied Mathematical Modelling, 2020, 77: 1820-1841.

[125] Ling C Y, Lu Z Z, Feng K X. A novel extended crossing rate method for time-dependent hybrid reliability analysis under random and interval inputs. Engineering Optimization, 2020, 52(10): 1720-1742.

[126] Shi Y, Lu Z Z, Huang Z L. Time-dependent reliability-based design optimization with probabilistic and interval uncertainties. Applied Mathematical Modelling, 2020, 80: 268-289.

[127] Wang D P, Jiang C, Qiu H B, et al. Time-dependent reliability analysis through projection outline-based adaptive Kriging. Structural and Multidisciplinary Optimization, 2020, 61(4): 1453-1472.

[128] Chen N, Yu D J, Xia B Z, et al. Topology optimization of structures with interval random parameters. Computer Methods in Applied Mechanics and Engineering, 2016, 307: 300-315.

[129] Wu J L, Luo Z, Li H, et al. Level-set topology optimization for mechanical metamaterials under hybrid uncertainties. Computer Methods in Applied Mechanics and Engineering, 2017, 319: 414-441.

[130] He Z C, Wu Y, Li E. Topology optimization of structure for dynamic properties considering hybrid uncertain parameters. Structural and Multidisciplinary Optimization, 2018, 57(2): 625-638.

[131] Zheng J, Luo Z, Jiang C, et al. Robust topology optimization for concurrent design of dynamic structures under hybrid uncertainties. Mechanical Systems and Signal Processing, 2019, 120: 540-559.

[132] Zheng J, Chen H, Jiang C. Robust topology optimization for structures under thermo-mechanical loadings considering hybrid uncertainties. Structural and Multidisciplinary Optimization, 2022, 65(1): 29.

第 3 章　基于单调性分析的可靠性求解策略

相比于传统随机结构可靠性问题，随机-区间混合可靠性问题中功能函数的极限状态面将不再是单个曲面，而是一系列曲面组成的“带”。因此，在随机-区间混合可靠性分析中，通常需要构造一个双层嵌套优化问题求解结构的可靠度指标和失效概率区间[1-3]。由于区间参数的存在，理论上双层嵌套优化问题的求解需要搜索所有区间参数取值下的随机变量空间，即对于每个区间变量取值组合都需要完成一次随机可靠性分析。而在实际工程问题中，结构的功能函数通常基于耗时的数值仿真模型，嵌套优化将造成极低的计算效率，如何提升嵌套优化的求解效率成为随机-区间混合可靠性研究领域的重要科学问题。

本章将针对 I 型混合可靠性问题，提出一种基于单调性分析的高效可靠性求解策略。本章的主要内容包括：归纳出区间参数影响下极限状态带的两种典型情况，并针对两种典型情况分别给出对应的混合可靠性分析模型；针对常见的随机变量，分析累积分布函数对其分布参数的单调性质，并分析区间分布参数对极限状态带的影响；在此基础上，构造高效的混合可靠性求解方法，通过数值算例分析及实际工程应用验证该方法的有效性。

3.1　基于 FORM 的随机-区间混合可靠性分析

对于 I 型混合可靠性问题，$\boldsymbol{X}$ 表示 n 维随机向量，$\boldsymbol{Y}$ 表示 $\boldsymbol{X}$ 中所有非精确分布参数组成的 m 维区间向量，对应的单失效模式的功能函数如式(2.1)所示，本章中假定所有随机变量相互独立。如果采用经典的 FORM 进行分析，通常需要将随机变量转换为标准正态变量。采用如式(1.44)所示的等概率变换，将随机向量 $\boldsymbol{X}$ 从原始空间转换到标准正态空间[4]：

$$\Phi(\boldsymbol{U})=F_{\boldsymbol{X}}(\boldsymbol{X},\boldsymbol{Y}),\quad \boldsymbol{U}=\Phi^{-1}(F_{\boldsymbol{X}}(\boldsymbol{X},\boldsymbol{Y})) \tag{3.1}$$

则标准正态空间中的功能函数 G 可表示为

$$g(\boldsymbol{X},\boldsymbol{Y})=g(T(\boldsymbol{U},\boldsymbol{Y}))=G(\boldsymbol{U},\boldsymbol{Y}) \tag{3.2}$$

其中，T 表示基于式(3.1)的转换函数。由于区间参数 $\boldsymbol{Y}$ 的影响，$G(\boldsymbol{U},\boldsymbol{Y})=0$ 所表示的极限状态曲面将构成一个“带”，其两个边界面 S_{L} 和 S_{R} 可分别表示[5,6]为

$$S_{\mathrm{L}}：\min_{\boldsymbol{Y}} G(\boldsymbol{U},\boldsymbol{Y})=0,\quad S_{\mathrm{R}}：\max_{\boldsymbol{Y}} G(\boldsymbol{U},\boldsymbol{Y})=0 \tag{3.3}$$

对于不同类型的区间参数，极限状态带通常存在两种典型情况。以二维随机变量为例，结构的功能函数对应的第一类极限状态带和第二类极限状态带分别如图 3.1(a)和(b)所示。图 3.1(a)所示的第一类极限状态带上边界 S_{R} 和下边界 S_{L} 均为连续光滑的超曲面，且分别对应固定的区间参数值；而图 3.1(b)所示的第二类极限状态带上边界 S_{R} 和下边界 S_{L} 均由多个超曲面组合而成，且其中每个超曲面分别对应区间参数的不同取值。下面将分别给出针对这两类极限状态带的可靠性分析模型，为便于分析，本章假定对于每个 I 型不确定性变量，其概率分布中仅包含一个区间参数。

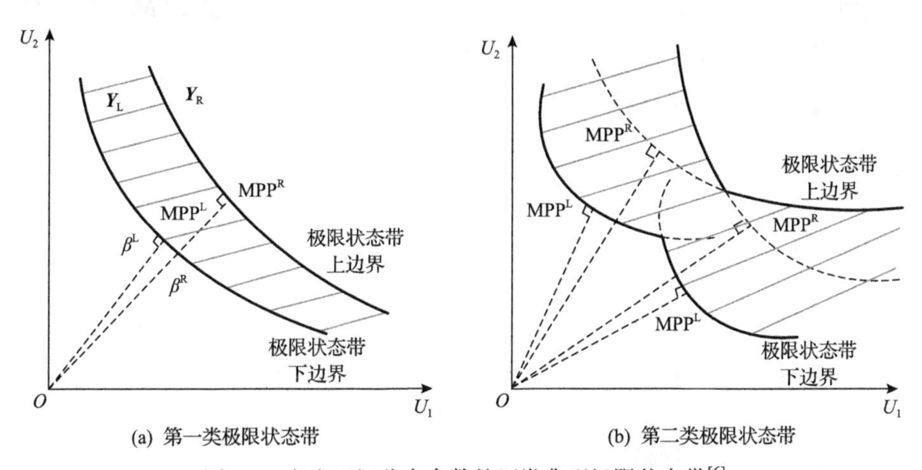

图 3.1　考虑区间分布参数的两类典型极限状态带[6]

3.1.1　针对第一类极限状态带的混合可靠性分析

对于如图 3.1(a)所示的第一类极限状态带，结构的可靠度指标 β 不再是一个确定值，而是一个波动区间：

$$\beta\in[\beta^{\mathrm{L}}(\mathrm{MPP}^{\mathrm{L}},\boldsymbol{Y}_{\mathrm{L}}),\beta^{\mathrm{R}}(\mathrm{MPP}^{\mathrm{R}},\boldsymbol{Y}_{\mathrm{R}})] \tag{3.4}$$

其中，β^{R} 与 β^{L} 分别表示上、下边界面的可靠度指标；$\mathrm{MPP}^{\mathrm{R}}$ 和 $\mathrm{MPP}^{\mathrm{L}}$ 分别表示上、下边界面上的最可能失效点；$\boldsymbol{Y}_{\mathrm{R}}$ 与 $\boldsymbol{Y}_{\mathrm{L}}$ 分别表示上、下边界面对应的区间变量取值组合。如 2.5 节介绍，可通过构造基于 FORM 的优化模型(2.8)求解结构的可靠度指标区间，相应地，结构的失效概率区间可通过式(2.9)获得。式(2.8)中 β^{R} 与 β^{L} 的求解为典型的嵌套优化问题，下面以 β^{L} 为例描述该嵌套优化问题的求解过程。

外层循环为求解 $\mathrm{MPP}^{\mathrm{L}}$ ：

$$\begin{cases}\beta^{\mathrm{L}}=\min\limits_{\boldsymbol{U}}\|\boldsymbol{U}\| \\ \text{s.t. } G(\boldsymbol{U},\boldsymbol{Y}^{*})=0\end{cases} \tag{3.5}$$

内层循环为求解区间变量的最坏组合 $\boldsymbol{Y}^{*}$ ：

$$\begin{cases}G(\boldsymbol{U},\boldsymbol{Y}^{*})=\min\limits_{\boldsymbol{Y}} G(\boldsymbol{U},\boldsymbol{Y}) \\ \text{s.t. } \boldsymbol{Y}^{\mathrm{L}}\leqslant\boldsymbol{Y}\leqslant\boldsymbol{Y}^{\mathrm{R}}\end{cases} \tag{3.6}$$

在外层循环中，基于上一迭代步的最坏区间组合 $\boldsymbol{Y}^{*}$ ，式(3.5)等效于传统 RIA 优化模型(1.51)，可采用 HL-RF[7,8]或 iHL-RF[9]方法求解 $\mathrm{MPP}^{\mathrm{L}}$ 点 $\boldsymbol{U}^{*}$ 。在内层循环中，基于外层循环中获得的 $\mathrm{MPP}^{\mathrm{L}}$ 点 $\boldsymbol{U}^{*}$ ，求解区间变量的最坏情况组合 $\boldsymbol{Y}^{*}$ 。经过式(3.5)和式(3.6)的反复迭代，最终得到可靠度指标 β^{L} ，求解 β^{R} 的过程与之类似。

3.1.2 针对第二类极限状态带的混合可靠性分析

对于如图 3.1(b)所示的第二类极限状态带，其上、下边界曲面分别由多个子曲面组成，且这些子曲面分别对应于区间变量的不同取值，因此可采用系统可靠性分析方法[4]进行求解。一方面，对应于极限状态带下边界 S_{L} 的最大失效概率 $P_{\mathrm{f}}^{\mathrm{R}}$ 可通过串联系统可靠性分析方法求解：

$$P_{\mathrm{f}}^{\mathrm{R}}=\mathrm{Prob}\left(\bigcup_{i=1}^{M}G_i^{\mathrm{L}}(\boldsymbol{U})\leqslant 0\right)=1-\mathrm{Prob}\left(\bigcap_{i=1}^{M}G_i^{\mathrm{L}}(\boldsymbol{U})>0\right) \tag{3.7}$$

其中， $G_i^{\mathrm{L}}(i=1,2,\cdots,M)$ 表示组成 S_{L} 的 M 个子曲面，这些子曲面实际上对应于同一个功能函数方程，只是其中区间变量 $\boldsymbol{Y}$ 的取值不同。基于 FORM，每个子曲面 G_i^{L} 可近似为一个超平面，结构极限状态带对应的失效概率 $P_{\mathrm{f}}^{\mathrm{R}}$ 可由式(3.8)近似计算：

$$P_{\mathrm{f}}^{\mathrm{R}}\approx 1-\mathrm{Prob}\left(\bigcap_{i=1}^{M}\boldsymbol{\alpha}_{\mathrm{L}i}^{\mathrm{T}}\boldsymbol{U}<\beta_{\mathrm{L}i}\right)=1-\Phi_M(\boldsymbol{\beta}_{\mathrm{L}},\boldsymbol{\rho}_{\mathrm{L}}) \tag{3.8}$$

其中， Φ_M 表示 M 维标准正态累积分布函数； $\boldsymbol{\beta}_{\mathrm{L}}$ 表示对应于功能函数 $G_i^{\mathrm{L}}(i=1,2,\cdots,M)$ 的 M 维可靠度指标向量； $\boldsymbol{\alpha}_{\mathrm{L}i}$ 表示 G_i^{L} 的方向余弦函数：

$$[\boldsymbol{\alpha}_{\mathrm{L}i}]_j = \frac{-\left(\dfrac{\partial G_i^{\mathrm{L}}}{\partial U_j}\right)_{\boldsymbol{U}^*}}{\left[\sum_{j=1}^{n}\left(\dfrac{\partial G_i^{\mathrm{L}}}{\partial U_j}\right)_{\boldsymbol{U}^*}^2\right]^{\frac{1}{2}}},\quad i=1,2,\cdots,M,\ j=1,2,\cdots,n \tag{3.9}$$

$\boldsymbol{\rho}_{\mathrm{L}}$ 表示 $M\times M$ 维相关系数矩阵：

$$[\boldsymbol{\rho}_{\mathrm{L}}]_{ij} = \boldsymbol{\alpha}_{\mathrm{L}i}^{\mathrm{T}}\boldsymbol{\alpha}_{\mathrm{L}j},\quad i=1,2,\cdots,M,\ j=1,2,\cdots,M \tag{3.10}$$

另一方面，对应于极限状态带上边界 S_{R} 的最小失效概率 $P_{\mathrm{f}}^{\mathrm{L}}$ 可通过并联系统可靠性分析方式求解：

$$P_{\mathrm{f}}^{\mathrm{L}} = \mathrm{Prob}\left(\bigcap_{i=1}^{N} G_i^{\mathrm{R}}(\boldsymbol{U}) \leqslant 0\right) \tag{3.11}$$

其中，$G_i^{\mathrm{R}}(i=1,2,\cdots,N)$ 表示组成 S_{R} 的 N 个子曲面。同样，基于 FORM，最小失效概率 $P_{\mathrm{f}}^{\mathrm{L}}$ 可由式(3.12)近似计算：

$$P_{\mathrm{f}}^{\mathrm{L}} \approx \mathrm{Prob}\left(\bigcap_{i=1}^{N} \boldsymbol{\alpha}_{\mathrm{R}i}^{\mathrm{T}}\boldsymbol{U} > \beta_{\mathrm{R}i}\right) = \Phi_N\left(-\boldsymbol{\beta}_{\mathrm{R}}, \boldsymbol{\rho}_{\mathrm{R}}\right) \tag{3.12}$$

其中，$\boldsymbol{\beta}_{\mathrm{R}}$ 表示对应于功能函数 $G_i^{\mathrm{R}}(i=1,2,\cdots,N)$ 的 N 维可靠度指标向量；$\boldsymbol{\alpha}_{\mathrm{R}i}$ 表示 G_i^{R} 的方向余弦函数；$\boldsymbol{\rho}_{\mathrm{R}}$ 为 $N\times N$ 维相关系数矩阵。

由此，可获得结构的失效概率区间如下：

$$P_{\mathrm{f}} \in [P_{\mathrm{f}}^{\mathrm{L}}, P_{\mathrm{f}}^{\mathrm{R}}] = [\Phi_N(-\boldsymbol{\beta}_{\mathrm{R}}, \boldsymbol{\rho}_{\mathrm{R}}), 1-\Phi_M(\boldsymbol{\beta}_{\mathrm{L}}, \boldsymbol{\rho}_{\mathrm{L}})] \tag{3.13}$$

综上，对于上述两类极限状态带，可分别构建两个可靠性分析模型进行求解。为了提升计算效率，本章将提出一种基于单调性分析的可靠性求解方法，该策略可以在很大程度上减少在区间变量空间内的计算搜索，在计算量上可与传统随机可靠性分析相当。

3.2　等概率变换的单调性分析

3.2.1　区间分布参数与极限状态边界面的关系

在等概率变换过程中，累积分布函数对区间分布参数的不同单调性，会导致极限状态曲面所映射的区域出现不同情况[5,6]。事实上，对于区间分布参数与极限状态边界面，可以证明有性质 3.1。

性质 3.1　如果某随机变量 X_i 的累积分布函数 $F_{X_i}(X_i,Y)$ 对其区间分布参数 Y 单调，那么极限状态面 $g(\boldsymbol{X})=0$ 映射到标准正态空间后的 $G(\boldsymbol{U},Y)=0$ 两个边界 S_{L} 和 S_{R} 将分别对应区间分布参数的两个边界。

证明　为了表述方便，以功能函数存在两个随机变量 X_i、$X_j(i\neq j)$ 的情况为例，解释极限状态方程从原始 $\boldsymbol{X}$ 空间到正态 $\boldsymbol{U}$ 空间的转换过程。如图 3.2(a)所示，(X_j,X_i) 为极限状态面 $g(\boldsymbol{X})=0$ 上的一点，若随机变量 X_j 的累积分布函数中不包含区间参数，则通过映射变换，(X_j,X_i) 对应于 $\boldsymbol{U}$ 空间中的一点 U_j，也就是说等概率变换的过程是点对点的。然而，如果 X_i 含有区间参数 Y，则 U_i 的取值将会变成一个区间，相应的等概率变换过程如下：

$$\Phi(U_i(Y))=F_{X_i}(X_i,Y),\quad U_i(Y)=\Phi^{-1}(F_{X_i}(X_i,Y)) \tag{3.14}$$

假定 $F_{X_i}(X_i,Y)$ 是关于区间参数 Y 的单调函数，则其反函数 $\Phi^{-1}(x)$ 也是一个单调函数，因此对于某一点 X_i，$U_i(Y)$ 也是一个关于 Y 的单调函数。因此，如图 3.2(b)所示，U_i 的最大值 a 和最小值 b 将分别是极限状态带边界 S_{R} 和 S_{L} 上的两个点，且分别对应于区间参数的上、下边界值。

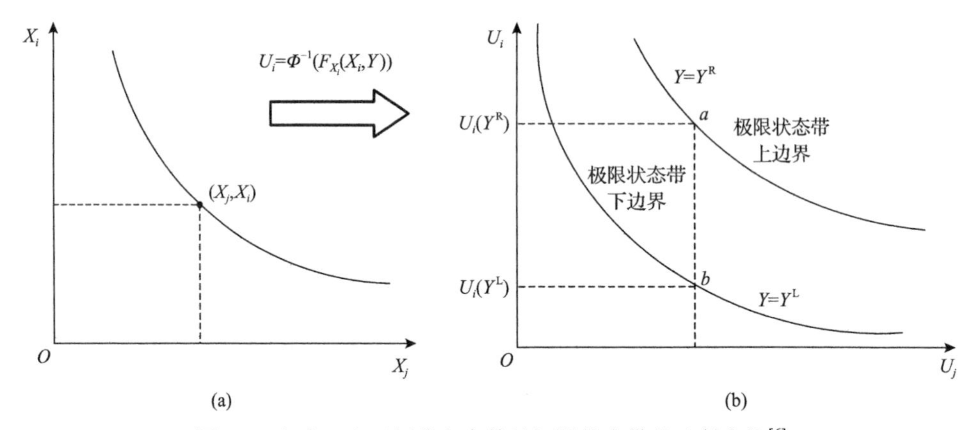

图 3.2　包含一个区间分布参数的极限状态带的映射变换[6]

上述分析基于仅有一个随机变量包含区间分布参数的假设，更一般地，对于多个随机变量均包含区间分布参数的情况，如果随机变量相互独立，则它们的等概率变换过程也是相互独立的，各个概率分布函数所包含区间分布参数的影响也是相互独立的，因此上述性质同样成立，可得到性质 3.2。

性质 3.2　如果极限状态方程 $g(\boldsymbol{X})=0$ 中多个随机变量的累积分布函数分

别对各自的区间分布参数 $Y_i(i=1,2,\cdots,m)$ 单调，则两个边界面 S_L 和 S_R 对应的区间分布参数的取值是其边界值的组合。

3.2.2　常见随机分布的单调性分析

从上述性质可知，随机变量 X 的累积分布函数对于其区间分布参数的单调性具有非常重要的作用。下面以工程中常见的威布尔分布为例，解释单调性分析的过程。威布尔分布的累积分布函数如下：

$$F_X(X)=1-\exp\left[-\left(\frac{X}{\lambda}\right)^k\right],\quad X\geqslant 0,\ \lambda>0,\ k>0 \tag{3.15}$$

其中，分布参数 $\lambda>0$，$k>0$。

累积分布函数对第一个参数 λ 的偏导数为

$$\frac{\partial F_X(X)}{\partial \lambda}=-k\frac{X^k}{\lambda^{k+1}}\exp\left[-\left(\frac{X}{\lambda}\right)^k\right]<0,\quad X\geqslant 0,\ \lambda>0,\ k>0 \tag{3.16}$$

由定义域和分布参数取值范围可知 $\dfrac{\partial F_X(X)}{\partial \lambda}<0$，因此累积分布函数对 λ 单调递减。图 3.3 描述了包含威布尔随机变量的极限状态面随参数 λ 的变化情况，随着 λ 值的增加，原始空间中极限状态面映射到标准正态空间中得到的面上各点在对应坐标轴上的坐标值不断减小，而且这种变化是单向的。在移动过程中，不同点处的变化量不一定相等，但移动方向是一致的。

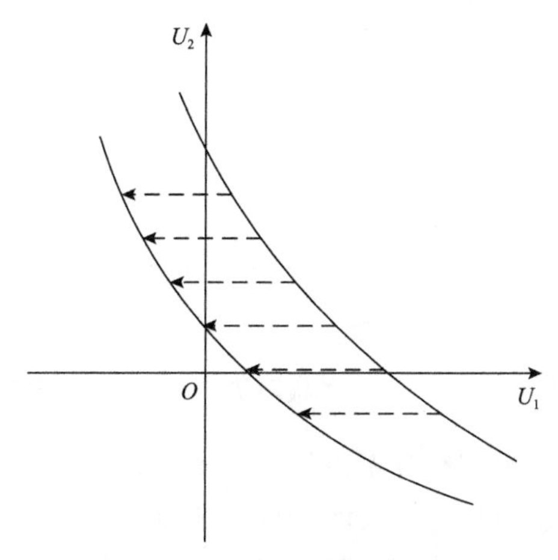

图 3.3　包含威布尔随机变量的极限状态面随参数 λ 的变化[10]

累积分布函数对第二个参数 k 的偏导数为

$$\frac{\partial F_X(X)}{\partial k}=\ln\left(\frac{X}{\lambda}\right)\left(\frac{X}{\lambda}\right)^k\exp\left[-\left(\frac{X}{\lambda}\right)^k\right],\quad X\geqslant 0,\lambda>0,k>0 \tag{3.17}$$

可见，$\frac{\partial F_X(X)}{\partial k}$ 的正负性取决于 $\ln\left(\frac{X}{\lambda}\right)$ 的正负性。以 $X=\lambda$ 为界限，当 $X<\lambda$ 时，$\ln\left(\frac{X}{\lambda}\right)<0$，则 $\frac{\partial F_X(X)}{\partial k}<0$；当 $X>\lambda$ 时，$\ln\left(\frac{X}{\lambda}\right)>0$，则 $\frac{\partial F_X(X)}{\partial k}>0$；当 $X=\lambda$ 时，不管 k 为何值，$\frac{\partial F_X(X)}{\partial k}=0$，且累积分布函数都取定值 $1-\frac{1}{\mathrm{e}}$。因此，当 $X<\lambda$ 时，累积分布函数对 k 单调递减；当 $X>\lambda$ 时，累积分布函数对 k 单调递增，只有 $X=\lambda$ 处的点不随 k 值变化。

图 3.4 给出了包含威布尔随机变量的极限状态面随参数 k 的变化情况。图 3.4 中的虚线表示通过“转动”中心且垂直于坐标轴 U_1 的直线，其横坐标值为 $\Phi^{-1}\left(1-\frac{1}{\mathrm{e}}\right)$。图中虚线的左侧，各映射点的横坐标随着 k 值的增大逐渐减小，虚线的右侧情况刚好相反。可见，当 k 变化时，曲线表现出绕 $X=\lambda$ 点“转动”的现象。

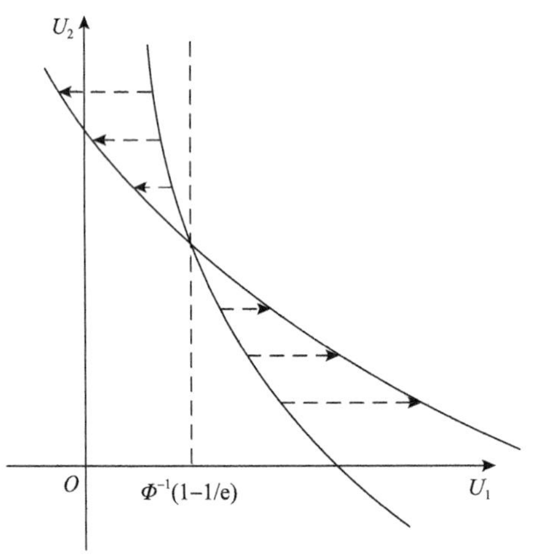

图 3.4　包含威布尔随机变量的极限状态面随参数 k 的变化情况[10]

从对威布尔分布的单调性分析可见，对于参数 λ，其累积分布函数的单调性始终不变，极限状态面具有平移的特性；而对于参数 k，其累积分布函数的单调性在某一个特殊点的左右两边是相反的，极限状态面具有旋转的特性。上述现象其实具有共性，总体上可以将常用随机变量的分布参数分为两类，分别称为平移参数和旋转参数。表 3.1 中列出了工程中常用的随机分布类型及其参数，通过分析表 3.1 中每一种随机分布的累积分布函数对其分布参数的偏导数情况，总结了其累积分布函数对分布参数的单调性，并给出了其区间分布参数的类型，如表 3.2 所示。在 3.2.3 节中，将基于单调性分析的结果研究区间分布参数与极限状态面的关系，进而给出基于单调性分析的高效可靠性求解策略。

表 3.1　工程中常用的随机分布类型及其参数

分布类型	累积分布函数 $F_X(X)$	定义域	分布参数
威布尔分布	$1-\exp[-(X/\lambda)^k]$	$X \geqslant 0$	$\lambda > 0$，$k > 0$
对数正态分布	$\frac{1}{2}+\frac{1}{2}\text{erf}\left[\frac{\ln(X-\mu)}{\sqrt{2}\sigma}\right]$	$X > 0$	$\mu \in \mathbf{R}$，$\sigma^2 \geqslant 0$
正态分布	$\frac{1}{2}+\frac{1}{2}\text{erf}\left(\frac{X-\mu}{\sqrt{2}\sigma}\right)$	$X \in \mathbf{R}$	$\mu \in \mathbf{R}$，$\sigma^2 \geqslant 0$
极值 I 型分布	$\exp\left[-\exp\left(-\frac{X-\mu}{\beta}\right)\right]$	$X \in \mathbf{R}$	$\beta > 0$，$\mu \in \mathbf{R}$
极值 II 型分布	$\exp(-X^{-\alpha})$	$X > 0$	$\alpha > 0$
均匀分布	$\frac{X-a}{b-a}$	$a \leqslant X \leqslant b$	$a \in \mathbf{R}$，$b \in \mathbf{R}$
指数分布	$1-\exp(-\lambda X)$	$X > 0$	$\lambda > 0$

注：表中 $\text{erf}(X)=\frac{2}{\sqrt{\pi}}\int_0^X \text{e}^{-t^2}\text{d}t$，为 X 的单调递增函数。

表 3.2　常用分布类型累积分布函数对分布参数的单调性[10]

分布类型	分布参数	单调性	分布参数类型
威布尔分布	λ	映射点的相应坐标值会随着参数的增加逐渐减小	平移参数
	k	以 $\Phi^{-1}(1-1/\text{e})$ 为界，映射坐标小于该值的点的相应坐标值会随着参数的增大逐渐减小，映射坐标大于该值的点的相应坐标值会随着参数的增大逐渐增大	旋转参数
正态分布与对数正态分布	μ	映射点的相应坐标值会随着参数的增加逐渐减小	平移参数
	σ	以 0 为界，映射坐标小于 0 的点的相应坐标值会随着参数的增大逐渐增大，映射坐标大于 0 的点的相应坐标值会随着参数的增大逐渐减小	旋转参数

续表

分布类型	分布参数	单调性	分布参数类型
极值Ⅰ型分布	μ	映射点的相应坐标值会随着参数的增大逐渐减小	平移参数
	β	以 $\Phi^{-1}(1/\mathrm{e})$ 为界，映射坐标小于该值的点的相应坐标值会随着参数的增大逐渐增大，映射坐标大于该值的点的相应坐标值会随着参数的增大逐渐减小	旋转参数
极值Ⅱ型分布	α	以 $\Phi^{-1}(1/\mathrm{e})$ 为界，映射坐标小于该值的点的相应坐标值会随着参数的增大逐渐减小，映射坐标大于该值的点的相应坐标值会随着参数的增大逐渐增大	旋转参数
均匀分布	a,b	映射点的相应坐标值会随着参数的增大逐渐减小	平移参数
指数分布	λ	映射点的相应坐标值会随着参数的增大逐渐增大	平移参数

3.2.3　区间分布参数对极限状态面的影响

当极限状态方程从原空间转换到标准正态空间时，不同的区间分布参数将带来不同类型的极限状态带。对于包含一个平移区间分布参数的功能函数 $G(\boldsymbol{U},Y)$，由性质 3.1 可知，$\boldsymbol{U}$ 空间中极限状态带的上下边界将对应区间分布参数的两个边界。以含有两个随机变量的情况为例，如图 3.5 所示，若随机变量累积分布函数关于其分布参数单调递减，则对于任意一个固定的 U_i，随着区间分布参数 Y 的增大，U_j 的取值将变小。因此，该情况下极限状态带的上下边界均为连续光滑的曲面，类似图 3.5 中的 c 和 a，且这两个边界分别对应于区间分布参数的边界 Y^{L} 和 Y^{R}。从几何意义上讲，当区间分布参数变化时，$G(\boldsymbol{U},Y)=0$ 表现为整体平移。这里“平移”指的是曲面上的所有点均往一个方

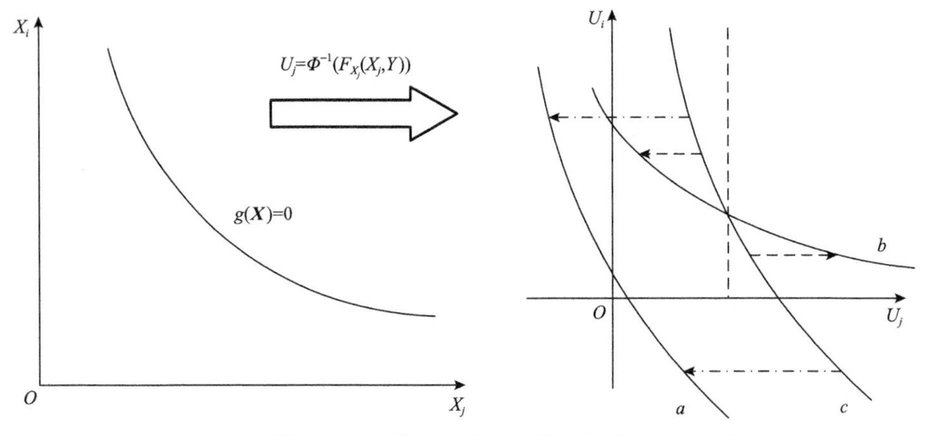

图 3.5　不同类型区间分布参数下极限状态面的映射变换[6]

向移动。同理，若累积分布关于其区间分布参数单调递增，则对于任意一个固定的U_i，随着区间分布参数 Y 的增大，U_j的取值将增大，极限状态带的上下边界同样为连续光滑的曲面。

另外，对于包含一个区间旋转参数的功能函数$G(\boldsymbol{U},Y)$，由性质 3.1 可知，$\boldsymbol{U}$空间中的极限状态带边界同样将对应区间分布参数的边界。但是，与平移参数情况不同的是，此时极限状态带上下边界对应的 Y 值不再是一个常数。若累积分布函数关于区间分布参数单调递减，则在拐点的某一侧，随着区间分布参数 Y 的增大，U_j 的取值将变小；而在另一侧，随着区间分布参数 Y 的增大，U_j 的取值将增大。从几何意义上讲，当区间分布参数变化时，$G(\boldsymbol{U},Y)=0$表现为围绕某个固定超平面的旋转。在二维问题中，该超平面为一垂直轴线。例如，对于威布尔分布中的区间参数 k，该轴线的横坐标为$U_j=\Phi^{-1}\left(1-\dfrac{1}{\mathrm{e}}\right)$。因此，极限状态带类似于图 3.5 中 b 和 c 组成的区域，其上下边界也不再是光滑的曲面，而是分别由两个部分组成的，这两个部分分别取自曲面$G(\boldsymbol{U},Y^{\mathrm{L}})=0$和$G(\boldsymbol{U},Y^{\mathrm{R}})=0$。

基于上述分析，可以总结出如下性质。

性质 3.3　区间平移参数或区间旋转参数都会使得极限状态面在转换后的$\boldsymbol{U}$空间中形成一个带，且在其边界面上取到区间变量的边界值。

性质 3.4　一个区间平移参数将使得 $\boldsymbol{U}$ 空间中极限状态面$G(\boldsymbol{U},Y)=0$往一个方向移动，形成一个由两个光滑连续边界面包围的曲面带。若累积分布函数关于区间分布参数单调递减，则随着区间分布参数的增大，极限状态面将朝着对应正态变量的反方向移动；反之，若累积分布函数关于区间分布参数单调递增，则极限状态面将朝着对应正态变量的正方向移动。

性质 3.5　一个区间旋转参数将使得 $\boldsymbol{U}$ 空间中极限状态面$G(\boldsymbol{U},Y)=0$围绕一个超平面转动，形成一个由两个连续但非光滑的边界面包围的曲面带，其边界所对应的区间分布参数边界值也不再是一个固定值。不同分布类型的旋转参数引起的单调性变化方向可能不同，例如，威布尔分布的 k 和正态分布的σ，其累积分布函数关于区间分布参数在拐点两侧的单调特性相反，因此映射点的坐标值关于区间分布参数的单调性也表现出相反的特性。

3.3　基于单调性分析的混合可靠性求解算法

针对上述区间分布参数的不同类型，本节将给出两种基于单调性分析的混合可靠性模型及其高效求解算法。本节所分析的问题需满足如下两个预设条件。

条件 3.1 在 $\boldsymbol{X}$ 的均值点 $\boldsymbol{\mu}_{\boldsymbol{X}}$ 需满足 $g(\boldsymbol{\mu}_{\boldsymbol{X}})>0$。结构的名义值设计一般是可靠的，因此实际结构通常是满足条件 3.1 的。

条件 3.2 $\boldsymbol{U}$ 空间中的原点不在极限状态带的内部。对于实际结构，不确定变量的波动范围通常是相对较小的，因此极限状态带一般不会变化过大而包含原点。因此，条件 3.2 通常也是满足的。

3.3.1 考虑区间平移参数的可靠性分析

如性质 3.4 所述，一个区间平移参数将会使得极限状态面向同一个方向扩展成极限状态带，对于包含区间平移参数 $Y_i(i=1,2,\cdots,m)$ 的 $G(\boldsymbol{U},Y)$，多个区间平移参数的共同作用将使得极限状态面向多个坐标方向同时扩展成一个相对范围较大的极限状态带。对于该情况，极限状态带表现为图 3.1(a)的形式，即第一类极限状态带，如何确定极限状态带上下边界对应的 $\boldsymbol{Y}$ 值十分重要。在 3.2.3 节中，分析了单个区间分布参数对极限状态面的影响。事实上，本章中假定随机变量 $X_i(i=1,2,\cdots,n)$ 相互独立，因此每个随机变量的等概率变换过程也是相互独立的。所以，通过依次分析每个区间参数可以得到多个区间参数极限状态边界所对应的 $\boldsymbol{Y}$ 值，且各个区间参数进行分析的顺序并不影响最后的结果。

为进行混合可靠性分析，需要先对极限状态带和原点的相对位置关系进行定性分析。假设 Y 是随机变量 X_j 的区间分布参数，对于梯度 $\left.\dfrac{\partial G}{\partial U_j}\right|_{\boldsymbol{U}_0}$ 在原点 $\boldsymbol{U}_0$ 的值，分为以下两种情况进行讨论。

1) $\left.\dfrac{\partial G}{\partial U_j}\right|_{\boldsymbol{U}_0}<0$

基于条件 3.1，可以判断极限状态带在原点的右部分，也就是说，如果 $G(\boldsymbol{U},Y)=0$ 与坐标轴 U_j 有交点，该点所对应的坐标值为正数，图 3.6 中极限状态带 V_1 即对应这类情况，且根据条件 3.2，V_1 范围内不包含原点。根据性质 3.4，如果随机变量 U_j 的累积分布函数关于区间分布参数 Y 单调递减，对应于极限状态带上边界 a 和下边界 b，Y 将分别达到区间边界值 Y^{L} 和 Y^{R}。反之，如果随机变量的累积分布函数关于 Y 单调递增，极限状态带上边界 a 和下边界 b 将分别对应于 Y^{R} 和 Y^{L}。

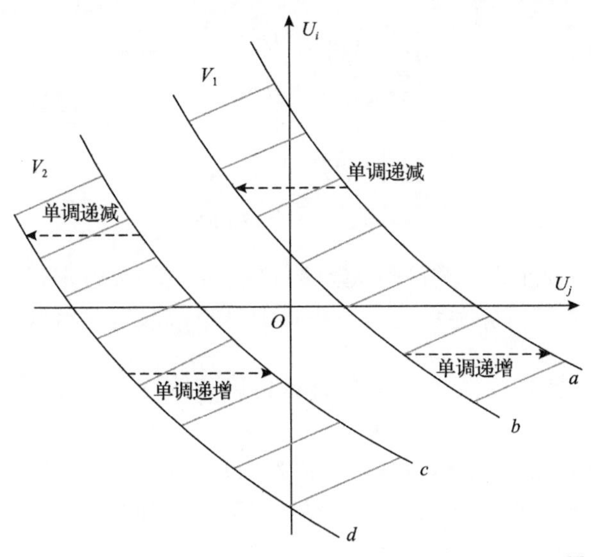

图 3.6　两种情况下区间平移参数对极限状态带的影响[6]

2) $\left.\dfrac{\partial G}{\partial U_j}\right|_{\boldsymbol{U}_0} > 0$

同样，基于条件 3.1，可以判断极限状态带在原点的左部分，图 3.6 中极限状态带 V_2 即对应这类情况。根据性质 3.4，如果随机变量 U_j 的累积分布函数关于区间分布参数 Y 单调递减，则极限状态带下边界 c 和上边界 d 分别对应于 Y^{L} 和 Y^{R}。反之，如果随机变量的累积分布函数关于 Y 单调递增，边界 c 和 d 将分别对应于 Y^{R} 和 Y^{L}。为了便于应用，本小节将上述情况总结为表 3.3，给出了不同情况下极限状态边界面对应的区间分布参数值。

表 3.3　极限状态边界面对应的区间分布参数值[6]

$\left.\dfrac{\partial G}{\partial U_j}\right\|_{\boldsymbol{U}_0}$	累积分布函数关于 Y 的单调性	下边界对应的 Y 值	上边界对应的 Y 值
<0	单调递减	Y^{R}	Y^{L}
<0	单调递增	Y^{L}	Y^{R}
>0	单调递减	Y^{L}	Y^{R}
>0	单调递增	Y^{R}	Y^{L}

基于获得的两个极限状态边界面对应的区间值组合 $\boldsymbol{Y}_{\mathrm{L}}$ 和 $\boldsymbol{Y}_{\mathrm{R}}$，则可以构造如下两个优化问题：

$$\begin{cases}\beta^{\mathrm{L}}=\min\limits_{\boldsymbol{U}}\ \|\boldsymbol{U}\| \\ \text{s.t. } S_{\mathrm{L}}=G(\boldsymbol{U},\boldsymbol{Y}_{\mathrm{L}})=0\end{cases} \tag{3.18}$$

$$\begin{cases}\beta^{\mathrm{R}}=\min\limits_{\boldsymbol{U}}\ \|\boldsymbol{U}\| \\ \text{s.t. } S_{\mathrm{R}}=G(\boldsymbol{U},\boldsymbol{Y}_{\mathrm{R}})=0\end{cases} \tag{3.19}$$

综上所述，对应于第一类极限状态带问题，混合可靠性求解步骤可归纳如下：

(1)对于 m 个区间分布参数，选择其中一个区间分布参数 Y_1 开始分析。

(2)对于每个随机变量 X_k，首先计算梯度 $\left.\dfrac{\partial G}{\partial U_k}\right|_{\boldsymbol{U}_0}$，再根据其累积分布函数关于 Y_k 的单调性，通过表 3.3 查询 Y^{L} 和 Y^{R} 的取值。

(3)针对每个区间参数进行上述分析，得到 $\boldsymbol{Y}_{\mathrm{L}}$ 和 $\boldsymbol{Y}_{\mathrm{R}}$。

(4)采用 HL-RF 迭代求解优化问题式(3.18)和式(3.19)，获得可靠度指标区间 $[\beta^{\mathrm{L}},\beta^{\mathrm{R}}]$。

(5)根据式(2.9)计算失效概率区间 $[P_{\mathrm{f}}^{\mathrm{L}},P_{\mathrm{f}}^{\mathrm{R}}]$。

在上述过程中，两个极限状态边界对应的 $\boldsymbol{Y}_{\mathrm{L}}$ 和 $\boldsymbol{Y}_{\mathrm{R}}$ 可通过单调性分析直接获得，无须再求解双层嵌套优化的内层优化。因此，整个混合可靠性分析只需求解两个确定性优化问题，避免了复杂双层嵌套优化求解，计算量仅相当于随机可靠性分析的两倍。

3.3.2　考虑区间平移和旋转参数的可靠性分析

本小节将讨论同时包含区间平移参数和区间旋转参数的更为一般的极限状态函数 $G(\boldsymbol{U},Y)$。所有区间参数 $Y_i(i=1,2,\cdots,m)$ 可分为两类，即区间平移参数 $Y_{\mathrm{t}i}(i=1,2,\cdots,m_1)$ 和区间旋转参数 $Y_{\mathrm{r}i}(i=1,2,\cdots,m_2)$，其中 $m_1+m_2=m$，则混合可靠性分析可通过如下两个步骤依次完成。第一步，仅考虑区间平移参数 $Y_{\mathrm{t}i}(i=1,2,\cdots,m_1)$。由 3.3.1 节中的分析可知，图 3.7(a)中的极限状态面在 $Y_{\mathrm{t}i}(i=1,2,\cdots,m_1)$ 的影响下将产生一个极限状态带，如图 3.7(b)所示。对应于两个极限状态边界 a 和 b 的 $\boldsymbol{Y}_{\mathrm{t}}$ 值，即 $\boldsymbol{Y}_{\mathrm{tL}}$ 和 $\boldsymbol{Y}_{\mathrm{tR}}$，可以通过 3.3.1 节中的方法获得。第二步，考虑区间旋转参数。性质 3.5 表明在标准正态空间，区间旋转参数将使极限状态面围绕某个超平面旋转，并且在此超平面中，与此区间旋转参数关联的随机变量取值保持恒定。如果仅存在一个区间旋转参数，则两个极限状态边界 a 和 b 都将进行一次旋转，如图 3.7(c)所示。因此，每个新获得的极限状态边界都由两个具有不同 Y 值的超曲面组成。若存在多个区间旋转参数，则对于每个额外的区间旋转参数，在前述获得极限状态边界的基础上，将再次围绕相应的超平面进行一次旋转，并且每个边界上的超曲面数量将增加一倍。因此，最终将得到如图 3.1(b)所示的第二类极限状态带，所有形成极限状态带上、下边界的超曲面可表示为

$$G(\boldsymbol{U},\boldsymbol{Y}_{\mathrm{tL}},\boldsymbol{Y}_{\mathrm{r}}^{i})=0,\quad i=1,2,\cdots,2^{m_2} \tag{3.20}$$

$$G(\boldsymbol{U},\boldsymbol{Y}_{\mathrm{tR}},\boldsymbol{Y}_{\mathrm{r}}^{i})=0,\quad i=1,2,\cdots,2^{m_2} \tag{3.21}$$

其中，$\boldsymbol{Y}_{\mathrm{r}}^{i}$ 表示所有区间旋转参数的第 i 个边界组合，并且组合总数为 2^{m_2} 。基于式(3.20)和式(3.21)中极限状态方程的可靠性分析，结构的失效概率区间可通过系统可靠性分析式(3.13)求解获得。

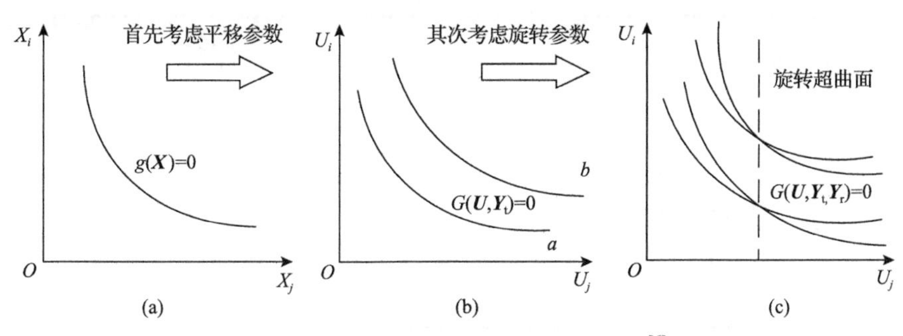

图 3.7　第二类极限状态带的分析过程[6]

综上所述，对应于第二类极限状态带问题，混合可靠性求解步骤可归纳如下：

(1)将所有区间参数分为两类，即区间平移参数 $Y_{ti}(i=1,2,\cdots,m_1)$ 和区间旋转参数 $Y_{ri}(i=1,2,\cdots,m_2)$ 。

(2)使用 3.3.1 节中的方法分析区间平移参数 $Y_{ti}(i=1,2,\cdots,m_1)$ 对可靠性分析的影响，并得到其对应两个极限状态边界的值 $\boldsymbol{Y}_{\mathrm{tL}}$ 和 $\boldsymbol{Y}_{\mathrm{tR}}$ 。

(3)采用 HL-RF 迭代求解式(3.20)各极限状态方程的可靠性，然后通过式(3.8)获得最大失效概率 $P_{\mathrm{f}}^{\mathrm{R}}$ 。

(4)采用 HL-RF 迭代求解式(3.21)各极限状态方程的可靠性，然后通过式(3.12)获得最小失效概率 $P_{\mathrm{f}}^{\mathrm{L}}$ 。

(5)获得结构的失效概率区间 $[P_{\mathrm{f}}^{\mathrm{L}},P_{\mathrm{f}}^{\mathrm{R}}]$ 。

从上述分析可知，第二类极限状态带的混合可靠性分析比第一类相对复杂，且需要更大的计算量。HL-RF 迭代求解的总次数将达到 2^{m_2+1}，这意味着区间旋转参数的数量对计算成本有很大的影响。

3.4 数值算例与工程应用

例 3.1 数值算例。

考虑如下功能函数[6]:

$$g(X_1,X_2)=X_2+0.1\times(X_1-2)^2+(X_1-2)-2 \tag{3.22}$$

其中，随机变量 X_1 与 X_2 相互独立，均服从正态分布。本算例中将分析两种不确定性参数的分布情况，如表 3.4 所示。

表 3.4 两种不确定性参数的分布情况(数值算例)[6]

情况 1	情况 2
X_1：正态分布 X_2：正态分布	X_1：正态分布 X_2：正态分布
$Y_1:\mu_{X_1}\in[1.76,1.84]$ $Y_2:\mu_{X_2}\in[1.67,1.73]$	$Y_1:\mu_{X_1}\in[1.53,2.07]$ $\mu_{X_2}=1.8$
$\sigma_{X_1}=0.3$ $\sigma_{X_2}=0.25$	$\sigma_{X_1}=0.3$ $Y_2:\sigma_{X_2}\in[0.36,0.54]$

第一种情况考虑了两个区间平移参数，即 X_1 和 X_2 的均值 μ_{X_1} 和 μ_{X_2}。该情况对应的极限状态带如图 3.8 所示，采用第一类极限状态带的可靠性分析方

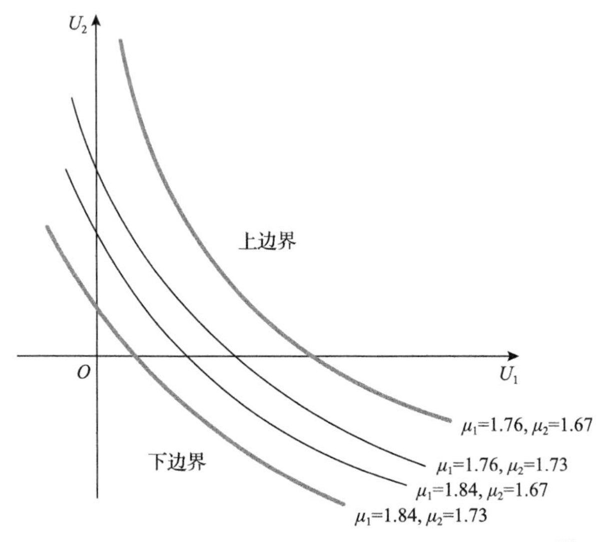

图 3.8 第一种不确定性参数情况对应的极限状态带[6]

法，这里只需要两次 HL-RF 计算即可获得失效概率区间，混合可靠性分析结果如表 3.5 所示。得到的可靠度指标区间为[1.108,1.457]，相应的失效概率区间为[0.0726,0.1339]。可以发现，通过单调性分析获得的两个极限状态边界上对应的区间参数组合与表 3.5 给出的计算结果一致。表 3.5 中同时给出了10^6次 MCS 方法计算的失效概率区间，通过对比可见，本章方法求得的失效概率区间与 MCS 解非常接近。本算例中也对具有不同不确定度的区间参数进行了分析，结果如表 3.6 所示。可以发现，随着区间不确定度水平的提升，功能函数失效概率区间范围也呈递增趋势。换言之，参数的区间范围越大，对结构失效概率的影响也越大。此外，对于表 3.6 中的所有情况，用本章方法得到的结果同样与 MCS 结果非常接近。

表 3.5　混合可靠性分析结果(数值算例情况一)[6]

边界	区间参数	MPP	可靠度指标	失效概率
极限状态带下边界	$\mu_{X_1}=1.836$ $\mu_{X_2}=1.734$	$U_1=0.8358$ $U_2=0.6796$	$\beta^{\mathrm{L}}=1.108$	$P_{\mathrm{f}}^{\mathrm{R}}=0.1339$
极限状态带上边界	$\mu_{X_1}=1.764$ $\mu_{X_2}=1.666$	$U_1=1.1540$ $U_2=0.9367$	$\beta^{\mathrm{R}}=1.457$	$P_{\mathrm{f}}^{\mathrm{L}}=0.0726$

注：(1)采用本章方法求解的失效概率区间为$[P_{\mathrm{f}}^{\mathrm{L}},P_{\mathrm{f}}^{\mathrm{R}}]=[0.0726,0.1339]$。

(2)采用 MCS 方法(10^6个样本点)求解的失效概率区间为$[P_{\mathrm{f}}^{\mathrm{L}},P_{\mathrm{f}}^{\mathrm{R}}]=[0.0736,0.1377]$。

表 3.6　区间分布参数不同不确定度的可靠性分析结果(数值算例情况一)[6]

不确定度/%	μ_{X_1}	μ_{X_2}	可靠度指标	失效概率区间(本章方法)	失效概率区间(MCS 方法)
2	[1.764, 1.836]	[1.666, 1.734]	[1.108, 1.457]	[0.0726, 0.1339]	[0.0736, 0.1377]
4	[1.728, 1.872]	[1.632, 1.768]	[0.920, 1.636]	[0.0509, 0.1788]	[0.0516, 0.1809]
6	[1.692, 1.908]	[1.598, 1.802]	[0.741, 1.815]	[0.0348, 0.2293]	[0.0357, 0.2321]
8	[1.656, 1.944]	[1.564, 1.836]	[0.562, 1.994]	[0.0231, 0.2871]	[0.0235, 0.2903]
10	[1.620, 1.980]	[1.530, 1.870]	[0.383, 2.178]	[0.0147, 0.3509]	[0.0153, 0.3544]
12	[1.584, 2.016]	[1.496, 1.904]	[0.204, 2.352]	[0.0093, 0.4192]	[0.0095, 0.4236]
14	[1.548, 2.052]	[1.462, 1.938]	[0.025, 2.537]	[0.0056, 0.4901]	[0.0058, 0.4933]

第二种情况考虑了一个区间平移参数和一个区间旋转参数，分别为X_1的均值μ_{X_1}和X_2的标准差σ_{X_2}。该情况对应的极限状态带如图 3.9 所示，可采用第二类极限状态带的可靠性分析方法进行计算。根据区间参数边界的不同组

合，共有 a、b、c 和 d 四个极限状态面，其中 a 和 b 组合成为极限状态下边界，c 和 d 组合成为极限状态上边界。在该情况下，需要通过 4 次 HL-RF 计算获得混合可靠性分析结果，如表 3.7 所示。可知，功能函数的失效概率区间为 [0.0771,0.4357]，该结果也非常接近于 MCS 计算值[0.0765,0.4360]。

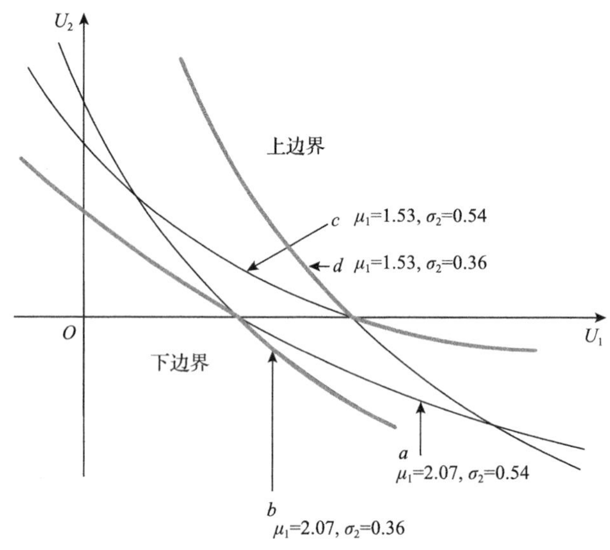

图 3.9 第二种不确定性参数情况对应的极限状态带[6]

表 3.7 混合可靠性分析结果(数值算例情况二)[6]

极限状态面	区间参数	MPP	可靠度指标	失效概率
a	$\mu_{X_1}=2.07$ $\sigma_{X_2}=0.54$	$X_1=0.103$ $X_2=0.182$	0.209	$P_f^L=0.0771$
b	$\mu_{X_1}=2.07$ $\sigma_{X_2}=0.36$	$X_1=0.178$ $X_2=0.209$	0.274	
c	$\mu_{X_1}=1.53$ $\sigma_{X_2}=0.54$	$X_1=0.493$ $X_2=0.948$	1.068	$P_f^R=0.4357$
d	$\mu_{X_1}=1.53$ $\sigma_{X_2}=0.36$	$X_1=0.887$ $X_2=1.110$	1.421	

注：(1)采用本章方法求解的失效概率区间为 $\left[P_f^L, P_f^R\right]=\left[0.0771, 0.4357\right]$。

(2)采用 MCS 方法(10^6 个样本点)求解的失效概率区间为 $\left[P_f^L, P_f^R\right]=\left[0.0765, 0.4360\right]$。

例 3.2 悬臂梁结构。

考虑如图 3.10 所示的悬臂梁结构[11]，其固定端最大应力应小于屈服强度

$S = 320\text{MPa}$，功能函数构建如下：

$$g(b,h,P_x,P_y) = S - \frac{6P_xL}{b^2h} - \frac{6P_yL}{bh^2} \tag{3.23}$$

其中，$L = 1\text{m}$ 为梁的长度；b 和 h 分别表示横截面的宽度和高度；P_x 和 P_y 分别表示水平力和垂直力，材料的弹性模量 E 为 $2.10\times10^5\text{MPa}$。如表 3.8 所示，b 和 h 为正态分布随机变量，而 P_x 和 P_y 为极值 I 型分布随机变量。表 3.8 中正态分布的参数 1 表示均值，参数 2 表示标准差；极值 I 型分布的参数 1 表示参数 μ，参数 2 表示参数 β。

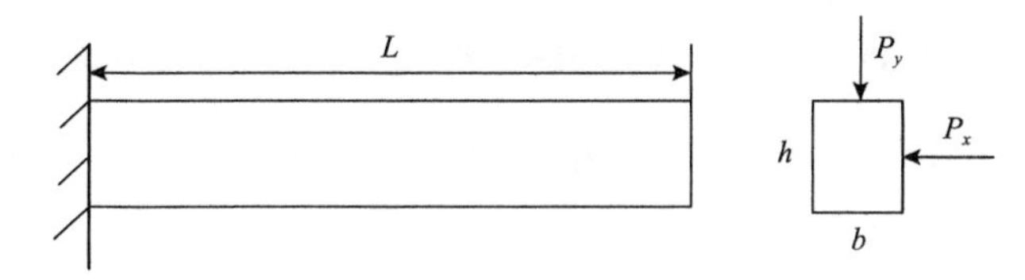

图 3.10　悬臂梁结构[11]

表 3.8　不确定性变量分布类型和参数(悬臂梁结构)[6]

随机变量	参数 1	参数 2	分布类型
b (m)	$\mu_b \in [0.095, 0.105]$	$\sigma_b = 0.01$	正态分布
h (m)	$\mu_h \in [0.195, 0.205]$	$\sigma_h = 0.015$	正态分布
P_x (N)	$\mu_{P_x} = 45500$	$\beta_{P_x} \in [4500, 5500]$	极值 I 型分布
P_y (N)	$\mu_{P_y} = 23875$	$\beta_{P_y} \in [900, 1100]$	极值 I 型分布

根据表 3.2，极值 I 型分布中的 β 为区间旋转参数，因此采用 3.3.2 节中的方法进行分析，可靠性分析结果如表 3.9 所示。由于存在两个区间旋转参数，每个极限状态边界将由 4 个超曲面组成，共需要进行 8 次 HL-RF 计算。如表 3.9 所示，极限状态下边界与超曲面 a、b、c 和 d 有关，而极限状态上边界与超曲面 e、f、g 和 h 有关。通过系统可靠性分析最终求得悬臂梁结构的失效概率区间为 $[0.0035, 0.0256]$，与 MCS 方法结果非常接近。对于该算例，虽然区间分布参数的不确定性范围相对较小，但引起了相对较大的结构失效概率波动。分析结果再次表明，在结构可靠性分析中直接假设某些分布参数的精确值可能会引起较大的分析误差。

表 3.9 混合可靠性分析结果(悬臂梁结构)[6]

极限状态面	μ_b	μ_h	β_{P_x}	β_{P_y}	可靠度指标	失效概率
a	0.095	0.195	4500	900	1.941	$P_f^R = 0.0256$
b	0.095	0.195	4500	1100	1.939	
c	0.095	0.195	5500	900	1.849	
d	0.095	0.195	5500	1100	1.847	
e	0.105	0.205	4500	900	2.822	$P_f^L = 0.0035$
f	0.105	0.205	4500	1100	2.820	
g	0.105	0.205	5500	900	2.705	
h	0.105	0.205	5500	1100	2.703	

注：(1)采用本章方法求解的失效概率区间为 $[P_f^L, P_f^R] = [0.0035, 0.0256]$。

(2)采用 MCS 方法(10^6 个样本点)求解的失效概率区间为 $[P_f^L, P_f^R] = [0.0031, 0.0261]$。

另外，增加长度 L 为正态分布随机变量，其均值为 $\mu_L = 1.0$，方差为 $\sigma_L \in [0.09, 0.11]$，其他四个随机变量的分布类型和分布参数保持不变。因为正态分布的标准差为区间旋转参数，所以该情况下区间旋转参数的数量增加至 $m_2 = 3$。使用本章混合可靠性分析方法共需进行 $2^{3+1} = 16$ 次 HL-RF 计算，最终得到结构的失效概率区间为 $[0.0021, 0.0623]$。由此可见，随着区间旋转参数数量的增加，这一类混合可靠性分析的计算成本将显著增加。

例 3.3 在汽车车架结构分析中的应用。

图 3.11 为某型商用汽车车架结构及其有限元模型[5]，它由两根纵梁和八根横梁 $b_i (i = 1, 2, \cdots, 8)$ 组成。车架是整个汽车的基座，汽车大多数零部件都是通过车架来固定位置的，这些零部件都会对车架产生载荷，通过简化约束和载荷，可得到车架的静力学模型，如图 3.11 所示。图中，三角形表示不同方向上的固定约束，Q_1 表示驾驶室作用在车架上的均布载荷，Q_2 表示发动机总成及其他附件的均布载荷，Q_3 表示油箱等附件的均布载荷，Q_4 表示货物的均布载荷。车架材料的泊松比 ν 为 0.3，考虑到制造误差的影响，弹性模量 E 和密度 ρ 视为随机变量，其分布参数如表 3.10 所示。ρ 的均值和 E 的分布参数 β 均为区间参数，其不确定度分别为 2%和 3%。为了保证车架的纵向刚度，车架 Y 方向的最大位移不应超过允许值，则构建功能函数如下：

$$g(\rho, E) = d_{y\max} - d_y(\rho, E) \tag{3.24}$$

其中，$d_{y\max} = 1.76\text{mm}$ 表示 Y 方向上允许的最大位移；d_y 表示车架结构实际最大位移。

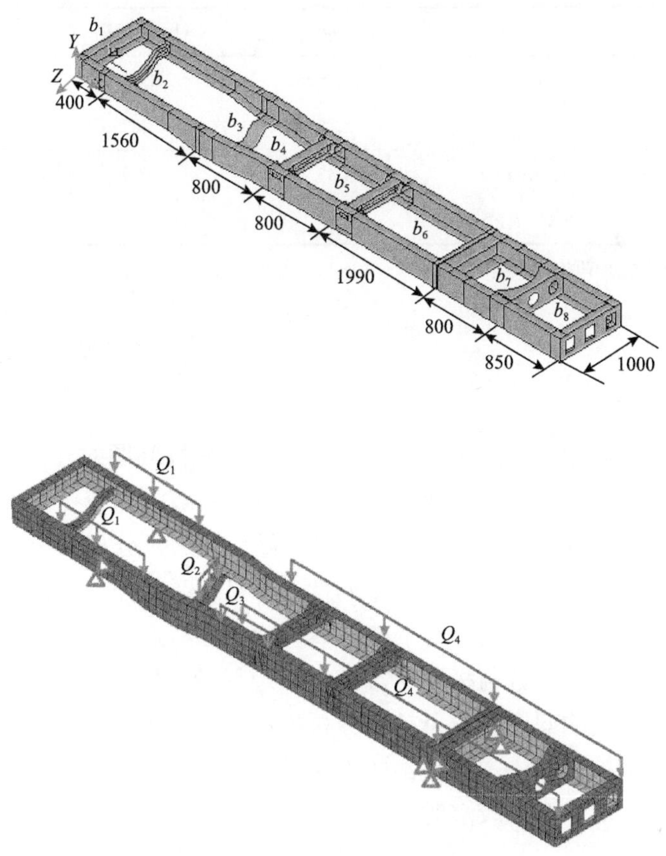

图 3.11　某型商用汽车车架结构及其有限元模型[6]（单位：mm）

表 3.10　不确定性变量分布类型和参数（车架结构）[6]

随机变量	参数 1	参数 2	分布类型
ρ（$\mathrm{kg/mm^3}$）	$\mu_\rho \in [7.595\times10^{-3}, 7.905\times10^{-3}]$	$\sigma_\rho = 5.0\times10^{-5}$	正态分布
E（MPa）	$\mu_E = 2.07\times10^5$	$\beta_E \in [4.85, 5.15]$	极值 I 型分布

采用第二类极限状态带的可靠性分析方法进行计算，结果如表 3.11 所示。通过对极限状态带边界的两次系统可靠性分析，最终得到结构的失效概率区间为 $[0.107, 0.123]$。因车架材料弹性模量 E 和密度 ρ 中存在区间分布参数，该车架的 Y 方向刚度可靠性也只能给定为区间。显然，其失效概率相对较大，其可靠性不能满足工程要求，因此需要对结构进行改进。在此次应用中，共调用 4 次 HL-RF 迭代计算，有限元分析总数为 50 次。

表 3.11 混合可靠性分析结果(车架结构)[6]

极限状态面	μ_ρ	β_E	可靠度指标	失效概率
a	7.905×10^{-3}	4.85	1.573	$P_f^R=0.123$
b	7.905×10^{-3}	5.15	1.487	
c	7.595×10^{-3}	4.85	1.650	$P_f^L=0.107$
d	7.595×10^{-3}	5.15	1.558	

注：采用本章方法求解的失效概率区间为 $[P_f^L,P_f^R]=[0.107,0.123]$ 。

3.5 本章小结

本章基于单调性分析提出了针对 I 型混合可靠性问题的分析方法，有效提升了双层嵌套优化求解的计算效率。首先，根据极限状态带在标准正态空间的不同特性，归纳了两类典型的极限状态带。随后，通过分析工程上常用随机变量的累积分布函数对其分布参数的单调性，研究了区间分布参数对极限状态带的影响，并将区间分布参数分为平移参数和旋转参数两大类。基于此，进一步分析了两类区间分布参数与极限状态带上下边界的对应关系，并针对两类典型的极限状态带分别构建了混合可靠性分析模型及其高效求解算法。数值算例和工程应用分析结果表明，本章提出的方法具有较好的精度和较高的计算效率，但是在区间旋转参数个数较多时，计算量将呈现较大程度增长。

参考文献

[1] Du X P. Interval reliability analysis. International Design Engineering Technical Conference & Computers and Information in Engineering Conference, Las Vegas, 2007.

[2] Shi Y, Lu Z. Dynamic reliability analysis model for structure with both random and interval uncertainties. International Journal of Mechanics and Materials in Design, 2019, 15(3): 521-537.

[3] Zhang X, Wu Z, Ma H, et al. An effective Kriging-based approximation for structural reliability analysis with random and interval variables. Structural and Multidisciplinary Optimization, 2021, 63(5): 2473-2491.

[4] Hohenbichler M, Rackwitz R. Non-normal dependent vectors in structural safety. Journal of the Engineering Mechanics Division, 1981, 107(6): 1227-1238.

[5] Jiang C, Li W X, Han X, et al. Structural reliability analysis based on random distributions with interval parameters. Computers & Structures, 2011, 89(23-24): 2292-2302.

[6] Jiang C, Han X, Li W X, et al. A hybrid reliability approach based on probability and interval for uncertain structures. Journal of Mechanical Design, 2012, 134(3): 031001.

[7] Hasofer A M, Lind N C. Exact and invariant second-moment code format. Journal of the Engineering Mechanics Division, 1974, 100(1): 111-121.

[8] Rackwitz R, Flessler B. Structural reliability under combined random load sequences. Computers & Structures, 1978, 9(5): 489-494.

[9] Zhang Y, Der Kiureghian A. Two improved algorithms for reliability analysis. The Sixth IFIP WG 7.5 Working Conference on Reliability and Optimization of Structural Systems, Assisi, 1995.

[10] 李文学. 考虑分布参数波动的结构混合可靠性分析及应用. 长沙: 湖南大学, 2011.

[11] Du X P. Saddlepoint approximation for sequential optimization and reliability analysis. Journal of Mechanical Design, 2008, 130(1): 0110011.

第 4 章　基于响应面的可靠性分析

第 3 章针对 Ⅰ 型混合模型，提出了基于分布参数单调性的可靠性分析方法，将混合可靠性分析中的嵌套优化问题转换为单层优化问题，较大程度地减小了计算量。然而，这类基于单调性的求解策略并不适用于Ⅱ型混合模型，对于Ⅱ型混合可靠性问题，仍需要通过求解耗时的双层嵌套优化获得结构的可靠度指标和失效概率区间。

本章将传统随机结构可靠性分析中的响应面方法[1,2]拓展至Ⅱ型混合可靠性分析问题，分别提出基于一次多项式响应面和二次多项式响应面的高效混合可靠性分析方法。在两类方法中，分别通过构建一次多项式响应面和二次多项式响应面代替原功能函数进行分析，有效提升计算效率；同时，都通过响应面的更新来提升可靠性分析精度。另外，在两种方法的构建过程中，为分析方便，本章仅计算最小可靠度指标和最大失效概率，对于最大可靠度指标及最小失效概率，可以通过类似分析过程获得。

4.1　基于一次多项式响应面的可靠性分析

4.1.1　一次多项式响应面的构建与更新

对于含有 n 维随机向量 $\boldsymbol{X}=(X_1,X_2,\cdots,X_n)^{\mathrm{T}}$ 和 m 维区间向量 $\boldsymbol{Y}=(Y_1,Y_2,\cdots,Y_m)^{\mathrm{T}}$ 的结构功能函数 $Z=g(\boldsymbol{X},\boldsymbol{Y})$，可近似构建如下的一次多项式响应面函数 $\tilde{g}(\boldsymbol{X},\boldsymbol{Y})$ [3]：

$$\tilde{g}(\boldsymbol{X},\boldsymbol{Y})=a_0+\sum_{i=1}^{n}b_iX_i+\sum_{j=1}^{m}c_jY_j \tag{4.1}$$

其中，a_0、b_i、c_j 表示待定系数，共有 $n+m+1$ 个。响应面中的待定系数可以通过一系列实验样本点计算获得，样本的合理选取对于响应面的精度有较大的影响。

Bucher 设计[1]是传统随机结构可靠性分析中成功应用的一种采样方法，该方法围绕样本中心并分别沿着坐标轴的正负方向偏离一定的距离来选取样本点。为了使选取的样本点更接近极限状态面，Kim 和 Na[4]提出了梯度投影方法来确定样本点，该方法将经典响应面法确定的实验样本点投影到上一步迭代得到的响应面上，以投影点代替 Bucher 设计实验样本点来拟合线性响应面。该方法突破了以前人们总是从统计实验角度出发选取样本点的局限，但是在拟合响应面时，可能会造成矩阵奇异。因此，Zheng 和 Das[5]对梯度投影方法加以改进，将样本点并不是完全投影到上一步迭代得到的响应面上，而是偏离了一定的角度，从而保证问题的适定性。本节将 Bucher 设计和梯度投影方法延伸至混合可靠性问题，选取的样本点位于随机-区间混合设计点的两侧，这样就避免了在拟合响应面时容易造成的矩阵奇异现象，并且通过投影向量使选取的样本点更靠近上一次迭代得到的响应面，因而建立的响应面能够更好地拟合极限状态面。

在进行第一次迭代时，采用 Bucher 设计实验样本点，样本点的中心 $(\bar{\boldsymbol{X}},\bar{\boldsymbol{Y}})$ 位于 $(\boldsymbol{\mu}_{\boldsymbol{X}},\boldsymbol{Y}^{\mathrm{C}})$，其中 $\boldsymbol{\mu}_{\boldsymbol{X}}$ 代表随机变量 $\boldsymbol{X}$ 的均值向量，$\boldsymbol{Y}^{\mathrm{C}}$ 代表区间变量 $\boldsymbol{Y}$ 的中值向量，其余 $2n+2m$ 个点围绕中心点选取，其坐标表示为

$$\begin{cases}\bar{X}_i \pm \kappa_x \sigma_{X_i}, & i=1,2,\cdots,n \\ \bar{Y}_j \pm \kappa_y Y_j^{\mathrm{W}}, & j=1,2,\cdots,m\end{cases} \tag{4.2}$$

其中，κ_x 和 σ_{X_i} 分别表示随机变量的样本系数和标准差；κ_y 和 Y_j^{W} 分别表示区间变量的样本系数和区间半径。

将得到的 $2n+2m+1$ 个样本点及其对应的功能函数值代入式(4.1)中，可以得到一个超定线性方程组，利用超定系统的最小二乘法求解 $n+m+1$ 个待定系数，即可得线性响应面函数的表达式 $\tilde{g}$，进而可按照式(2.8)构建如下近似混合可靠性问题来求解最小可靠度指标：

$$\begin{cases}\tilde{\beta}^{\mathrm{L}} = \min\limits_{\boldsymbol{U}} \|\boldsymbol{U}\| \\ \text{s.t. } \min\limits_{\boldsymbol{Y}} \tilde{G}(\boldsymbol{U},\boldsymbol{Y}) = 0\end{cases} \tag{4.3}$$

其中，$\tilde{G}$ 代表 $\tilde{g}$ 在 $\boldsymbol{U}$ 空间中的近似功能函数；$\tilde{\beta}^{\mathrm{L}}$ 表示近似最小可靠度指标。对于式(4.3)的嵌套优化问题，通过解耦方法将其转换为外层随机可靠性分析以及内层区间不确定性分析的序列迭代求解，并得到验算点 $(\tilde{\boldsymbol{X}}^*,\tilde{\boldsymbol{Y}}^*)$，具体计算步骤在 4.1.2 节中进行阐述。

响应面要能很好地拟合原功能函数，样本点需要位于或者靠近真实的极限状态面，而通常情况下，仅构建一次响应面是难以保证混合可靠性分析精度的，

所以需要通过迭代不断更新响应面。在此，每一步迭代中采用梯度投影方法重新选取样本点并构建新响应面函数，具体如下。

(1) 计算响应面函数在验算点 $(\tilde{\boldsymbol{X}}^*,\tilde{\boldsymbol{Y}}^*)$ 处的单位向量 $\boldsymbol{\alpha}$，即

$$\boldsymbol{\alpha}=\nabla\tilde{g}(\tilde{\boldsymbol{X}}^*,\tilde{\boldsymbol{Y}}^*)\Big/\left\|\nabla\tilde{g}(\tilde{\boldsymbol{X}}^*,\tilde{\boldsymbol{Y}}^*)\right\| \tag{4.4}$$

其中，

$$\nabla\tilde{g}(\tilde{\boldsymbol{X}}^*,\tilde{\boldsymbol{Y}}^*)=\left\{\frac{\partial\tilde{g}}{\partial X_1^*},\frac{\partial\tilde{g}}{\partial X_2^*},\cdots,\frac{\partial\tilde{g}}{\partial X_n^*},\frac{\partial\tilde{g}}{\partial Y_1^*},\frac{\partial\tilde{g}}{\partial Y_2^*},\cdots,\frac{\partial\tilde{g}}{\partial Y_m^*}\right\} \tag{4.5}$$

X_i^* 和 Y_j^* 分别表示验算点向量 $\tilde{\boldsymbol{X}}^*$ 和 $\tilde{\boldsymbol{Y}}^*$ 中第 i 个变量和第 j 个变量的取值。

(2) 计算第 s 个不确定性变量样本点投影用到的单位向量 $\boldsymbol{t}_s$ 为

$$\boldsymbol{t}_s=\begin{cases}\dfrac{\boldsymbol{T}_s}{\left\|\boldsymbol{T}_s\right\|}, & \boldsymbol{T}_s\neq\boldsymbol{0}\\ 0, & \boldsymbol{T}_s=\boldsymbol{0}\end{cases} \tag{4.6}$$

其中，

$$\boldsymbol{T}_s=\boldsymbol{e}_s-(\boldsymbol{\alpha}^{\mathrm{T}}\boldsymbol{e}_s\boldsymbol{\alpha})\boldsymbol{\alpha},\quad s=1,2,\cdots,n+m \tag{4.7}$$

单位基向量 $\boldsymbol{e}_s$ 为 $n+m$ 向量中第 i 个元素替换为 1 所得到的向量。

(3) 计算单位投影向量 $\boldsymbol{q}_s$：

$$\boldsymbol{q}_s=\frac{\boldsymbol{Q}_s}{\left\|\boldsymbol{Q}_s\right\|} \tag{4.8}$$

其中，

$$\boldsymbol{Q}_s=(\boldsymbol{t}_s+\varepsilon\boldsymbol{\alpha})\omega+\boldsymbol{e}_s(1-\omega) \tag{4.9}$$

ε 为一个较小数；$\omega\in[0,1]$ 为加权因子，且当 $\omega=1$ 时为全向量投影，$\omega=0$ 时相当于中心复合设计采样。

(4) 样本点在验算点 $(\tilde{\boldsymbol{X}}^*,\tilde{\boldsymbol{Y}}^*)$ 的两侧产生，表示为

$$\begin{cases}X_s=\tilde{X}_i^*\pm\kappa_x\sigma_{X_i}\boldsymbol{q}_s\boldsymbol{e}_s, & i=1,2,\cdots,n\\ Y_s=\tilde{Y}_j^*\pm\kappa_y Y_j^{\mathrm{W}}\boldsymbol{q}_s\boldsymbol{e}_s, & j=1,2,\cdots,m\end{cases} \tag{4.10}$$

其中，$\kappa_x \sigma_{X_i} \boldsymbol{q}_s \boldsymbol{e}_s$ 和 $\kappa_y Y_j^{\mathrm{W}} \boldsymbol{q}_s \boldsymbol{e}_s$ 代表样本点与验算点横纵坐标方向之间的距离。此时，包括验算点在内，共得到 $2n+2m+1$ 个样本点，图 4.1 给出了样本点分布示意图。

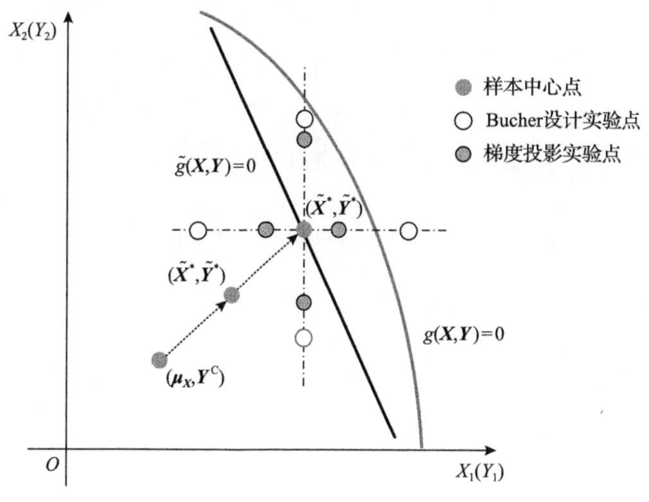

图 4.1　样本点分布示意图[3]

同样地，根据得到的 $2n+2m+1$ 个样本点，采用最小二乘法求解式(4.1)中的 $n+m+1$ 个待定系数，得到相应的线性响应面函数 $\tilde{g}$ 。线性响应面函数更新后，根据式(4.3)构造下一迭代步的近似混合可靠性问题，并进行求解。

4.1.2　近似混合可靠性问题的求解

对于式(4.3)中的近似混合可靠性问题，采用文献[6]提出的解耦方法，将区间分析嵌入最可能失效点的优化过程中，每次迭代步中依次进行随机可靠性分析和区间分析。假设在第 k 步迭代中得到 $\boldsymbol{U}^{(k)}$ 和 $\boldsymbol{Y}^{(k)}$ ，在下一步迭代中，首先固定区间向量 $\boldsymbol{Y}^{(k)}$ ，利用 iHL-RF 方法[7]求解 $\boldsymbol{U}^{(k+1)}$ ：

$$\boldsymbol{U}^{(k+1)} = \boldsymbol{U}^{(k)} + \lambda \boldsymbol{d}^{(k)} \tag{4.11}$$

其中， $\boldsymbol{d}^{(k)}$ 表示搜索方向：

$$\boldsymbol{d}^{(k)} = \frac{\nabla \tilde{G}(\boldsymbol{U}^{(k)},\boldsymbol{Y}^{(k)})(\boldsymbol{U}^{(k)})^{\mathrm{T}} - \tilde{G}(\boldsymbol{U}^{(k)},\boldsymbol{Y}^{(k)})}{\left\|\nabla \tilde{G}(\boldsymbol{U}^{(k)},\boldsymbol{Y}^{(k)})\right\|^2} \nabla \tilde{G}(\boldsymbol{U}^{(k)},\boldsymbol{Y}^{(k)}) - \boldsymbol{U}^{(k)} \tag{4.12}$$

$\nabla \tilde{G}$ 表示 $\tilde{G}$ 的梯度； λ 表示迭代步长，它由式(4.13)价值函数 m 的最小值确定：

$$\begin{cases} \min m(\boldsymbol{U}) = \dfrac{1}{2}\|\boldsymbol{U}\| + c\left|\tilde{G}(\boldsymbol{U},\boldsymbol{Y})\right| \\ c > \dfrac{\|\boldsymbol{U}\|}{\left\|\nabla\tilde{G}(\boldsymbol{U},\boldsymbol{Y})\right\|} \end{cases} \tag{4.13}$$

其中，c 是一个常数。

在得到 $\boldsymbol{U}^{(k+1)}$ 后，通过区间分析计算 $\boldsymbol{Y}^{(k+1)}$：

$$\begin{cases} \boldsymbol{Y}^{(k+1)} = \min\limits_{\boldsymbol{Y}} \tilde{G}(\boldsymbol{U}^{(k+1)},\boldsymbol{Y}) \\ \text{s.t. } \boldsymbol{Y}^{\mathrm{L}} \leqslant \boldsymbol{Y} \leqslant \boldsymbol{Y}^{\mathrm{R}} \end{cases} \tag{4.14}$$

通过上述分析可以求得当前迭代步的 MPP，按照上述方法继续进行下一步迭代，直到满足收敛条件 $\left\|\boldsymbol{U}^{(k+1)} - \boldsymbol{U}^{(k)}\right\| / \left\|\boldsymbol{U}^{(k)}\right\| \leqslant \varepsilon_1$ 和 $\left|\tilde{G}(\boldsymbol{U}^{(k+1)},\boldsymbol{Y}^{(k+1)})\right| \leqslant \varepsilon_2$ 为止，其中 ε_1 和 ε_2 为小的非负实数。

4.1.3　算法流程

综上所述，基于线性响应面的混合可靠性分析流程(图 4.2)如下：

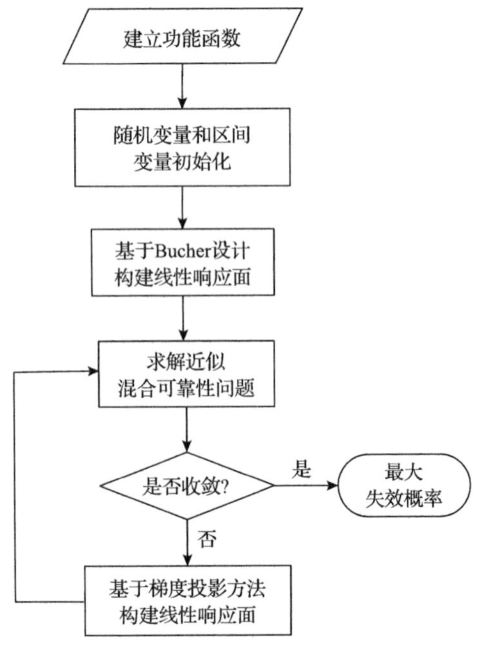

图 4.2　基于线性响应面的混合可靠性分析流程[8]

(1) 确定随机变量 $\boldsymbol{X}$ 和区间变量 $\boldsymbol{Y}$，建立功能函数 $Z=g(\boldsymbol{X},\boldsymbol{Y})$。

(2) 设置初始迭代点 $\boldsymbol{X}^{(k)}=(\mu_{X_1},\mu_{X_2},\cdots,\mu_{X_n})^{\mathrm{T}}$ 和 $\boldsymbol{Y}^{(k)}=(Y_1^{\mathrm{C}},Y_2^{\mathrm{C}},\cdots,Y_m^{\mathrm{C}})^{\mathrm{T}}$，令 k=0。

(3) 将样本中心点 $(\tilde{\boldsymbol{X}}^{(0)},\tilde{\boldsymbol{Y}}^{(0)})$ 取为 $(\boldsymbol{\mu}_X,\boldsymbol{Y}^{\mathrm{C}})$，利用式(4.2)选取 Bucher 设计样本点，计算样本点处的功能函数值，构建线性响应面函数。

(4) 采用 4.1.2 节中的解耦方法求解式(4.3)中近似混合可靠性问题，得到 MPP $(\tilde{\boldsymbol{X}}^*,\tilde{\boldsymbol{Y}}^*)$。

(5) 判断收敛性。如果满足收敛条件 $\left\|\boldsymbol{X}^{(k+1)}-\boldsymbol{X}^{(k)}\right\|/\left\|\boldsymbol{X}^{(k)}\right\|\leqslant\varepsilon_3$（$\varepsilon_3$ 为小的非负实数），则转到步骤(7)，否则，$k=k+1$。

(6) 采用梯度投影方法选取样本点，利用式(4.4)～式(4.10)在验算点 $(\tilde{\boldsymbol{X}}^*,\tilde{\boldsymbol{Y}}^*)$ 周围确定样本点，并计算样本点处的功能函数值，构建线性响应面函数，然后转到步骤(4)。

(7) 计算近似最小可靠度指标 $\tilde{\beta}^{\mathrm{L}}$ 及对应的最大失效概率 $P_{\mathrm{f}}^{\mathrm{R}}$。

4.1.4　数值算例与工程应用

例 4.1　悬臂梁结构。

仍然考虑如图 3.10 所示的悬臂梁结构，构建的功能函数如式(3.23)所示，其中 $S=370\mathrm{MPa}$。梁的长度 L 及横截面尺寸 b、h 为正态分布随机变量，外力 P_x 和 P_y 为区间变量，如表 4.1 所示，表中随机变量的参数 1 为均值，参数 2 为标准差，区间变量的参数 1、参数 2 分别表示下边界与上边界。

表 4.1　不确定性变量类型和参数(悬臂梁结构)[3]

不确定性变量	参数 1	参数 2	变量类型	分布类型
b (mm)	100	15	随机变量	正态分布
h (mm)	200	20	随机变量	正态分布
L (mm)	1000	100	随机变量	正态分布
P_x (N)	47000	53000	区间变量	—
P_y (N)	23000	27000	区间变量	—

采用本章方法对该悬臂梁结构进行混合可靠性分析，将采样系数 κ_x 和 κ_y 均设置为 1.2，式(4.9)中 ω 和 ε 分别设置为 1.0 和 0.001，混合可靠性分析结果如表 4.2 所示。另外，为获得最大失效概率的参考值，采用双层 MCS 采样对该悬臂梁结构进行模拟，其中内层进行随机变量采样，外层将区间变量视作

均匀分布变量进行采样，采样次数共 10^6 次。由表 4.2 可知，悬臂梁的最大失效概率 P_f^R 为 0.0399，对比 MCS 参考值的相对误差仅为 0.75%；另外，方法在 7 次迭代、77 次功能函数调用后即收敛，具有较高的计算效率。

表 4.2　混合可靠性分析结果(悬臂梁结构)[3]

随机变量			区间变量		迭代次数	功能函数调用次数	最大失效概率	MCS 参考值
b /mm	h /mm	L /mm	P_x /N	P_y /N	N_1	N_2	P_f^R	$P_{f\,MCS}^R$
75.9	189.0	1041.9	53000	27000	7	77	0.0399	0.0402

例 4.2　十杆桁架结构。

如图 4.3 所示的十杆桁架结构，其中水平杆和竖直杆的长度 L 均为 9.144m，弹性模量 E 为 68948MPa。该桁架左端固定，4 节点处受一个 Y 向载荷 F_1，2 节点处受一个 Y 向载荷 F_2 和一个 X 向载荷 F_3。本算例中共有 13 个不确定性变量，其中杆件的横截面积 $A_i\,(i=1,2,\cdots,10)$ 为随机变量，节点处所承受的外载荷 F_1、F_2 和 F_3 均为区间变量。13 个不确定性变量的类型及具体的参数取值情况如表 4.3 所示，其中，极值 I 型分布的参数 1 和参数 2 分别表示概率密度函数中的参数 μ 和参数 β。

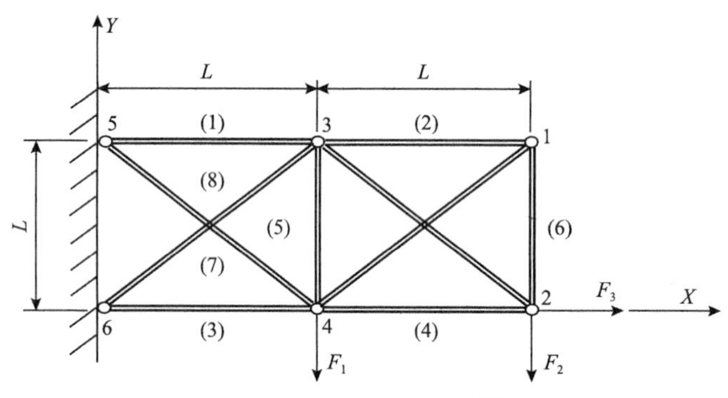

图 4.3　十杆桁架结构[9]

表 4.3　不确定性变量类型和参数(十杆桁架结构)[8]

不确定性变量	参数 1	参数 2	变量类型	分布类型
$A_1 \sim A_6(\text{mm}^2)$	4000	200	随机变量	正态分布
$A_7 \sim A_{10}(\text{mm}^2)$	4000	200	随机变量	极值 I 型分布
F_1(N)	442800	446800	区间变量	—
F_2(N)	442800	446800	区间变量	—
F_3(N)	1709200	1849200	区间变量	—

整个结构要求节点 2 处的纵向位移 d_y 不能超过允许值 $d_{y\max}=50\text{mm}$，故功能函数定义为

$$g(A_1,A_2,\cdots,A_{10},F_1,F_2,F_3)=d_{y\max}-d_y(A_1,A_2,\cdots,A_{10},F_1,F_2,F_3) \tag{4.15}$$

其中，位移 d_y 通过式(4.16)进行求解：

$$d_y=\left(\sum_{i=1}^{6}\frac{N_i^0 N_i}{A_i}+\sqrt{2}\sum_{i=7}^{10}\frac{N_i^0 N_i}{A_i}\right)\frac{L}{E} \tag{4.16}$$

根据平衡方程及兼容性方程，其中杆的轴力 N_i 和 N_i^0 的值可以通过式(4.17)和式(4.18)求得，在求 N_i^0 时，令 $F_1=F_3=0$，$F_2=1$[9]，有

$$\begin{cases}
N_1=F_2-\dfrac{\sqrt{2}}{2}N_8, & N_2=-\dfrac{\sqrt{2}}{2}N_{10} \\
N_3=-F_1-2F_2+F_3-\dfrac{\sqrt{2}}{2}N_8, & N_4=-F_2+F_3-\dfrac{\sqrt{2}}{2}N_{10} \\
N_5=-F_2-\dfrac{\sqrt{2}}{2}N_8-\dfrac{\sqrt{2}}{2}N_{10}, & N_6=-\dfrac{\sqrt{2}}{2}N_{10} \\
N_7=\sqrt{2}\left(F_1+F_2\right)+N_8, & N_8=\dfrac{a_{22}b_1-a_{12}b_2}{a_{11}a_{22}-a_{12}a_{21}} \\
N_9=\sqrt{2}F_2+N_{10}, & N_{10}=\dfrac{a_{11}b_2-a_{21}b_1}{a_{11}a_{22}-a_{12}a_{21}}
\end{cases} \tag{4.17}$$

其中，

$$\begin{cases}
a_{11}=\left(\dfrac{1}{A_1}+\dfrac{1}{A_3}+\dfrac{1}{A_5}+\dfrac{2\sqrt{2}}{A_7}+\dfrac{2\sqrt{2}}{A_8}\right)\dfrac{L}{2E} \\
a_{12}=a_{21}=\dfrac{L}{2A_5E} \\
a_{22}=\left(\dfrac{1}{A_2}+\dfrac{1}{A_4}+\dfrac{1}{A_6}+\dfrac{2\sqrt{2}}{A_9}+\dfrac{2\sqrt{2}}{A_{10}}\right)\dfrac{L}{2E} \\
b_1=\left[\dfrac{F_2}{A_1}-\dfrac{F_1+2F_2-F_3}{A_3}-\dfrac{F_2}{A_5}-\dfrac{2\sqrt{2}(F_1+F_2)}{A_7}\right]\dfrac{\sqrt{2}L}{2E} \\
b_2=\left[\dfrac{\sqrt{2}(F_3-F_2)}{A_4}-\dfrac{\sqrt{2}F_2}{A_5}-\dfrac{4F_2}{A_9}\right]\dfrac{L}{2E}
\end{cases} \tag{4.18}$$

采用本章方法对该十杆桁架结构进行混合可靠性分析，将样本点的系数 κ_x 和 κ_y 分别设为 2.0 和 0.1，式(4.9)中的 ω 和 ε 分别设为 1.0 和 0.001。整个计算过程经过 3 次迭代、81 次功能函数调用后，得到一个稳定的、收敛的解，结果如表 4.4 所示。由表可知，在稳定点处三个区间变量的取值均为其边界，结构的最大失效概率 P_f^R 为 0.1207；与 MCS 参考解相比(10^6 个样本点)，相对误差仅为 0.17%。该算例再次表明上述方法具有较好的计算效率和计算精度。

表 4.4　混合可靠性分析结果(十杆桁架结构)[8]

区间变量			迭代次数	功能函数调用次数	最大失效概率	MCS 参考值
F_1 /N	F_2 /N	F_3 /N	N_1	N_2	P_f^R	$P_{f\,MCS}^R$
446800	446800	1709200	3	81	0.1207	0.1209

例 4.3　在汽车乘员约束系统中的应用。

汽车乘员约束系统是减少或避免汽车二次碰撞的安全装置，是汽车被动安全设计的一个重要环节[10]，因此对汽车乘员约束系统进行可靠性分析具有重要的工程意义。在汽车乘员约束系统的设计中，为了降低成本，缩短设计周期，通常采用数值模拟方法进行建模分析。如图 4.4 所示，为采用 MADYMO 软件建立的某微型汽车驾驶员侧乘员约束系统的仿真分析模型。该模型由地板、座椅、假人模型、转向系统、仪表板、防火墙、脚踏板、前挡风玻璃和 A 柱组成。其中，假人模型采用 Hybird Ⅲ型第 50 百分位男性假人[11]，安全带模型采用有限元和多刚体相结合的方法建立。

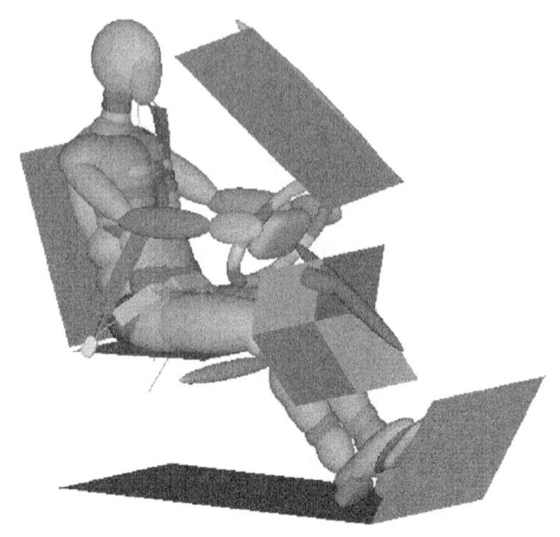

图 4.4　某微型汽车驾驶员侧乘员约束系统的仿真分析模型[8]

在汽车乘员约束系统中，假人模型的损伤指标较多，此处采用加权伤害准则(weighted injury criterion, WIC)：

$$\mathrm{WIC}=0.6\left(\frac{\mathrm{HIC}_{36\mathrm{ms}}}{1000}\right)+\frac{0.35}{2}\left(\frac{C_{3\mathrm{ms}}}{60}+\frac{D}{75}\right)+0.05\left(\frac{F_{\mathrm{FL}}+F_{\mathrm{FR}}}{20.0}\right) \tag{4.19}$$

其中，常数 0.6、0.35 和 0.05 分别为损伤指标的加权系数；$\mathrm{HIC}_{36\mathrm{ms}}$ 为头部综合性能指标；$C_{3\mathrm{ms}}$ 为胸部 3ms 加速度值(g)；D 为胸部压缩量(mm)；F_{FL} 为左大腿轴向压力(kN)；F_{FR} 为右大腿轴向压力(kN)。

驾驶员侧乘员约束系统中包括多个部件，具有较多的设计参数，因此本案例中对该约束系统进行可靠性分析时选取了部分敏感参数作为不确定性变量，具体如表 4.5 所示。其中，安全带的初始应变率 s、安全带延伸率 e、安全带的上挂点位置 h 考虑为随机变量，安全带与假人模型的摩擦系数 f_1、座椅和假人模型的摩擦系数 f_2 考虑为区间变量。结构功能函数定义为

$$g(s,e,h,f_1,f_2)=\mathrm{WIC}_{\max}-\mathrm{WIC}(s,e,h,f_1,f_2) \tag{4.20}$$

其中，$\mathrm{WIC}_{\max}$ 表示乘员约束系统允许损伤程度的最大值。

表 4.5　不确定性变量类型和参数(汽车乘员约束系统)[8]

不确定性变量	参数 1	参数 2	变量类型	分布类型
s	–0.02	0.002	随机变量	正态分布
e	0.10	0.01	随机变量	正态分布
h	0.87	0.087	随机变量	正态分布
f_1	0.3	0.4	区间变量	—
f_2	0.3	0.4	区间变量	—

采用所提出方法对该问题进行分析，将样本系数 κ_x 和 κ_y 分别设为 2.0 和 0.1，ω 和 ε 分别设为 1.0 和 0.001，计算结果如表 4.6 所示。由计算结果可知，整个混合可靠性分析过程共调用了 156 次功能函数，得到最大失效概率 $P_{\mathrm{f}}^{\mathrm{R}}$ 为 0.4036，说明该约束系统对于满足加权伤害准则这一安全性指标的可靠性较低，对其进行改进与优化是必不可少的。

表 4.6　混合可靠性分析结果(汽车乘员约束系统)[8]

随机变量			区间变量		迭代次数	功能函数调用次数	最大失效概率
s	e	h	f_1	f_2	N_1	N_2	$P_{\mathrm{f}}^{\mathrm{R}}$
–0.02	0.099	0.869	0.3	0.4	12	156	0.4036

4.2 基于二次多项式响应面的可靠性分析

4.2.1 二次多项式响应面的构建与更新

对于含有 n 维随机向量 $\boldsymbol{X}=(X_1,X_2,\cdots,X_n)^{\mathrm{T}}$ 和 m 维区间向量 $\boldsymbol{Y}=(Y_1,Y_2,\cdots,Y_m)^{\mathrm{T}}$ 的结构功能函数 $Z=g(\boldsymbol{X},\boldsymbol{Y})$，每一步迭代可构建如下不含交叉项的二次多项式响应面函数 $\tilde{g}(\boldsymbol{X},\boldsymbol{Y})$[12]：

$$\tilde{g}(\boldsymbol{X},\boldsymbol{Y})=a_0+\sum_{i=1}^{n}b_i\boldsymbol{X}_i+\sum_{j=1}^{m}c_j\boldsymbol{Y}_j+\sum_{i=1}^{n}d_i\boldsymbol{X}_i^2+\sum_{j=1}^{m}e_j\boldsymbol{Y}_j^2 \tag{4.21}$$

其中，a_0、b_i、c_j、d_i 和 e_j 是二次多项式中 $2n+2m+1$ 个待定系数。为了确定式(4.21)中的待定系数，与 4.1 节中构建一次响应面类似，同样需要确定随机变量 $\boldsymbol{X}$ 和区间变量 $\boldsymbol{Y}$ 的样本点。采用式(4.2)给出的 Bucher 设计[1]方法获取样本点，如图 4.5 所示。在混合可靠性分析的每一步迭代中，样本中心点 $(\bar{\boldsymbol{X}},\bar{\boldsymbol{Y}})$ 不断更新，初次迭代时样本中心点 $(\bar{\boldsymbol{X}},\bar{\boldsymbol{Y}})$ 选为 $(\boldsymbol{\mu}_{\boldsymbol{X}},\boldsymbol{Y}^{\mathrm{C}})$。确定 $2n+2m+1$ 个样本点之后，在每个样本点处计算原功能函数的值，采用最小二乘法即可得到响应面函数的待定系数。

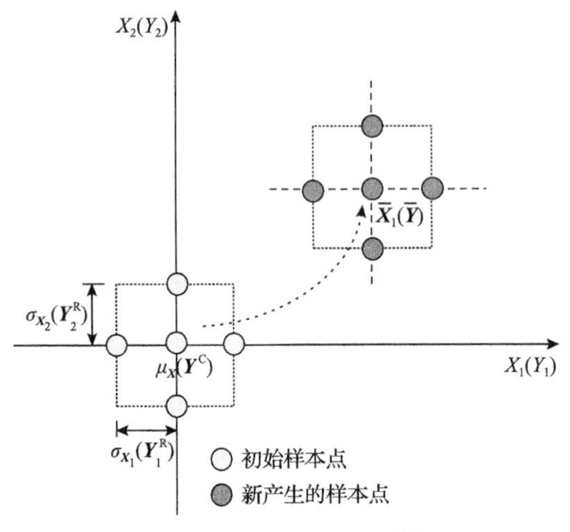

图 4.5 选取的样本点[12]

基于建立的二次多项式响应面，构造如式(4.3)所示的近似混合可靠性问题，并仍然通过 4.1.2 节中给出的解耦方法进行求解。在每一步迭代中，为提升响应面的精度，基于所求得的 MPP $(\tilde{\boldsymbol{X}}^*,\tilde{\boldsymbol{Y}}^*)$，通过两点的线性插值获得一个更靠近失效面的样本中心点 $(\bar{\boldsymbol{X}},\bar{\boldsymbol{Y}})$。如图 4.6 所示，线性函数连接 $(\boldsymbol{\mu}_{\boldsymbol{X}},\boldsymbol{Y}^{\mathrm{C}},g(\boldsymbol{\mu}_{\boldsymbol{X}},\boldsymbol{Y}^{\mathrm{C}}))$ 和 $(\tilde{\boldsymbol{X}}^{*},\tilde{\boldsymbol{Y}}^{*},g(\tilde{\boldsymbol{X}}^{*},\tilde{\boldsymbol{Y}}^{*}))$ 两点，其表达式为

$$\frac{g(\boldsymbol{X},\boldsymbol{Y})-g(\boldsymbol{\mu}_{\boldsymbol{X}},\boldsymbol{Y}^{\mathrm{C}})}{\boldsymbol{X}-\boldsymbol{\mu}_{\boldsymbol{X}}}=\frac{g(\tilde{\boldsymbol{X}}^{*},\tilde{\boldsymbol{Y}}^{*})-g(\boldsymbol{X},\boldsymbol{Y})}{\tilde{\boldsymbol{X}}^{*}-\boldsymbol{X}} \tag{4.22}$$

$$\frac{g(\boldsymbol{X},\boldsymbol{Y})-g(\boldsymbol{\mu}_{\boldsymbol{X}},\boldsymbol{Y}^{\mathrm{C}})}{\boldsymbol{Y}-\boldsymbol{Y}^{\mathrm{C}}}=\frac{g(\tilde{\boldsymbol{X}}^{*},\tilde{\boldsymbol{Y}}^{*})-g(\boldsymbol{X},\boldsymbol{Y})}{\tilde{\boldsymbol{Y}}^{*}-\boldsymbol{Y}} \tag{4.23}$$

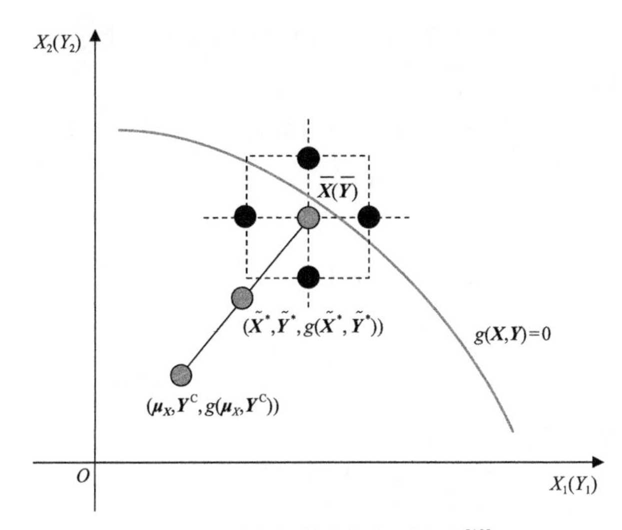

图 4.6　线性插值获得新样本点[12]

令 $g(\boldsymbol{X},\boldsymbol{Y})=0$，使得设计点靠近真实的极限状态面，可得

$$\bar{\boldsymbol{X}}=\boldsymbol{\mu}_{\boldsymbol{X}}+(\tilde{\boldsymbol{X}}^{*}-\boldsymbol{\mu}_{\boldsymbol{X}})\frac{g(\boldsymbol{\mu}_{\boldsymbol{X}},\boldsymbol{Y}^{\mathrm{C}})}{g(\boldsymbol{\mu}_{\boldsymbol{X}},\boldsymbol{Y}^{\mathrm{C}})-g(\tilde{\boldsymbol{X}}^{*},\tilde{\boldsymbol{Y}}^{*})} \tag{4.24}$$

$$\boldsymbol{Y}'=\boldsymbol{Y}^{\mathrm{C}}+(\tilde{\boldsymbol{Y}}^{*}-\boldsymbol{Y}^{\mathrm{C}})\frac{g(\boldsymbol{\mu}_{\boldsymbol{X}},\boldsymbol{Y}^{\mathrm{C}})}{g(\boldsymbol{\mu}_{\boldsymbol{X}},\boldsymbol{Y}^{\mathrm{C}})-g(\tilde{\boldsymbol{X}}^{*},\tilde{\boldsymbol{Y}}^{*})} \tag{4.25}$$

对于区间变量 $\boldsymbol{Y}$，获得的 $\boldsymbol{Y}'$ 可能会溢出区间的边界，如果溢出，则做如下处理：

$$\begin{cases}\bar{Y}_j=\min(Y_j',Y_j^{\mathrm{R}}), & Y_j'>Y_j^{\mathrm{R}},\ j=1,2,\cdots,m\\ \bar{Y}_j=\max(Y_j',Y_j^{\mathrm{L}}), & Y_j'<Y_j^{\mathrm{L}},\ j=1,2,\cdots,m\end{cases} \tag{4.26}$$

基于样本中心点及围绕样本中心点的 Bucher 设计样本点，可通过最小二乘法求解功能函数响应面的系数，随后建立如式(4.3)所示的近似混合可靠性问题进行下一步迭代求解。

4.2.2 算法流程

综上所述，基于二次多项式响应面的混合可靠性分析算法流程如下：

(1) 确定随机变量 $\boldsymbol{X}$ 和区间变量 $\boldsymbol{Y}$，建立功能函数 $Z=g(\boldsymbol{X},\boldsymbol{Y})=0$。

(2) 设置初始迭代点 $\boldsymbol{X}^{(k)}=(\mu_{X_1},\mu_{X_2},\cdots,\mu_{X_n})^{\mathrm{T}}$ 和 $\boldsymbol{Y}^{(k)}=(Y_1^{\mathrm{C}},Y_2^{\mathrm{C}},\cdots,Y_m^{\mathrm{C}})^{\mathrm{T}}$，令 $k=0$。

(3) 构建不含交叉项的二次多项式响应面函数。初次迭代时，样本中心点 $(\bar{\boldsymbol{X}}^{(0)},\bar{\boldsymbol{Y}}^{(0)})$ 选为 $(\boldsymbol{\mu}_{\boldsymbol{X}},\boldsymbol{Y}^{\mathrm{C}})$，计算 $2n+2m+1$ 个样本点的函数值，通过最小二乘法获得响应面系数。

(4) 求解式(4.3)中给出的近似混合可靠性问题，得到 MPP $(\tilde{\boldsymbol{X}}^*,\tilde{\boldsymbol{Y}}^*)$。

(5) 采用线性插值方法，利用式(4.24)～式(4.26)求解新的样本中心点 $(\bar{\boldsymbol{X}}^{(k+1)},\bar{\boldsymbol{Y}}^{(k+1)})$。

(6) 判断收敛性。如果满足收敛条件 $\left\|\bar{\boldsymbol{X}}^{(k+1)}-\bar{\boldsymbol{X}}^{(k)}\right\|/\left\|\bar{\boldsymbol{X}}^{(k)}\right\|\leqslant\varepsilon_3$（$\varepsilon_3$ 为小的非负实数），则转到步骤(7)，否则 $k=k+1$，转到步骤(3)。

(7) 计算近似最小可靠度指标 $\tilde{\beta}^{\mathrm{L}}$ 及对应的最大失效概率 $P_{\mathrm{f}}^{\mathrm{R}}$。

4.2.3 数值算例与工程应用

例 4.4　管状悬臂梁结构。

如图 4.7 所示，一管状悬臂梁结构[6]受到外力 F_1、F_2、P 以及扭矩 T 的作用，功能函数定义为强度 S_y 与固定端圆周下表面处最大应力 $\sigma_{\max}$ 之差：

$$g=S_y-\sigma_{\max} \tag{4.27}$$

其中，$\sigma_{\max}$ 的表达式如下：

$$\sigma_{\max}=\sqrt{\sigma_x^2+3\tau_{zx}^2} \tag{4.28}$$

正应力 σ_x 按照式(4.29)进行计算：

$$\sigma_x=\frac{P+F_1\sin\theta_1+F_2\sin\theta_2}{A}+\frac{Mc}{I} \tag{4.29}$$

截面面积 A、弯矩 M、惯性矩 I 以及扭转应力 τ_{zx} 分别通过式(4.30)～式(4.33)进行计算：

$$A=\frac{\pi}{4}[d^2-(d-2t)^2],\quad c=\frac{d}{2} \tag{4.30}$$

$$M = F_1 L_1 \cos\theta_1 + F_2 L_2 \cos\theta_2 \tag{4.31}$$

$$I = \frac{\pi}{64}[d^4 - (d-2t)^4] \tag{4.32}$$

$$\tau_{zx} = \frac{Td}{4I} \tag{4.33}$$

该管状悬臂梁结构中共有 11 个不确定性变量，其中 9 个为随机变量，分别是 t、d、F_1、F_2、T、S_y、P、L_1 和 L_2，另外 2 个变量 θ_1 和 θ_2 为区间变量，它们的分布类型和参数如表 4.7 所示。对于均匀分布，参数 1 和参数 2 分别代表变量的下界和上界。

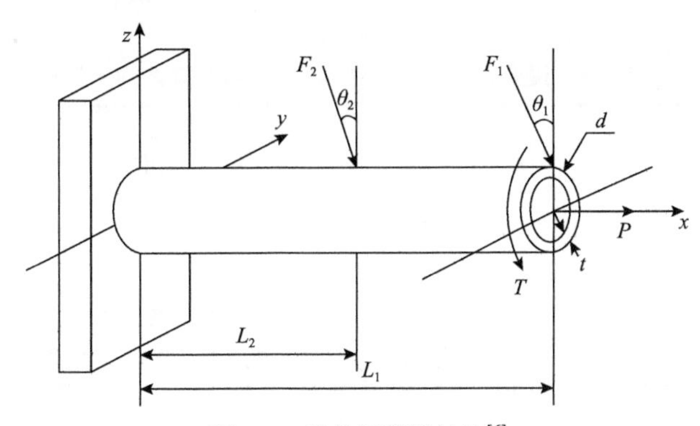

图 4.7　管状悬臂梁结构[6]

表 4.7　不确定性变量类型和参数(管状悬臂梁结构)[12]

不确定性变量	参数 1	参数 2	变量类型	分布类型
t (mm)	5	0.1	随机变量	正态分布
d (mm)	42	0.5	随机变量	正态分布
F_1 (N)	3000	300	随机变量	正态分布
F_2 (N)	3000	300	随机变量	正态分布
T (N·m)	90	9	随机变量	正态分布
S_y (MPa)	220	22	随机变量	正态分布
P (N)	12000	1200	随机变量	极值 I 型分布
L_1 (mm)	119.75	120.25	随机变量	均匀分布
L_2 (mm)	59.75	60.25	随机变量	均匀分布
θ_1 (°)	0	10	区间变量	—
θ_2 (°)	5	15	区间变量	—

采用本章提出的基于二次多项式响应面的混合可靠性分析方法进行分析，其中将样本系数 κ_x 和 κ_y 分别设为 3.0 和 0.1，同时采用 MCS 方法进行 10^6 次模拟，并将得到的结果作为参考值，计算结果如表 4.8 所示。由表可知，得到管状悬臂梁结构的最大失效概率 P_f^R 为 1.76×10^{-4}，对比 MCS 参考值相对误差仅为 4.7%；该方法在 5 次迭代、121 次功能函数调用后即收敛，表明具有较高的计算效率。另外，考虑区间变量样本系数 κ_y 对可靠性分析的影响，将其在 10^{-6} ~ 10 取不同值进行分析，对应的计算结果如表 4.9 所示。由表可知，结构最大失效概率结果在一个较小的范围内波动，且算法迭代次数 N_1 和功能函数调用次数 N_2 均相同，表明在该算例中混合可靠性分析结果对区间变量样本系数 κ_y 的取值并不敏感。

表 4.8　混合可靠性分析结果(管状悬臂梁结构)[12]

随机变量									区间变量		迭代次数	功能函数调用次数	最大失效概率	MCS 参考值
t	d	F_1	F_2	T	S_y	P	L_1	L_2	θ_1	θ_2	N_1	N_2	P_f^R	$P_{f\,MCS}^R$
4.97	41.7	3340	3171	90	148	12158	120	60	3.9	7.8	5	121	1.76×10^{-4}	1.68×10^{-4}

表 4.9　样本系数 κ_y 对混合可靠性分析结果的影响(管状悬臂梁结构)[12]

影响参数	κ_y					
	10^{-6}	10^{-4}	10^{-2}	10^{-1}	1	10
N_1	5	5	5	5	5	5
N_2	121	121	121	121	121	121
P_f^R	1.76×10^{-4}	1.77×10^{-4}	1.77×10^{-4}	1.76×10^{-4}	1.78×10^{-4}	1.76×10^{-4}

例 4.5　二十五杆桁架结构。

考虑如图 4.8 所示的二十五杆桁架结构，桁架横向和纵向杆的长度 $L=15.24\text{mm}$，杆的弹性模量 $E=19949.2\text{MPa}$；连接点 12 为铰接支座，6、8 和 10 为滚动支座；连接点 7、9 和 11 分别受纵向载荷 $F_3=1779.2\text{kN}$、$F_2=2224\text{kN}$ 和 $F_1=1779.2\text{kN}$ 的作用，连接点 1 受横向载荷 $F_4=1334.4\text{kN}$ 的作用；杆(1)～(4)有相同的横截面积 A_1，杆(5)～(16)的横截面积分别为 $A_2\sim A_{13}$，杆(17)～(24)有相同的横截面积 A_{14}，杆(25)的横截面积为 A_{15}。

结构要求连接点 9 处的纵向位移 d_y 应小于其最大允许值为 $d_{y\max}=48\text{mm}$，故功能函数定义为

$$g(A_1, A_2, \cdots, A_{15}, F_1, F_2, F_3, F_4) = d_{y\max} - d_y(A_1, A_2, \cdots, A_{15}, F_1, F_2, F_3, F_4) \quad (4.34)$$

不确定性变量分布类型和参数如表 4.10 所示，其中杆的横截面积 $A_i(i=1,2,\cdots,15)$ 为随机变量，载荷 F_1、F_2、F_3 和 F_4 为区间变量。利用有限元模型进行功能函数分析，采用杆单元划分网格，共 25 个单元和 12 个节点。

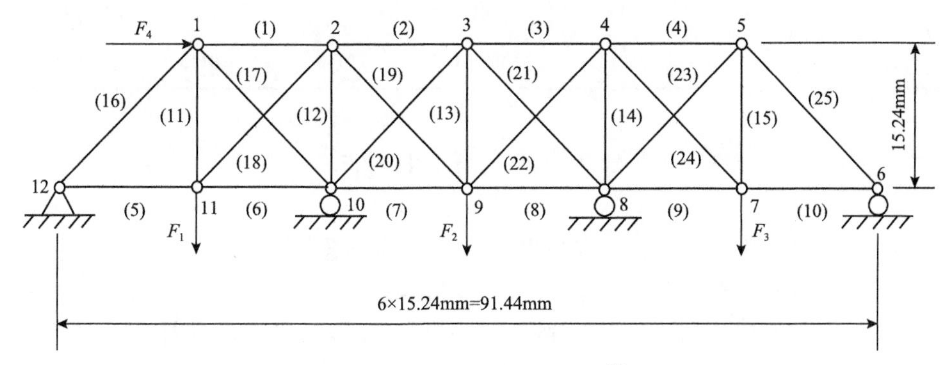

图 4.8　二十五杆桁架结构[9]

表 4.10　不确定性变量类型和参数(二十五杆桁架结构)[12]

不确定性变量	参数 1	参数 2	变量类型	分布类型
$A_1 \sim A_{15}(\text{mm}^2)$	5000	250	随机变量	正态分布
F_1(N)	1.679×10^6	1.879×10^6	区间变量	—
F_2(N)	2.124×10^6	2.324×10^6	区间变量	—
F_3(N)	1.679×10^6	1.879×10^6	区间变量	—
F_4(N)	1.234×10^6	1.434×10^6	区间变量	—

在混合可靠性分析过程中，样本系数 κ_x 和 κ_y 分别设为 3.0 和 0.1，计算结果如表 4.11 所示。整个计算过程经过 2 次迭代、81 次功能函数调用即得到稳定解，其中二十五杆桁架结构的最大失效概率 P_f^R 为 0.0140，且区间变量的取值均在边界处。仍然考虑区间变量样本系数 κ_y 对可靠性分析的影响，在 κ_y 取不同值时进行分析，结果如表 4.12 所示。由表可知，除了 $\kappa_y = 1.0\times10^{-6}$ 时不收敛，其他 5 种取值情况下均可得到一个稳定的结果，且迭代次数和功能函数调用次数均相同，表明本算例中混合可靠性分析结果对区间变量样本系数 κ_y 的取值也不敏感。

表 4.11　混合可靠性分析结果(二十五杆桁架结构)[12]

区间变量				迭代次数	功能函数调用次数	最大失效概率
F_1/N	F_2/N	F_3/N	F_4/N	N_1	N_2	P_f^R
1.679×10^6	2.324×10^6	1.679×10^6	1.434×10^6	2	81	0.0140

表 4.12 样本系数 κ_y 对可靠性分析结果的影响(二十五杆桁架结构)[12]

影响参数	κ_y					
	10^{-6}	10^{-4}	10^{-2}	10^{-1}	1	10
N_1	—	2	2	2	2	2
N_2	—	81	81	81	81	81
P_f^R	—	0.0141	0.0141	0.0140	0.0140	0.0141

4.3 本章小结

在本章中，针对Ⅱ型混合可靠性问题，分别给出了基于一次多项式和二次多项式响应面的混合可靠性分析方法。在每一步迭代中，通过构建多项式响应面将结构功能函数近似为显式的数学表达式，从而有效解决了双层嵌套优化造成的计算效率问题；通过迭代不断更新响应面模型，最终保证可靠性分析精度。数值算例和工程应用结果表明，本章方法具有较好的计算效率和计算精度。

参考文献

[1] Bucher C, Bourgund U. A fast and efficient response surface approach for structural reliability problems. Structural Safety, 1990, 7(1): 57-66.

[2] Rajashekhar M R, Ellingwood B R. A new look at the response surface approach for reliability analysis. Structural Safety, 1993, 12(3): 205-220.

[3] 姜潮, 刘丽新, 龙湘云. 一种概率-区间混合结构可靠性的高效计算方法. 计算力学学报, 2013, 30(5): 605-609.

[4] Kim S H, Na S W. Response surface method using vector projected sampling points. Structural Safety, 1997, 19(1): 3-19.

[5] Zheng Y, Das P K. Improved response surface method and its application to stiffened plate reliability analysis. Engineering Structures, 2000, 22(5): 544-551.

[6] Du X P. Interval reliability analysis. International Design Engineering Technical Conference & Computers and Information in Engineering Conference, Las Vegas, 2007.

[7] Zhang Y, Der Kiureghian A. Two improved algorithms for reliability analysis. The Sixth IFIP WG 7.5 Working Conference on Reliability and Optimization of Structural Systems, Assisi, 1995.

[8] 刘丽新. 基于概率与非概率凸集的混合可靠性分析方法研究. 长沙: 湖南大学, 2012.

[9] Au F, Cheng Y, Tham L, et al. Robust design of structures using convex models. Computers & Structures, 2003, 81(28-29): 2611-2619.

[10] 钟志华, 张维刚, 曹立波, 等. 汽车碰撞安全技术. 北京: 机械工业出版社, 2003.

[11] TNO. MADYMO Version 6.2.1 Theory Manual. Delft Netherlands: TNO Road vehicles Research Institute, 2004.

[12] Han X, Jiang C, Liu L X, et al. Response-surface-based structural reliability analysis with random and interval mixed uncertainties. Science China Technological Sciences, 2014, 57(7): 1322-1334.

第5章　统一型可靠性分析方法

在第4章中，针对Ⅱ型混合可靠性问题提出了基于多项式响应面的混合可靠性分析方法，在每一迭代步将基于真实功能函数的可靠性问题转换为基于响应面的近似可靠性问题来有效提升计算效率。尽管如此，双层嵌套优化问题在每一迭代步本质上仍然存在，随着问题复杂程度的提升，会在较大程度上影响近似混合可靠性问题的求解，从而有可能影响整个迭代过程的求解。

本章针对Ⅱ型混合可靠性问题，提出一种新的统一型可靠性分析方法，可以将原混合可靠性问题转换为一定条件下等效的传统随机可靠性问题，从而从根本上避免双层嵌套优化问题的产生。因为最终需要将混合可靠性问题转换为具有统一表述的随机可靠性问题进行求解，本章将该方法简称为统一型分析方法。本章主要包括以下内容：将区间变量转换为对应的均匀分布随机变量，构造随机可靠性分析模型，并证明在FORM求解框架及一定条件下该模型与原混合可靠性分析模型具有等效性；采用传统随机可靠性分析方法求解等效问题，从而获得原混合可靠性分析的最小可靠度指标和最大失效概率；通过两个数值算例验证本章方法的有效性。

5.1　等效模型的构建

对于包含 n 个独立随机变量 $\boldsymbol{X}$ 和 m 个独立区间变量 $\boldsymbol{Y}$ 的Ⅱ型混合可靠性问题，如第2章中所介绍的，采用FORM进行分析时，最小可靠度指标的双层嵌套优化求解模型如下[1]：

$$\begin{cases}\beta^{\mathrm{L}}=\min\limits_{\boldsymbol{U}}\|\boldsymbol{U}\| \\ \text{s.t. } \min\limits_{\boldsymbol{Y}} G(\boldsymbol{U},\boldsymbol{Y})=0\end{cases} \tag{5.1}$$

下面将对式(5.1)中的嵌套优化问题进行等效转换，构建一个新的随机可靠性分析模型，并证明新模型与原模型之间在一定条件下具有等效性。

首先，假设原混合可靠性问题中的随机变量保持不变，将区间变量转换为其相应区间范围内的均匀分布随机变量：

$$Y_i \sim u(Y_i^{\mathrm{L}},Y_i^{\mathrm{R}}),\quad i=1,2,\cdots,m \tag{5.2}$$

则原混合可靠性问题转换为一个仅含有随机变量的传统可靠性分析问题，随机变量的个数为 $n+m$。为方便描述，本章用同样的符号 $\boldsymbol{Y}$ 来表示转换前的区间变量和转换后的均匀分布随机变量。如果采用 FORM 求解其可靠度指标 β，则可构造如下优化求解模型[1]：

$$\begin{cases} \beta = \min\limits_{\boldsymbol{U},\boldsymbol{V}} \sqrt{\|\boldsymbol{U}\|^2 + \|\boldsymbol{V}\|^2} \\ \text{s.t.} \ \ G(\boldsymbol{U},\boldsymbol{V}) = 0 \end{cases} \tag{5.3}$$

其中，$\boldsymbol{U}$ 和 $\boldsymbol{V}$ 分别表示随机变量 $\boldsymbol{X}$ 和 $\boldsymbol{Y}$ 经等概率变换后的标准正态变量；G 表示转换后 $\boldsymbol{U}$-$\boldsymbol{V}$ 空间中的极限状态方程。

本章将式(5.1)和式(5.3)中的可靠性分析模型分别称为原始模型和等效模型，两种模型都是基于 FORM 分析框架的。下面将从数学上证明它们在一定条件下具有相同的解 $\boldsymbol{X}$ 和 $\boldsymbol{Y}$，即两种模型在一定条件下等效。该证明过程如下。

首先，对于等效模型(5.3)，其最优解 $(\boldsymbol{U}^*,\boldsymbol{V}^*)$ 为 MPP，原空间中对应为 $(\boldsymbol{X}^*,\boldsymbol{Y}^*)$。根据 MPP 的属性，在极限状态面上该点处的联合概率密度函数将取得最大值[2]，故 $(\boldsymbol{X}^*,\boldsymbol{Y}^*)$ 应为如下优化问题的解：

$$\begin{cases} \max\limits_{\boldsymbol{X},\boldsymbol{Y}} f_{\boldsymbol{X},\boldsymbol{Y}}(\boldsymbol{X},\boldsymbol{Y}) \\ \text{s.t.} \ \ g(\boldsymbol{X},\boldsymbol{Y}) = 0 \end{cases} \tag{5.4}$$

其中，$f_{\boldsymbol{X},\boldsymbol{Y}}$ 表示 $\boldsymbol{X}$ 和 $\boldsymbol{Y}$ 的联合概率密度函数。如果不考虑 $\boldsymbol{X}$ 和 $\boldsymbol{Y}$ 之间的相关性，则式(5.4)可进一步表示为

$$\begin{cases} \max\limits_{\boldsymbol{X},\boldsymbol{Y}} f_{\boldsymbol{X}}(\boldsymbol{X}) f_{\boldsymbol{Y}}(\boldsymbol{Y}) \\ \text{s.t.} \ \ g(\boldsymbol{X},\boldsymbol{Y}) = 0 \end{cases} \tag{5.5}$$

由于变量 $\boldsymbol{Y}$ 服从均匀分布，其概率密度函数 $f_{\boldsymbol{Y}}(\boldsymbol{Y})$ 为正的常数，式(5.5)可进一步简化为

$$\begin{cases} \max\limits_{\boldsymbol{X},\boldsymbol{Y}} f_{\boldsymbol{X}}(\boldsymbol{X}) \\ \text{s.t.} \ \ g(\boldsymbol{X},\boldsymbol{Y}) = 0 \\ \qquad Y_i^{\mathrm{L}} \leqslant Y_i \leqslant Y_i^{\mathrm{R}}, \quad i = 1,2,\cdots,m \end{cases} \tag{5.6}$$

式(5.6)是一个带约束的优化问题，基于卡鲁什-库恩-塔克(Karush-Kuhn-Tucker, KKT)必要性条件[3]，其最优解$(\boldsymbol{X}^*,\boldsymbol{Y}^*)$需满足

$$\begin{cases}-\nabla_{X_i} f_{\boldsymbol{X}}(\boldsymbol{X})+\lambda_1\nabla_{X_i} g(\boldsymbol{X},\boldsymbol{Y})=0\\ \lambda_1\nabla_{Y_i} g(\boldsymbol{X},\boldsymbol{Y})+\lambda_{3i}-\lambda_{2i}=0\\ \lambda_{2i}(Y_i^{\mathrm{L}}-Y_i)=0\\ \lambda_{3i}(Y_i-Y_i^{\mathrm{R}})=0\\ g(\boldsymbol{X},\boldsymbol{Y})=0\\ Y_i^{\mathrm{L}}\leqslant Y\leqslant Y_i^{\mathrm{R}}\end{cases},\quad i=1,2,\cdots,n \tag{5.7}$$

其中，λ_1、λ_{2i}和λ_{3i}表示拉格朗日算子。

其次，对于原始模型(5.1)，其最优解$\boldsymbol{U}^*$为 MPP，原空间中对应为$\boldsymbol{X}^*$。同样基于 MPP 的属性，$\boldsymbol{X}^*$应为下述优化问题的最优解：

$$\begin{cases}\max\limits_{\boldsymbol{X}} f_{\boldsymbol{X}}(\boldsymbol{X})\\ \text{s.t. }\min\limits_{\boldsymbol{Y}} g(\boldsymbol{X},\boldsymbol{Y})=0\end{cases} \tag{5.8}$$

其中，子优化问题$\min\limits_{\boldsymbol{Y}} g(\boldsymbol{X},\boldsymbol{Y})$中含有区间变量$\boldsymbol{Y}$，其 KKT 必要性条件如下：

$$\begin{cases}\nabla_{Y_i} g(\boldsymbol{X},\boldsymbol{Y})+\lambda_{3i}-\lambda_{2i}=0\\ \lambda_{2i}(Y_i^{\mathrm{L}}-Y_i)=0\\ \lambda_{3i}(Y_i-Y_i^{\mathrm{R}})=0\\ Y_i^{\mathrm{L}}\leqslant Y\leqslant Y_i^{\mathrm{R}}\end{cases},\quad i=1,2,\cdots,m \tag{5.9}$$

将式(5.9)代入式(5.8)中，可得

$$\begin{cases}\max\limits_{\boldsymbol{X}} f_{\boldsymbol{X}}(\boldsymbol{X})\\ \text{s.t. }\ g(\boldsymbol{X},\boldsymbol{Y})=0\\ \qquad \nabla_{Y_i} g(\boldsymbol{X},\boldsymbol{Y})+\lambda_{3i}-\lambda_{2i}=0\\ \qquad \lambda_{2i}(Y_i^{\mathrm{L}}-Y_i)=0\\ \qquad \lambda_{3i}(Y_i-Y_i^{\mathrm{R}})=0\\ \qquad Y_i^{\mathrm{L}}\leqslant Y\leqslant Y_i^{\mathrm{R}}\end{cases},\quad i=1,2,\cdots,m \tag{5.10}$$

经过进一步推导，可以发现式(5.10)的 KKT 必要性条件与式(5.7)的表达式完全一致。证明完毕。

5.2　统一型可靠性分析算法流程

上述等效性分析为求解Ⅱ型混合可靠性问题提供了一种新的思路，即可以将原混合可靠性问题转换为一个常规的随机可靠性问题进行求解。通过求解式(5.3)可以得到其最优解$(\boldsymbol{U}^*,\boldsymbol{V}^*)$以及原空间中对应的$(\boldsymbol{X}^*,\boldsymbol{Y}^*)$，根据模型等效性$(\boldsymbol{X}^*,\boldsymbol{Y}^*)$，也是式(5.1)的最优解，可以得到混合可靠性问题的最小可靠度指标及最大失效概率。综上，本章提出的统一型分析方法的算法流程可总结如下[1]：

(1)确定随机变量$\boldsymbol{X}$和区间变量$\boldsymbol{Y}$，建立功能函数$Z=g(\boldsymbol{X},\boldsymbol{Y})$。

(2)将区间变量$\boldsymbol{Y}$转换为其相应区间上的均匀分布随机变量。

(3)构建式(5.3)所示的等效模型，采用 FORM 求解该模型获得最优解$(\boldsymbol{U}^*,\boldsymbol{V}^*)$。

(4)得到原混合可靠性问题(5.1)的最小可靠度指标$\beta^{\mathrm{L}}=\left\|\boldsymbol{U}^*\right\|$以及最大失效概率$P_{\mathrm{f}}^{\mathrm{R}}=\Phi(-\beta^{\mathrm{L}})$。

在第(3)步中，式(5.3)可以通过一系列成熟的现有方法进行求解，如 HL-RF 方法[4,5]、iHL-RF 方法[6]、序列二次规划(sequential quadratic programming, SQP)方法以及序列线性规划(sequential linear programming, SLP)方法[3]等。因为 iHL-RF 方法具有收敛性好、计算效率高的特点，下面给出通过 iHL-RF 方法进行优化求解的递归过程。

在第$k+1$步迭代中，$\boldsymbol{Z}^{(k+1)}$可由式(5.11)求得：

$$\boldsymbol{Z}^{(k+1)}=\boldsymbol{Z}^{(k)}+\alpha\boldsymbol{d}^{(k)} \tag{5.11}$$

其中，$\boldsymbol{Z}$表示$(\boldsymbol{U},\boldsymbol{V})$；$\alpha$表示迭代步长；$\boldsymbol{d}^{(k)}$表示搜索方向：

$$\boldsymbol{d}^{(k)}=\frac{\nabla G(\boldsymbol{Z}^{(k)})(\boldsymbol{Z}^{(k)})^{\mathrm{T}}-G(\boldsymbol{Z}^{(k)})}{\left\|\nabla G(\boldsymbol{Z}^{(k)})\right\|^2}\nabla G(\boldsymbol{Z}^{(k)})-\boldsymbol{Z}^{(k)} \tag{5.12}$$

其中，∇G表示梯度向量，由如下最小化价值函数m确定：

$$m(\boldsymbol{Z})=\frac{1}{2}\left\|\boldsymbol{Z}\right\|+c\left|G(\boldsymbol{Z})\right| \tag{5.13}$$

其中，常数 c 应满足

$$c > \frac{\|\boldsymbol{Z}\|}{\|\nabla G(\boldsymbol{Z})\|} \tag{5.14}$$

为了减少计算量，采用非精确的一维搜索来求解上述价值函数。通过上述迭代可得到最优解。

5.3 数值算例与工程应用

例 5.1 悬臂梁结构。

考虑图 3.10 所示的悬臂梁结构。本算例中将横截面宽度 b 、高度 h 及悬臂梁长度 L 处理为随机变量，顶端承受的水平作用力 P_x 和垂直作用力 P_y 处理为区间变量，其分布类型和参数如表 5.1 所示，其中参数 1 和参数 2 所代表的含义与前述章节相同。悬臂梁固定端处最大应力应小于屈服强度极限值 $S = 320\text{MPa}$ ，结构功能函数定义为

$$g(b,h,L,P_x,P_y) = S - \frac{6P_xL}{b^2h} - \frac{6P_yL}{bh^2} \tag{5.15}$$

表 5.1 不确定性变量类型和参数(悬臂梁结构)[1]

不确定性变量	参数 1	参数 2	变量类型	分布类型
b(mm)	100	15	随机变量	正态分布
h(mm)	200	20	随机变量	正态分布
L(mm)	1000	100	随机变量	正态分布
P_x(N)	47000	53000	区间变量	—
P_y(N)	23000	27000	区间变量	—

为验证所提方法的有效性，本算例也采用了基于解耦策略的序列单循环(sequential single-loop, SSL)方法[7,8]进行分析，统一型分析方法与 SSL 方法的可靠性分析结果对比如表 5.2 所示。由表可知，两种方法均能较好地收敛，可靠性分析结果也较为接近。对比两种方法的分析结果，其中区间变量的偏差大于随机变量。事实上，最坏情况下对应的区间变量正好取到其边界值，而统一型分析方法中需要将区间变量转换为均匀分布，在均匀随机变量转换为标准正态变量的等概率变换过程中，变量的取值边界将会趋向正无穷或负无穷，因此

在数值计算中无法得到区间变量的精确值，存在一定的计算误差。另外，在计算量方面，统一型分析方法功能函数调用次数为 128 次，明显少于 SSL 方法的 198 次，可见对于本算例，统一型分析方法的计算效率更高。

表 5.2　统一型分析方法与 SSL 方法的可靠性分析结果对比(悬臂梁结构)[1]

方法	随机变量			区间变量		迭代次数	功能函数调用次数	最小可靠度指标
	b	h	L	P_x	P_y	N_1	N_2	β^{L}
SSL 方法	75.7	188.8	1044.7	53000.00	27000.00	18	198	1.773
统一型分析方法(偏差)	73.7 (2.71%)	188.3 (0.26%)	1046.8 (0.20%)	50454.08 (4.80%)	25080.79 (7.11%)	16	128	1.906 (7.5%)

例 5.2　二十五杆桁架结构。

考虑图 4.9 所示的二十五杆桁架结构，本算例中将杆的截面积 $A_i(i=1,2,\cdots,25)$ 处理为随机变量，四个作用力 F_1、F_2、F_3 以及 F_4 处理为区间变量，所有 29 个不确定性变量的分布类型和参数如表 5.3 所示。对于对数正态分布，参数 1 和参数 2 分别表示其累积分布函数中的 μ 和 σ。结构功能函数如式(4.34)所示，仍然利用有限元模型进行功能函数分析，采用杆单元划分网格，共 25 个单元和 12 个节点。

表 5.3　不确定性变量类型和参数(二十五杆桁架结构)[1]

不确定性变量	参数 1	参数 2	变量类型	分布类型
$A_1 \sim A_{17}(\mathrm{mm}^2)$	5200	50	随机变量	正态分布
$A_{18} \sim A_{21}(\mathrm{mm}^2)$	5200	50	随机变量	对数正态分布
$A_{22} \sim A_{25}(\mathrm{mm}^2)$	5200	250	随机变量	极值 I 型分布
$F_1(\mathrm{N})$	1.679×10^6	1.879×10^6	区间变量	—
$F_2(\mathrm{N})$	2.124×10^6	2.324×10^6	区间变量	—
$F_3(\mathrm{N})$	1.679×10^6	1.879×10^6	区间变量	—
$F_4(\mathrm{N})$	1.234×10^6	$1..434\times10^6$	区间变量	—

采用本章统一型分析方法与SSL方法对该算例进行求解，SSL方法不收敛；统一型分析方法可以得到稳定解，整个求解过程需要 16 步迭代，共调用有限元模型 512 次，计算结果如表 5.4 所示。由表可知，该二十五杆桁架结构的最小可靠度指标 β^{L} 为 1.376，最大失效概率 $P_{\mathrm{f}}^{\mathrm{R}}$ 为 0.0844，可见结构垂直刚度的

可靠性相对较低。

表 5.4 混合可靠性分析结果(二十五杆桁架结构)[1]

参数	计算结果	参数	计算结果
迭代次数	16	A_{14} / mm^2	5093.4
有限元模型调用次数	512	A_{15} / mm^2	5196.4
β^{L}	1.376	A_{16} / mm^2	5198.8
A_1 / mm^2	5212.3	A_{17} / mm^2	5149.2
A_2 / mm^2	5198.4	A_{18} / mm^2	5200.7
A_3 / mm^2	5202.1	A_{19} / mm^2	5067.6
A_4 / mm^2	5198.1	A_{20} / mm^2	5081.1
A_5 / mm^2	5220.1	A_{21} / mm^2	5068.0
A_6 / mm^2	5205.9	A_{22} / mm^2	5147.4
A_7 / mm^2	5197.0	A_{23} / mm^2	5297.9
A_8 / mm^2	5201.4	A_{24} / mm^2	5255.1
A_9 / mm^2	5199.5	A_{25} / mm^2	5322.0
A_{10} / mm^2	5208.6	F_1 / N	1.776×10^6
A_{11} / mm^2	5197.2	F_2 / N	2.301×10^6
A_{12} / mm^2	5081.9	F_3 / N	1.776×10^6
A_{13} / mm^2	5022.6	F_4 / N	1.351×10^6

通过对比上述两算例中统一型分析方法与 SSL 方法的计算结果，可以发现：首先，SSL 方法在悬臂梁结构算例中表现较好，但是对于更为复杂的二十五杆桁架结构算例不能收敛，而统一型分析方法在两个算例中都能收敛得到稳定解；其次，对于两个方法都收敛的悬臂梁结构算例，统一型分析方法的计算效率要高于 SSL 方法；再次，统一型分析方法求得的计算结果精度通常会略差于 SSL 方法，这主要是因为在稳定解处区间变量通常取到其边界值，该情况下当等效模型求解过程中进行等概率变换时会引入计算误差。总体而言，统一型分析方法具有较好的计算效率和计算稳定性，同时对于工程问题，具有可接受的计算精度。

5.4 本章小结

针对Ⅱ型混合模型，本章提出了一种统一型可靠性分析方法。该方法在FORM框架下，将混合可靠性问题转换为一个常规的随机可靠性问题进行求解，并在数学上证明两个模型在一定条件下具有等效性。该方法一方面避免了复杂的双层嵌套优化问题，有效提升了混合可靠性问题的求解效率和计算稳定性；另一方面通过转换为一个随机可靠性问题，可采用现有成熟的一系列随机可靠性分析方法方便地分析可靠性，从而大大提升了混合可靠性分析的工程适用性。

参考文献

[1] Jiang C, Lu G Y, Han X, et al. A new reliability analysis method for uncertain structures with random and interval variables. International Journal of Mechanics and Materials in Design, 2012, 8(2): 169-182.

[2] Madsen H O, Krenk S, Lind N C. Methods of Structural Safety. New York: Courier Corporation, 2006.

[3] Nocedal J, Wright S J. Numerical Optimization. New York: Springer Science & Business Media, 2006.

[4] Hasofer A M, Lind N C. Exact and invariant second-moment code format. Journal of the Engineering Mechanics Division, 1974, 100(1): 111-121.

[5] Rackwitz R, Flessler B. Structural reliability under combined random load sequences. Computers & Structures, 1978, 9(5): 489-494.

[6] Zhang Y, Der Kiureghian A. Two improved algorithms for reliability analysis. The Sixth IFIP WG 7.5 Working Conference on Reliability and Optimization of Structural Systems, Assisi, 1995.

[7] Du X P. Interval reliability analysis. International Design Engineering Technical Conference & Computers and Information in Engineering Conference, Las Vegas, 2007.

[8] Guo J, Du X P. Reliability sensitivity analysis with random and interval variables. International Journal for Numerical Methods in Engineering, 2009, 78(13): 1585-1617.

第 6 章 结构系统可靠性分析

在前面，只分析了含一个功能函数的单失效模式问题。然而，实际工程结构往往较为复杂，可能涉及多种失效模式，如压力容器的失效同时存在屈服、疲劳和断裂等多个失效模式，故需要考虑多失效模式的系统可靠性问题。相比单失效模式问题，多失效模式的系统可靠性问题通常更为复杂，尤其是当同时考虑随机参数和区间参数时，对其分析和求解将会面临更大挑战。

本章针对Ⅱ型混合可靠性问题，提出一种随机-区间混合系统可靠性分析方法，以实现多个非线性失效模式下系统可靠度的高效计算。本章主要包括以下内容：首先，介绍常规的随机系统可靠性分析的基本概念及串联和并联系统的计算方法；其次，构建一种随机-区间混合系统可靠性分析方法；最后，通过多个数值算例与工程应用验证所提方法的有效性。另外，在本章方法的构建过程中，为了方便说明，仅分析最小可靠度指标和最大失效概率的结果，对于最大可靠度指标及最小失效概率结果可以通过类似分析过程获得。

6.1 随机系统可靠性分析

结构系统可视为元件的组合体，元件之间按照一定的逻辑关系组合连接。系统中的某些元件相继处于失效状态便形成了一个失效路径，进而导致结构按照某一失效模式失效。设具有 K 个失效模式的结构中第 i 个失效模式所对应的功能函数为

$$Z_i = g_i(\boldsymbol{X}) = g_i(X_1, X_2, \cdots, X_n), \quad i = 1, 2, \cdots, K \tag{6.1}$$

其中，$\boldsymbol{X}$ 表示 n 维随机向量。

一般情况下，结构系统可靠性模型根据拓扑结构可分为三类：串联系统、并联系统和混联系统。图 6.1 给出了串联系统、并联系统以及某典型混联系统可靠性模型。为方便表示，结构系统的失效概率可统一表示为[1]

$$P_{\mathrm{f}} = \mathrm{Prob}\left\{ \bigcup_{i=1}^{a_1} \bigcap_{k=1}^{b_1} g_{i,k}(\boldsymbol{X}) < 0 \right\} \tag{6.2}$$

其中，a_1 和 b_1 分别为串联单元数目和并联单元数目。当 $b_1 = 1$ 、$a_1 = 1$ 时，式(6.2)

表示单失效模式结构的失效概率；当 $b_1=1$ 、$a_1>1$ 时，式(6.2)表示如图 6.1(a)所示串联系统的失效概率；当 $a_1=1$ 、$b_1>1$ 时，式(6.2)表示如图 6.1(b)所示并联系统的失效概率；当 $a_1>1$ 、$b_1>1$ 时，式(6.2)表示如图 6.1(c)所示混联系统的失效概率。串联系统和并联系统是可以被用来建立任何复杂系统的两个基本系统，如实际的超静定结构通常有多个失效模式，每个失效模式可简化成一个并联系统，而多个失效模式又可简化成串联系统，这就构成了混联系统。

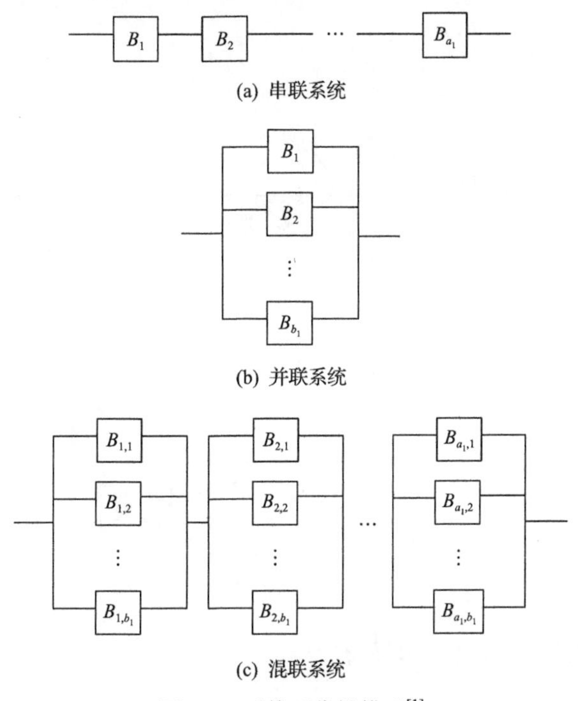

图 6.1　系统可靠性模型[1]

结构系统各失效模式的功能函数可能含有共同的随机变量，因此各失效模式间将具有相关性，需先进行多失效模式间的相关性分析，再具体对串联系统和并联系统的失效概率进行计算。

6.1.1　多失效模式相关性分析

结构系统中每个失效模式对应的功能函数如式(6.1)所示，对于其中第 i 个失效模式，可采用 FORM[2-5]进行可靠性分析。首先将随机向量 $\boldsymbol{X}$ 通过等概率变换转换为标准正态向量 $\boldsymbol{U}$ ，则第 i 个失效模式对应的功能函数转换为

$$Z_i = g_i(\boldsymbol{X}) = g_i(T(\boldsymbol{U})) = G_i(\boldsymbol{U}) \tag{6.3}$$

基于可靠度指标的几何意义，根据式(1.51)构造如下优化问题求解各失效模式的可靠度指标 β_i 和验算点 $\boldsymbol{U}_i^*$：

$$\begin{cases}\beta_i = \min\limits_{\boldsymbol{U}}\|\boldsymbol{U}\| \\ \text{s.t.}\ \ G_i(\boldsymbol{U}) = 0\end{cases} \tag{6.4}$$

在功能函数 Z_i 验算点 $\boldsymbol{U}_i^*$ 处，将式(6.3)进行一阶泰勒展开：

$$\begin{aligned}Z_{\mathrm{L}i} &= G_i(\boldsymbol{U}_i^*) + \sum_{i=1}^{n}\frac{\partial G_i(\boldsymbol{U}_i^*)}{\partial U_i}(U_i - \boldsymbol{U}_i^*) \\ &= \left\|\nabla G_i(\boldsymbol{U}_i^*)\right\|\left[\frac{G_i(\boldsymbol{U}_i^*) - \sum\limits_{i=1}^{n}\dfrac{\partial G_i(\boldsymbol{U}_i^*)}{\partial U_i}\boldsymbol{U}_i^*}{\left\|\nabla G_i(\boldsymbol{U}_i^*)\right\|} + \frac{\sum\limits_{i=1}^{n}\dfrac{\partial G_i(\boldsymbol{U}_i^*)}{\partial U_i}}{\left\|\nabla G_i(\boldsymbol{U}_i^*)\right\|}U_i\right]\end{aligned} \tag{6.5}$$

其中，$\left\|\nabla G_i(\boldsymbol{U}^*)\right\| = \sqrt{\sum\limits_{i=1}^{n}\left[\dfrac{\partial G_i(\boldsymbol{U}_i^*)}{\partial U_i}\right]^2}$ 。基于 FORM，可靠度指标 β_i 还具有如下表达式[6]：

$$\beta_i = \frac{\mu_{Z_{\mathrm{L}i}}}{\sigma_{Z_{\mathrm{L}i}}} = \frac{G_i(\boldsymbol{U}_i^*) - \sum\limits_{i=1}^{n}\dfrac{\partial G_i(\boldsymbol{U}_i^*)}{\partial U_i}\boldsymbol{U}_i^*}{\left\|\nabla G_i(\boldsymbol{U}_i^*)\right\|} \tag{6.6}$$

结合式(6.6)，式(6.5)可进一步表示为

$$Z_{\mathrm{L}i} = \left\|\nabla G_i(\boldsymbol{U}_i^*)\right\|(\beta_i - \boldsymbol{\alpha}_{\boldsymbol{U},i}^{\mathrm{T}}\boldsymbol{U}) \tag{6.7}$$

其中，$\boldsymbol{\alpha}_{\boldsymbol{U},i}$ 为第 i 个失效模式线性功能函数的单位梯度向量，

$$\boldsymbol{\alpha}_{\boldsymbol{U},i} = -\frac{\left[\dfrac{\partial G(\boldsymbol{U}_i^*)}{\partial U_1}, \dfrac{\partial G(\boldsymbol{U}_i^*)}{\partial U_2}, \cdots, \dfrac{\partial G(\boldsymbol{U}_i^*)}{\partial U_n}\right]}{\left\|\nabla G_i(\boldsymbol{U}_i^*)\right\|} \tag{6.8}$$

由式(6.8)可近似求得第 i 个失效模式和第 j 个失效模式功能函数间的相关系数[6]：

$$\rho_{ij} = \frac{\mathrm{Cov}(Z_{\mathrm{L}i}, Z_{\mathrm{L}j})}{\sigma_{Z_{\mathrm{L}i}}\sigma_{Z_{\mathrm{L}j}}} = \boldsymbol{\alpha}_{\boldsymbol{U},i}^{\mathrm{T}}\boldsymbol{\alpha}_{\boldsymbol{U},j}, \quad i \neq j \tag{6.9}$$

6.1.2　串联系统可靠性计算

串联系统是指结构的任何一种失效模式失效而导致结构失效的系统，含两个失效模式的串联系统极限状态面的构型如图 6.2(a)所示。串联系统是无冗余系统，典型的例子是静定结构，也称为最弱链系统，要保证其安全可靠，要求所有失效模式都不能发生。考虑具有 a_1 个失效模式的串联系统，结合式(6.7)其失效概率可以表示为

$$P_{\mathrm{f}} = \mathrm{Prob}\left\{\bigcup_{i=1}^{a_1} G_i(\boldsymbol{U})<0\right\} = 1-\mathrm{Prob}\left\{\bigcap_{i=1}^{a_1}\left[\left\|\nabla G_i(\boldsymbol{U}_i^*)\right\|(\beta_i-\boldsymbol{\alpha}_{\boldsymbol{U},i}^{\mathrm{T}}\boldsymbol{U})\geqslant 0\right]\right\} \tag{6.10}$$

记 $L_i=\beta_i-\boldsymbol{\alpha}_{\boldsymbol{U},i}^{\mathrm{T}}\boldsymbol{U}$ ，则式(6.10)可进一步表示为

$$P_{\mathrm{f}} = 1-\mathrm{Prob}\left\{\bigcap_{i=1}^{a_1}[(\beta_i-\boldsymbol{\alpha}_{\boldsymbol{U},i}^{\mathrm{T}}\boldsymbol{U})\geqslant 0]\right\} = 1-\mathrm{Prob}\left\{\bigcap_{i=1}^{a_1}[L_i\geqslant 0]\right\} \tag{6.11}$$

根据串联系统失效概率的计算方法，式(6.11)可表示为

$$P_{\mathrm{f}} = 1-\Phi_{a_1}(\boldsymbol{\beta},\boldsymbol{\rho}) \tag{6.12}$$

其中，$\Phi_{a_1}(\cdot)$ 表示 a_1 维标准正态分布函数；$\boldsymbol{\beta}=(\beta_1,\beta_2,\cdots,\beta_{a_1})^{\mathrm{T}}$ 表示功能函数 $G_i(\boldsymbol{U})(i=1,2,\cdots,a_1)$ 对应的可靠度指标 $\beta_i(i=1,2,\cdots,a_1)$ 组成的向量；$\boldsymbol{\rho}$ 表示 $G_i(\boldsymbol{U})(i=1,2,\cdots,a_1)$ 的相关系数矩阵，矩阵中的每一个元素可通过式(6.9)求得。

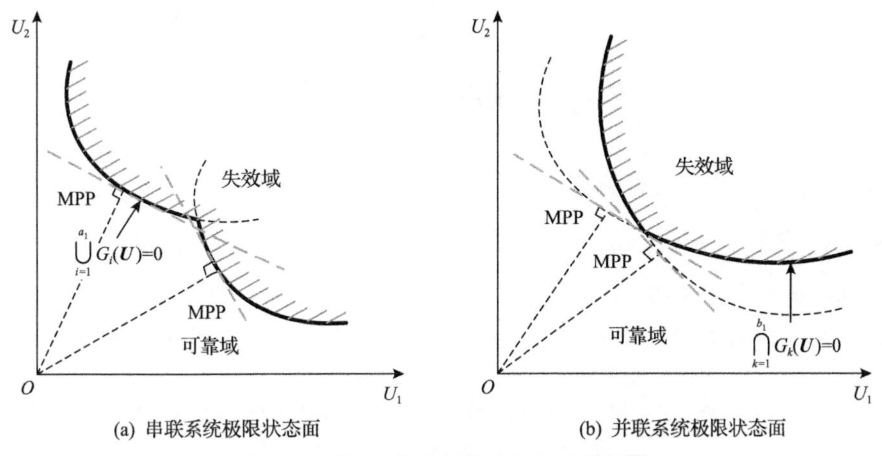

(a) 串联系统极限状态面　　(b) 并联系统极限状态面

图 6.2　随机系统的极限状态面示意图[7]

6.1.3 并联系统可靠性计算

并联系统是指只有在结构中全部失效模式都发生失效时才会失效的结构系统，含两个失效模式的并联系统极限状态面的构型如图 6.2(b)所示。并联系统显然是有冗余度的系统(如超静定结构)，只要任意一种失效模式不失效，结构就依然可靠。考虑具有 b_1 个失效模式的并联系统，其失效概率可以表示为

$$\begin{aligned}P_{\mathrm{f}} &= \operatorname{Prob}\left\{\bigcap_{k=1}^{b_1} G_k(\boldsymbol{U})<0\right\} \\ &= \operatorname{Prob}\left\{\bigcap_{k=1}^{b_1}\left[\left\|\nabla G_k(\boldsymbol{U}_k^*)\right\|(\beta_k-\boldsymbol{\alpha}_{\boldsymbol{U},k}^{\mathrm{T}}\boldsymbol{U})<0\right]\right\} \\ &= \operatorname{Prob}\left\{\bigcap_{k=1}^{b_1}[(\beta_k-\boldsymbol{\alpha}_{\boldsymbol{U},k}^{\mathrm{T}}\boldsymbol{U})<0]\right\} \\ &= \operatorname{Prob}\left[\bigcap_{k=1}^{b_1}(-\boldsymbol{\alpha}_{\boldsymbol{U},k}^{\mathrm{T}}\boldsymbol{U}<-\beta_k)\right] \\ &= \Phi_{b_1}(-\boldsymbol{\beta},\boldsymbol{\rho})\end{aligned} \tag{6.13}$$

其中，$\Phi_{b_1}(\cdot)$ 为 b_1 维标准正态分布函数。

综上所述，串联系统和并联系统的结构可靠度可分别按照式(6.12)和式(6.13)进行求解，其中涉及多维正态分布函数的计算，具体可进一步参考文献[8]和[9]。另外，对于混联系统，一般可将一个并联子系统直接作为一个失效模式看待，每一个失效模式都可建立与其对应的功能函数，从而将并联-串联系统简化为串联系统进行计算[6]，本书对此不再进行具体阐述。

6.2 随机-区间混合系统可靠性分析

6.2.1 多失效模式相关性分析

随机-区间混合系统可靠性分析的主要困难在于，需要考虑同时包含随机变量和区间变量的各失效模式之间的相关性。假设存在随机-区间混合不确定性的结构系统有 K 个失效模式，每一个失效模式对应一个功能函数：

$$g_i(\boldsymbol{X},\boldsymbol{Y})=g(X_1,X_2,\cdots,X_n,Y_1,Y_2,\cdots,Y_m),\quad i=1,2,\cdots,K \tag{6.14}$$

对式(6.14)中的随机变量进行等概率变换，可得

$$Z_i = g_i(\boldsymbol{X},\boldsymbol{Y}) = g_i(T(\boldsymbol{U},\boldsymbol{Y})) = G_i(\boldsymbol{U},\boldsymbol{Y}) \tag{6.15}$$

针对第 i 个失效模式开展混合系统可靠性分析，可获得对应失效模式的最小可靠度指标 β_i^{L} 和最大失效概率 $P_{\mathrm{f}}^{\mathrm{R}}$，在对应的 MPP $(\boldsymbol{U}_i^*,\boldsymbol{Y}_i^*)$ 处固定区间变量 $\boldsymbol{Y}_i^*$，结合式(6.5)～式(6.7)将当前失效模式的功能函数(6.15)进行一阶泰勒展开：

$$Z_{\mathrm{L}i} = \left\|\nabla G_i(\boldsymbol{U}_i^*,\boldsymbol{Y}_i^*)\right\|(\beta_i^{\mathrm{L}} - \boldsymbol{\alpha}_{\boldsymbol{U},i}^{\mathrm{T}}\boldsymbol{U}) \tag{6.16}$$

其中，$\boldsymbol{\alpha}_{\boldsymbol{U},i}$ 为第 i 个失效模式线性功能函数的单位梯度向量，表示为

$$\boldsymbol{\alpha}_{\boldsymbol{U},i} = -\frac{\left[\dfrac{\partial G(\boldsymbol{U}_i^*,\boldsymbol{Y}_i^*)}{\partial U_1},\dfrac{\partial G(\boldsymbol{U}_i^*,\boldsymbol{Y}_i^*)}{\partial U_2},\cdots,\dfrac{\partial G(\boldsymbol{U}_i^*,\boldsymbol{Y}_i^*)}{\partial U_n}\right]}{\left\|\nabla G_i(\boldsymbol{U}_i^*,\boldsymbol{Y}_i^*)\right\|} \tag{6.17}$$

$\left\|\nabla G_i(\boldsymbol{U}_i^*,\boldsymbol{Y}_i^*)\right\| = \sqrt{\sum_{i=1}^{n}\left[\dfrac{\partial G_i(\boldsymbol{U}_i^*,\boldsymbol{Y}_i^*)}{\partial U_i}\right]^2}$。于是，第 i 个失效模式和第 j 个失效模式极限状态方程之间的相关系数如下：

$$\rho_{ij} = \frac{\mathrm{Cov}(Z_{\mathrm{L}i},Z_{\mathrm{L}j})}{\sigma_{Z_{\mathrm{L}i}}\sigma_{Z_{\mathrm{L}j}}} = \boldsymbol{\alpha}_{\boldsymbol{U},i}^{\mathrm{T}}\boldsymbol{\alpha}_{\boldsymbol{U},j}, \quad i \neq j \tag{6.18}$$

6.2.2 串联系统可靠性计算

对于具有 a_1 个失效模式的串联系统，由于存在区间变量，原空间中的极限状态方程映射到标准正态空间后构成的极限状态带是如图 6.3(a)所示的曲面带，其下边界 S_{L} 和上边界 S_{R} 可表示为

$$S_{\mathrm{L}}: \bigcup_{i=1}^{a_1}\min_{\boldsymbol{Y}} G_i(\boldsymbol{U},\boldsymbol{Y}) = 0, \quad S_{\mathrm{R}}: \bigcup_{i=1}^{a_1}\max_{\boldsymbol{Y}} G_i(\boldsymbol{U},\boldsymbol{Y}) = 0 \tag{6.19}$$

因而串联系统失效概率 P_{f} 是一个波动区间，其边界如下：

$$P_{\mathrm{f}}^{\mathrm{L}} = \mathrm{Prob}\left\{\bigcup_{i=1}^{a_1}\max_{\boldsymbol{Y}} G_i(\boldsymbol{U},\boldsymbol{Y}) < 0\right\} \tag{6.20}$$

$$P_{\mathrm{f}}^{\mathrm{R}} = \mathrm{Prob}\left\{\bigcup_{i=1}^{a_1}\min_{\boldsymbol{Y}} G_i(\boldsymbol{U},\boldsymbol{Y}) < 0\right\} \tag{6.21}$$

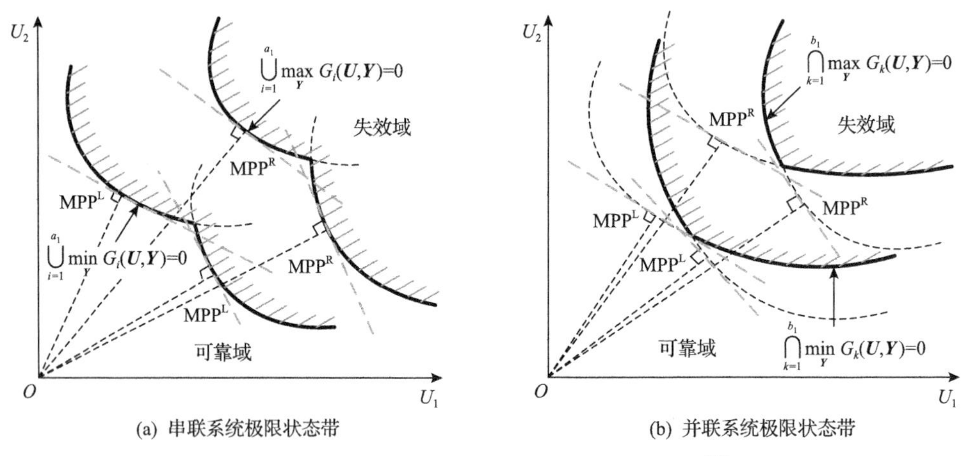

(a) 串联系统极限状态带　　(b) 并联系统极限状态带

图 6.3　随机-区间不确定性系统的极限状态带[10]

下面以求解串联系统最大失效概率为例，介绍其计算过程[7,10]。式(6.21)可表示为

$$
\begin{aligned}
P_{\mathrm{f}}^{\mathrm{R}} &= \mathrm{Prob}\left\{\bigcup_{i=1}^{a_1}\min_{\boldsymbol{Y}} G_i(\boldsymbol{U},\boldsymbol{Y})<0\right\}=1-\left\{\bigcap_{i=1}^{a_1}\min_{\boldsymbol{Y}} G_i(\boldsymbol{U},\boldsymbol{Y})\geqslant 0\right\}\\
&=1-\left\{\bigcap_{i=1}^{a_1}\left[\left\|\nabla G_i(\boldsymbol{U}_i^*,\boldsymbol{Y}_i^*)\right\|(\beta_i^{\mathrm{L}}-\boldsymbol{\alpha}_{\boldsymbol{U},i}^{\mathrm{T}}\boldsymbol{U})\geqslant 0\right]\right\}
\end{aligned}
\tag{6.22}
$$

结合式(6.15)和式(6.16)，记 $L_i=\beta_i^{\mathrm{L}}-\boldsymbol{\alpha}_{\boldsymbol{U},i}^{\mathrm{T}}\boldsymbol{U}$ ，则式(6.22)可转换为

$$
P_{\mathrm{f}}^{\mathrm{R}}=1-\mathrm{Prob}\left\{\bigcap_{i=1}^{a_1}[(\beta_i^{\mathrm{L}}-\boldsymbol{\alpha}_{\boldsymbol{U},i}^{\mathrm{T}}\boldsymbol{U})\geqslant 0]\right\}=1-\mathrm{Prob}\left\{\bigcap_{i=1}^{a_1}[L_i\geqslant 0]\right\}
\tag{6.23}
$$

因此，串联系统的失效概率如下：

$$
P_{\mathrm{f}}^{\mathrm{R}}=1-\varPhi_{a_1}(\boldsymbol{\beta}^{\mathrm{L}},\boldsymbol{\rho})
\tag{6.24}
$$

其中，$\boldsymbol{\beta}^{\mathrm{L}}=(\beta_1^{\mathrm{L}},\beta_2^{\mathrm{L}},\cdots,\beta_{a_1}^{\mathrm{L}})^{\mathrm{T}}$ 表示功能函数 $G_i(\boldsymbol{U},\boldsymbol{Y})(i=1,2,\cdots,a_1)$ 对应的最小可靠度指标 $\beta_i^{\mathrm{L}}(i=1,2,\cdots,a_1)$ 组成的向量；$\boldsymbol{\rho}$ 表示 $G_i(\boldsymbol{U},\boldsymbol{Y})(i=1,2,\cdots,a_1)$ 的相关系数矩阵，矩阵中的元素通过式(6.18)求得。基于各失效模式的混合可靠性分析结果，通过式(6.24)中的多维正态分布函数即可计算出串联系统的最大失效概率。

6.2.3　并联系统可靠性计算

对于具有 b_1 个失效模式的并联系统，由于存在区间变量，原空间中的极限状态方程映射到标准正态空间后构成的极限状态带如图 6.3(b)所示，其下边界

和上边界可分别表示为

$$S_{\mathrm{L}}:\bigcap_{k=1}^{b_1}\min_{\boldsymbol{Y}} G_k(\boldsymbol{U},\boldsymbol{Y})=0,\quad S_{\mathrm{R}}:\bigcap_{k=1}^{b_1}\max_{\boldsymbol{Y}} G_k(\boldsymbol{U},\boldsymbol{Y})=0 \tag{6.25}$$

所以并联系统失效概率 P_{f} 也为一个区间，其边界如下：

$$P_{\mathrm{f}}^{\mathrm{L}}=\mathrm{Prob}\left\{\bigcap_{k=1}^{b_1}\max_{\boldsymbol{Y}} G_k(\boldsymbol{U},\boldsymbol{Y})<0\right\} \tag{6.26}$$

$$P_{\mathrm{f}}^{\mathrm{R}}=\mathrm{Prob}\left\{\bigcap_{k=1}^{b_1}\min_{\boldsymbol{Y}} G_k(\boldsymbol{U},\boldsymbol{Y})<0\right\} \tag{6.27}$$

同样以求解并联系统最大失效概率为例，介绍其计算过程[7,10]。式(6.27)可表示为

$$\begin{aligned}P_{\mathrm{f}}^{\mathrm{R}}&=\mathrm{Prob}\left\{\bigcap_{k=1}^{b_1}\min_{\boldsymbol{Y}} G_k(\boldsymbol{U},\boldsymbol{Y})<0\right\}=\mathrm{Prob}\left\{\bigcap_{k=1}^{b_1}\left[\left\|\nabla G_i(\boldsymbol{U}_i^*,\boldsymbol{Y}_i^*)\right\|(\beta_k^{\mathrm{L}}-\boldsymbol{\alpha}_{\boldsymbol{U},k}^{\mathrm{T}}\boldsymbol{U})<0\right]\right\}\\&=\mathrm{Prob}\left\{\bigcap_{k=1}^{b_1}[(\beta_k^{\mathrm{L}}-\boldsymbol{\alpha}_{\boldsymbol{U},k}^{\mathrm{T}}\boldsymbol{U})<0]\right\}=1-\mathrm{Prob}\left\{\bigcup_{k=1}^{b_1}[L_k\geqslant 0]\right\}\end{aligned} \tag{6.28}$$

记式(6.28)中的 $L_k=\beta_k^{\mathrm{L}}-\boldsymbol{\alpha}_{\boldsymbol{U},k}^{\mathrm{T}}\boldsymbol{U}\geqslant 0$ 为事件 D_k，则式(6.28)可转换为

$$P_{\mathrm{f}}^{\mathrm{R}}=1-\mathrm{Prob}\left\{\bigcup_{k=1}^{b_1}D_k\right\} \tag{6.29}$$

根据并联事件概率计算公式[11]，可将式(6.29)转换为

$$\begin{aligned}P_{\mathrm{f}}^{\mathrm{R}}=1-&\left\{\sum_{k_1=1}^{b_1}\mathrm{Prob}\{D_{k_1}\}-\sum_{1\leqslant k_1<k_2\leqslant b_1}\mathrm{Prob}\{D_{k_1}\cap D_{k_2}\}+\sum_{1\leqslant k_1<k_2<k_3\leqslant b_1}\mathrm{Prob}\{D_{k_1}\cap D_{k_2}\cap D_{k_3}\}+\cdots\right.\\&\left.+(-1)^{l-1}\sum_{1\leqslant k_1<k_2<\cdots<k_l\leqslant b_1}\mathrm{Prob}\{D_{k_1}\cap D_{k_2}\cap\cdots\cap D_{k_l}\}+\cdots+(-1)^{b_1-1}\mathrm{Prob}\left\{\bigcap_{k=1}^{b_1}D_k\right\}\right\}\end{aligned} \tag{6.30}$$

其中，$D_{k_1}\cap D_{k_2}\cap\cdots\cap D_{k_l}$ 发生的概率为

$$\text{Prob}\left\{D_{k_1}\bigcap D_{k_2}\bigcap\cdots\bigcap D_{k_l}\right\}=\text{Prob}\left\{\left\{L_{k_1}\geqslant 0\right\}\bigcap\left\{L_{k_2}\geqslant 0\right\}\bigcap\cdots\bigcap\left\{L_{k_l}\geqslant 0\right\}\right\} \tag{6.31}$$

由于 L_k 服从正态分布 $N(\beta_k^{\mathrm{L}},1)$，其中 $\beta_k^{\mathrm{L}}(k=1,2,\cdots,l)$ 表示 $G_k(\boldsymbol{U},\boldsymbol{Y})$ $(k=1,2,\cdots,l)$ 对应的最小可靠度指标，式(6.31)表示 l 个正态变量均大于零的概率。将这 l 个正态变量组成一个正态随机向量，记为 $\boldsymbol{U}_l$，对应的均值向量记为 $\boldsymbol{\mu}_l$，对应的相关系数矩阵记为 $\boldsymbol{C}$（矩阵中的每一个元素按照式(6.17)进行计算），则式(6.31)可进一步转换为

$$\text{Prob}\left\{D_{k_1}\bigcap D_{k_2}\bigcap\cdots\bigcap D_{k_l}\right\}=\Phi_l(\boldsymbol{\mu}_l,\boldsymbol{C}) \tag{6.32}$$

其中，$\Phi_l(\cdot)$ 为 l 维标准正态分布函数。利用式(6.32)可计算出式(6.30)等号右边的所有概率项，最终获得并联系统的最大失效概率 $P_{\mathrm{f}}^{\mathrm{R}}$。

6.3　数值算例与工程应用

例 6.1　两单元 Daniels 系统。

该算例是在文献[12]的基础上改进而来的。图 6.4 为一并联的两单元 Daniels 系统。对于该具有双失效模式的并联系统，当两单元均屈服时，并联系统失效。并联系统中两单元的功能函数定义如下：

$$g_1(c_1,d_1,\sigma_1,P)=c_1d_1\sigma_1-P/2 \tag{6.33}$$

$$g_2(c_2,d_2,\sigma_2,P)=c_2d_2\sigma_2-P/2 \tag{6.34}$$

式中，c_1 和 d_1、c_2 和 d_2 分别表示单元 1 和单元 2 的截面长、宽；σ_1 和 σ_2 分别表示单元 1 和单元 2 的屈服强度；P 表示系统所受载荷。随机变量和区间变量的分布类型和参数如表 6.1 所示，其中参数 1 和参数 2 所代表的含义与前述章节相同。

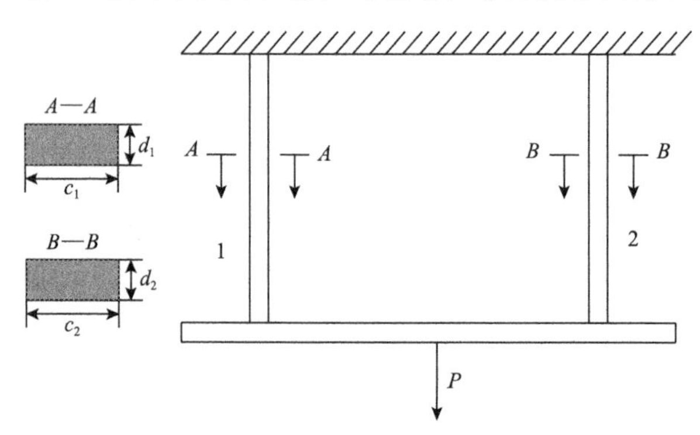

图 6.4　两单元 Daniels 系统[12]

表 6.1　不确定性变量类型和参数(两单元 Daniels 系统)[10]

不确定性变量	参数 1	参数 2	变量类型	分布类型
c_1 (in)	1.3	0.01	随机变量	正态分布
c_2 (in)	1.2	0.01	随机变量	正态分布
d_1 (in)	1.3	0.05	随机变量	正态分布
d_2 (in)	1.2	0.05	随机变量	正态分布
σ_1 (kpsi)	30	3	随机变量	对数正态分布
σ_2 (kpsi)	35	3.5	随机变量	对数正态分布
P (lbf)	85	95	区间变量	—

注：1in=2.54cm，1kpsi=155cm^2，1lbf=4.4482N。

采用本章方法对该两单元 Daniels 系统进行混合可靠性分析，计算结果如表 6.2 所示。为进行对比，表中也给出了 10^7 次双层 MCS 方法获得的最小可靠度指标和最大失效概率的计算结果。由表可知，采用本章方法获得的系统最小可靠度指标和最大失效概率分别为 $\beta^{\mathrm{L}} = 1.391$ 和 $P_{\mathrm{f}}^{\mathrm{R}} = 0.0822$，与 MCS 参考值较为接近，说明本章方法具有较高的计算精度。另外，本章方法在 72 次功能函数调用后即收敛，具有较高的计算效率。

表 6.2　混合系统可靠性分析结果(两单元 Daniels 系统)[10]

方法	功能函数	最小可靠度指标	最大失效概率	功能函数调用次数
MCS 方法	$g_1 \cup g_2$	1.383	0.0834	10^7
本章方法	$g_1 \cup g_2$	1.391	0.0822	72

例 6.2　悬臂梁结构。

考虑如图 3.10 所示的悬臂梁结构，其固定端处最大应力应小于屈服强度 $S = 370\text{MPa}$，悬臂端处最大许用位移 $D = 25\text{mm}$。考虑位移失效模式和应力失效模式的功能函数分别表示为

$$g_1(b,h,P_x,P_y) = D - \frac{4L^3}{Ebh}\sqrt{\left(\frac{P_y}{h^2}\right)^2 + \left(\frac{P_x}{b^2}\right)^2} \tag{6.35}$$

$$g_2(b,h,L,P_x,P_y) = S - \frac{6P_xL}{b^2h} - \frac{6P_yL}{bh^2} \tag{6.36}$$

其中，b、h 和 L 处理为随机变量；P_x 和 P_y 处理为区间变量，其分布类型和参

数如表 6.3 所示。

表 6.3　不确定性变量类型和参数(悬臂梁结构) [10]

不确定性变量	参数 1	参数 2	变量类型	分布类型
b（mm）	100	15	随机变量	正态分布
h（mm）	200	20	随机变量	正态分布
L（mm）	1000	100	随机变量	对数正态分布
P_x (N)	47000	53000	区间变量	—
P_y (N)	23000	27000	区间变量	—

在悬臂梁结构中，当位移或应力模式任意一个发生失效时，结构即失效，因此可看作一个具有双失效模式的串联系统问题。类似地，表 6.4 中给出了采用本章方法和 MCS 方法进行混合可靠性分析的计算结果。由表可知，本章方法获得的悬臂梁最小可靠度指标和最大失效概率分别为 $\beta^{\mathrm{L}}=1.853$ 和 $P_{\mathrm{f}}^{\mathrm{R}}=0.0319$，与 MCS 参考值较为接近。同时，本章方法在 199 次功能函数调用后即收敛，具有较高的计算效率。

表 6.4　混合系统可靠性分析结果(悬臂梁结构) [10]

方法	功能函数	最小可靠度指标	最大失效概率	功能函数调用次数
MCS 方法	$g_1\bigcap g_2$	1.865	0.0311	10^7
本章方法	$g_1\bigcap g_2$	1.853	0.0319	199

例 6.3　在汽车耐撞性分析中的应用。

汽车碰撞安全分析是汽车设计的重要环节，与汽车驾驶员和车内乘客(简称乘员)的生命安全息息相关，对汽车的整体性能有重要影响。基于文献[13]和[14]中汽车耐撞性分析问题，本算例结合汽车耐撞性的特点，针对 15km/h 低速偏置碰撞和 56km/h 高速正面碰撞两种工况进行汽车耐撞性系统可靠性分析，如图 6.5 所示。当低速偏置碰撞时，因为乘员安全没有受到威胁，所以要求保护汽车主体，即前纵梁变形应尽可能小，以降低汽车碰撞损伤修复所需要的费用。由此，该问题中规定低速碰撞中前纵梁内、外板吸收总能量 $\hat{E}$ 应小于额定值 $\hat{E}_0=500\mathrm{J}$。当高速正面碰撞时，应主要考虑乘员的安全性，要求最大限度地减小对乘员的伤害，并保证乘员的安全空间。本案例选取发动机上下两个标记点的侵入量 I^{H} 和 I^{L} 作为衡量车身安全性的指标，分别应小于给定的额定值

$I_0^{\mathrm{H}}=350\mathrm{mm}$ 和 $I_0^{\mathrm{L}}=195\mathrm{mm}$。前保险杠厚度和吸能盒内、外板厚度 X_1、X_2、X_3 处理为随机变量，前纵梁内、外板厚度 Y_1、Y_2 处理为区间变量，其分布类型和参数如表 6.5 所示。

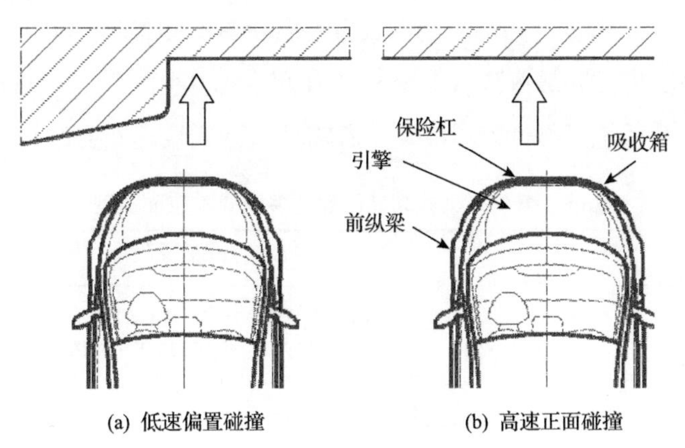

(a) 低速偏置碰撞　　(b) 高速正面碰撞

图 6.5　汽车耐撞性分析两种工况[14]

表 6.5　不确定性变量类型和参数(汽车耐撞性分析)[10]

不确定性变量	参数 1	参数 2	变量类型	分布类型
X_1(mm)	2	0.05	随机变量	正态分布
X_2(mm)	1.5	0.05	随机变量	正态分布
X_3(mm)	1	0.05	随机变量	正态分布
Y_1(mm)	1	1.5	区间变量	—
Y_2(mm)	1.5	2.0	区间变量	—

图 6.6 为汽车在低速和高速两种碰撞工况下的有限元仿真模型，分析过程中通过碰撞壁障做出修改来模拟不同的工况。有限元仿真模型共有 755 个部件、998220 个节点和 977742 个单元。为提升计算效率，对两个有限元仿真模型分

(a) 低速偏置碰撞

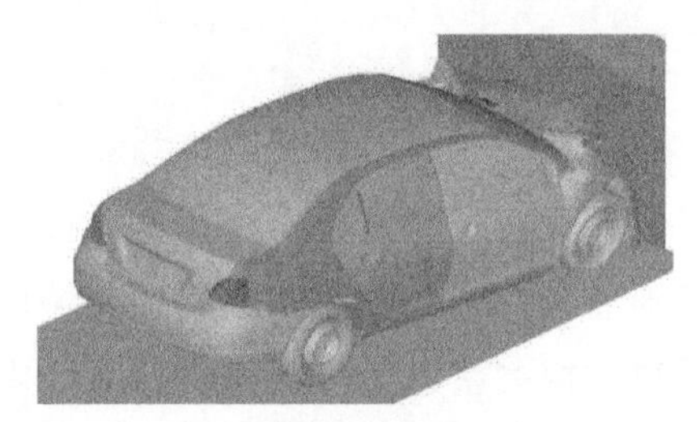

(b) 高速正面碰撞

图 6.6　两种碰撞工况的有限元仿真模型[14]

别进行 65 次采样，并逐一构建各失效模式功能函数的二阶多项式响应面模型，如表 6.6 所示。对于该考虑低速偏置碰撞和高速正面碰撞的三个失效模式串联系统的汽车耐撞性分析问题，采用本章方法进行混合系统可靠性分析，计算结果如表 6.7 所示。由表可知，采用本章方法获得汽车耐撞性三个失效模式串联系统的最小可靠度指标和最大失效概率分别为 $\beta^{\mathrm{L}}=1.364$ 和 $P_{\mathrm{f}}^{\mathrm{R}}=0.0864$。对于汽车安全性设计，其系统可靠性难以满足工程需要，故需要对车身结构进行改进。

表 6.6 各失效模式功能函数的多项式响应面模型[10]

功能函数	响应面模型
$g_1=\hat{E}_0-\hat{E}(\boldsymbol{X},\boldsymbol{Y})$	$\hat{E}(\boldsymbol{X},\boldsymbol{Y})=109.428X_1+446.816X_2+292.161X_3-783.119Y_1-1455.022Y_2$ $-78.912X_1X_2-179.822X_1X_3+55.735X_1Y_1+68.927X_2X_3+97.546X_1Y_2$ $-99.046X_2Y_1-88.414X_2Y_2-35.461X_3Y_1+52.259X_3Y_2+185.717Y_1Y_2$ $+14.85X_2^2+134.994Y_1^2+275.308Y_2^2+1277.9336$
$g_2=I_0^{\mathrm{H}}-I^{\mathrm{H}}(\boldsymbol{X},\boldsymbol{Y})$	$I^{\mathrm{H}}(\boldsymbol{X},\boldsymbol{Y})=37.824X_1^2+12.634X_1X_2-21.495X_1X_3-20.773X_1Y_2-135.479X_1$ $+25.779X_2^2-15.08X_2Y_1+8.781X_2Y_2-123.145X_2+29.194X_3^2$ $+7.606X_3Y_1-65.554X_3+31.565Y_1^2-15.874Y_1Y_2-93.243Y_1$ $-14.968Y_2^2+106.945Y_2+643.436$
$g_3=I_0^{\mathrm{L}}-I^{\mathrm{L}}(\boldsymbol{X},\boldsymbol{Y})$	$I^{\mathrm{L}}(\boldsymbol{X},\boldsymbol{Y})=51.820X_1-9.242X_2+8.394X_3-79.998Y_1-64.932Y_2$ $-5.156X_1X_2+6.211X_2X_3+14.747X_1Y_2-5.878X_2Y_1-9.894X_2Y_2$ $-8.811X_3Y_1-2.477X_3Y_2+7.152Y_1Y_2-15.196X_1^2+6.761X_2^2$ $+20.438Y_1^2+7.471Y_2^2+275.327$

表 6.7 混合系统可靠性分析结果（汽车耐撞性分析）[10]

功能函数	最小可靠度指标	最大失效概率	功能函数调用次数
$g_1\bigcap g_2\bigcap g_3$	1.364	0.0864	282

6.4 本章小结

针对Ⅱ型混合可靠性问题，本章提出了一种系统可靠性分析方法，可以实现多失效模式下的复杂系统可靠性计算。首先，在单失效模式混合可靠性分析的基础上进行各失效模式之间的相关性分析，根据线性相关性计算方法求解功能函数的相关系数矩阵；其次，在此基础上给出了串联系统和并联系统的可靠性分析模型及相应的计算方法。数值算例和工程应用结果表明，本章方法具有较好的计算效率和计算精度。

参 考 文 献

[1] 金碧辉. 系统可靠性工程. 北京: 国防工业出版社, 2004.

[2] Hasofer A M, Lind N C. Exact and invariant second-moment code format. Journal of the Engineering Mechanics Division, 1974, 100(1): 111-121.

[3] Rackwitz R, Flessler B. Structural reliability under combined random load sequences. Computers & Structures, 1978, 9(5): 489-494.

[4] Hohenbichler M, Rackwitz R. Non-normal dependent vectors in structural safety. Journal of the Engineering Mechanics Division, 1981, 107(6): 1227-1238.

[5] Hohenbichler M, Rackwitz R. First-order concepts in system reliability. Structural Safety, 1982, 1(3): 177-188.

[6] 张明. 结构可靠度分析: 方法与程序. 北京: 科学出版社, 2009.

[7] 刘海波. 针对概率盒模型的高效不确定性传播数值分析方法. 长沙: 湖南大学, 2019.

[8] Genz A. Numerical computation of multivariate normal probabilities. Journal of Computational and Graphical Statistics, 1992, 1(2): 141-149.

[9] Pandey M D. An effective approximation to evaluate multinormal integrals. Structural Safety, 1998, 20(1): 51-67.

[10] 刘海波, 姜潮, 郑静, 等. 含概率与区间混合不确定性的系统可靠性分析方法. 力学学报, 2017, 49(2): 456-466.

[11] 盛骤, 谢式千, 潘承毅. 概率论与数理统计. 北京: 高等教育出版社, 2008.

[12] Hu Z, Mahadevan S. Time-dependent system reliability analysis using random field discretization. Journal of Mechanical Design, 2015, 137(10): 101404.

[13] 姜潮, 邓善良. 考虑车辆高速和低速耐撞性的多目标优化设计. 计算力学学报, 2014, 31(4): 474-479.

[14] Huang Z L, Jiang C, Zhou Y S, et al. Reliability-based design optimization for problems with interval distribution parameters. Structural and Multidisciplinary Optimization, 2017, 55(2): 513-528.

第7章　可靠度敏感性分析

结构敏感性分析可在研究结构输入参数与结构输出响应之间变化规律的基础上，根据敏感性指标来评价结构参数对响应的贡献率，从而对各输入参数的重要性进行有效评估和排序。在结构可靠性分析中，经常需要考虑不同因素对可靠性的影响，由此发展了对可靠性的敏感性研究。通过敏感性分析可以有效区分设计变量对结构可靠度影响的重要程度，从而指导结构安全性设计及优化。目前，在传统的随机结构可靠性分析领域，已经发展出较为成熟的敏感性分析方法[1,2]，但是对于考虑不同类型不确定性的混合可靠性问题，其敏感性分析的研究还相对较少。

本章针对Ⅰ型混合可靠性问题，首先，提出一种结构可靠度敏感性分析方法，包括六类具体的敏感性指标，可以定量分析结构失效概率对于区间分布参数及确定性分布参数的敏感性[3]；其次，通过两个数值算例与工程应用验证所提方法的有效性。需要指出的是，该方法在一定程度上参考了文献[4]中提出的敏感性分析思路。

7.1　敏感性指标建立

传统的可靠度敏感性分析通常求解可靠度关于某个参数的一阶梯度。然而，在随机-区间混合可靠性分析中，结构的可靠度或失效概率为一个区间而非具体值，故在分析结构可靠度对于分布参数的敏感程度之前，先进行如下规定[4]：

$$\delta_p = P_{\mathrm{f}}^{\mathrm{R}} - P_{\mathrm{f}}^{\mathrm{L}}, \quad \bar{P}_{\mathrm{f}} = \frac{1}{2}\left(P_{\mathrm{f}}^{\mathrm{R}} + P_{\mathrm{f}}^{\mathrm{L}}\right) \tag{7.1}$$

$$\delta_i = Y_i^{\mathrm{R}} - Y_i^{\mathrm{L}}, \quad \bar{Y}_i = \frac{1}{2}\left(Y_i^{\mathrm{R}} + Y_i^{\mathrm{L}}\right) \tag{7.2}$$

其中，δ_p 与 $\bar{P}_{\mathrm{f}}$ 分别表示失效概率区间的宽度与中点值；δ_i 与 $\bar{Y}_i$ 分别表示第 i 个区间分布参数的宽度与中点值。下面将建立和推导如表7.1所示的六类敏感性指标的计算格式。由第3章的单调性分析可知，对于工程中常见的随机分布，结构失效概率的最大值与最小值只出现在区间分布参数边界上，所以前四类对于区间分布参数敏感性指标的推导过程中，都分两种情况进行分析：① $P_{\mathrm{f}}^{\mathrm{R}}$ 出

现在 Y_i^{R}，$P_{\mathrm{f}}^{\mathrm{L}}$ 出现在 Y_i^{L}；② $P_{\mathrm{f}}^{\mathrm{R}}$ 出现在 Y_i^{L}，$P_{\mathrm{f}}^{\mathrm{L}}$ 出现在 Y_i^{R}。整个可靠度敏感性分析的计算过程如下：首先采用第3章提出的基于单调性分析的可靠性求解策略进行一次混合可靠性分析，并在此基础上进行敏感性分析。为表述方便，进行如下定义：

$$\boldsymbol{Y}_{-i}=\left(Y_1,Y_2,\cdots,Y_{i-1},Y_{i+1},\cdots,Y_n\right)^{\mathrm{T}} \tag{7.3}$$

表 7.1　六类敏感性指标[3]

指标类型	描述
Ⅰ. $\partial\delta_p/\partial\delta_i$	失效概率 P_{f} 的区间宽度 δ_p 对区间分布参数宽度 δ_i 的敏感性
Ⅱ. $\partial\bar{P}_{\mathrm{f}}/\partial\delta_i$	失效概率 P_{f} 的中点值 $\bar{P}_{\mathrm{f}}$ 对区间分布参数宽度 δ_i 的敏感性
Ⅲ. $\partial\delta_p/\partial\bar{Y}_i$	失效概率 P_{f} 的区间宽度 δ_p 对区间分布参数中点值 $\bar{Y}_i$ 的敏感性
Ⅳ. $\partial\bar{P}_{\mathrm{f}}/\partial\bar{Y}_i$	失效概率 P_{f} 的区间中点值 $\bar{P}_{\mathrm{f}}$ 对区间分布参数中点值 $\bar{Y}_i$ 的敏感性
Ⅴ. $\partial\delta_p/\partial Y_i$	失效概率 P_{f} 区间宽度 δ_p 对确定性分布参数 Y_i 的敏感性
Ⅵ. $\partial\bar{P}_{\mathrm{f}}/\partial Y_i$	失效概率 P_{f} 的中点值 $\bar{P}_{\mathrm{f}}$ 对确定性分布参数 Y_i 的敏感性

7.1.1　第Ⅰ类敏感性指标

$\partial\delta_p/\partial\delta_i$ 表示失效概率区间宽度对区间分布参数宽度的敏感性。按如下两种情况推导参数敏感性指标：

(1) 当 $P_{\mathrm{f}}^{\mathrm{R}}$ 出现在 Y_i^{R}，$P_{\mathrm{f}}^{\mathrm{L}}$ 出现在 Y_i^{L}，则有

$$\begin{aligned}
\frac{\partial\delta_p}{\partial\delta_i}&=\frac{\partial\left(P_{\mathrm{f}}^{\mathrm{R}}-P_{\mathrm{f}}^{\mathrm{L}}\right)}{\partial\delta_i}=\frac{\partial\left[P_{\mathrm{f}}^{\mathrm{R}}\left(\bar{Y}_i+\frac{1}{2}\delta_i,\boldsymbol{Y}_{-i}\right)-P_{\mathrm{f}}^{\mathrm{L}}\left(\bar{Y}_i-\frac{1}{2}\delta_i,\boldsymbol{Y}_{-i}\right)\right]}{\partial\delta_i}\\
&=\frac{\partial\left[P_{\mathrm{f}}^{\mathrm{R}}\left(\bar{Y}_i+\frac{1}{2}\delta_i,\boldsymbol{Y}_{-i}\right)\right]}{\partial\delta_i}-\frac{\partial\left[P_{\mathrm{f}}^{\mathrm{L}}\left(\bar{Y}_i-\frac{1}{2}\delta_i,\boldsymbol{Y}_{-i}\right)\right]}{\partial\delta_i}\\
&=\frac{\partial\left[P_{\mathrm{f}}^{\mathrm{R}}\left(\bar{Y}_i+\frac{1}{2}\delta_i,\boldsymbol{Y}_{-i}\right)\right]}{\partial\left(\bar{Y}_i+\frac{1}{2}\delta_i\right)}\frac{\partial\left(\bar{Y}_i+\frac{1}{2}\delta_i\right)}{\partial\delta_i}-\frac{\partial\left[P_{\mathrm{f}}^{\mathrm{L}}\left(\bar{Y}_i-\frac{1}{2}\delta_i,\boldsymbol{Y}_{-i}\right)\right]}{\partial\left(\bar{Y}_i-\frac{1}{2}\delta_i\right)}\frac{\partial\left(\bar{Y}_i-\frac{1}{2}\delta_i\right)}{\partial\delta_i}\\
&=\frac{1}{2}\frac{\partial\left[P_{\mathrm{f}}^{\mathrm{R}}\left(\bar{Y}_i+\frac{1}{2}\delta_i,\boldsymbol{Y}_{-i}\right)\right]}{\partial\left(\bar{Y}_i+\frac{1}{2}\delta_i\right)}+\frac{1}{2}\frac{\partial\left[P_{\mathrm{f}}^{\mathrm{L}}\left(\bar{Y}_i-\frac{1}{2}\delta_i,\boldsymbol{Y}_{-i}\right)\right]}{\partial\left(\bar{Y}_i-\frac{1}{2}\delta_i\right)}=\frac{1}{2}\left(\frac{\partial P_{\mathrm{f}}^{\mathrm{R}}}{\partial Y_i^{\mathrm{R}}}+\frac{\partial P_{\mathrm{f}}^{\mathrm{L}}}{\partial Y_i^{\mathrm{L}}}\right)
\end{aligned} \tag{7.4}$$

计算 $\partial P_{\mathrm{f}}^{\mathrm{R}}/\partial Y_i^{\mathrm{R}}$ 与 $\partial P_{\mathrm{f}}^{\mathrm{L}}/\partial Y_i^{\mathrm{L}}$ ，此时，MPP 对应于区间分布参数的边界值，令 P_{f}^b 表示 $P_{\mathrm{f}}^{\mathrm{L}}$ 或 $P_{\mathrm{f}}^{\mathrm{R}}$ ， Y_i^b 表示 Y_i^{L} 或 Y_i^{R} ，可得

$$\frac{\partial P_{\mathrm{f}}^b}{\partial Y_i^b}=\frac{\partial\left[\Phi(-\beta)\right]}{\partial Y_i^b}=\frac{\partial\left[\Phi(-\beta)\right]}{\partial\beta}\frac{\partial\beta}{\partial U}\frac{\partial U}{\partial Y_i^b}=-\Phi(-\beta)\frac{U}{\beta}\frac{\partial U}{\partial Y_i^b} \tag{7.5}$$

其中，U 为参数 Y_i 所属随机变量在标准正态空间中对应的坐标值。可见，问题最终转换为求解 $\partial U/\partial Y_i^b$ 。基于等概率变换可知

$$\frac{\partial U}{\partial Y_i^b}=\left.\frac{\partial\left[\Phi^{-1}\left(F(\boldsymbol{X},\boldsymbol{Y})\right)\right]}{\partial Y_i}\right|_{Y_i=Y_i^b} \tag{7.6}$$

针对工程中常见的随机分布，式(7.6)可给出解析表达式，如表 7.2 所示。

表 7.2 常见随机分布对于分布参数的一阶梯度表达式列表[5]

分布类型	$F_X(X)$	分布参数	$\partial U/\partial Y_i^b$
威布尔分布	$1-\exp\left[-\left(\frac{X}{\lambda}\right)^k\right]$ $(X\geqslant 0)$	$\lambda>0$	$\sqrt{2\pi}\exp\left\{\frac{1}{2}\left[\Phi^{-1}\left(F_X(X)\right)\right]^2\right\}(-k)\frac{X^k}{\lambda^{k+1}}\exp\left[-\left(\frac{X}{\lambda}\right)^k\right]$
		$k>0$	$\sqrt{2\pi}\exp\left\{\frac{1}{2}\left[\Phi^{-1}\left(F_X(X)\right)\right]^2\right\}\ln\left(\frac{X}{\lambda}\right)\left(\frac{X}{\lambda}\right)^k\exp\left[-\left(\frac{X}{\lambda}\right)^k\right]$
对数正态分布	$\frac{1}{2}+\frac{1}{2}\mathrm{erf}\left[\frac{\ln(X-\mu)}{\sqrt{2}\sigma}\right]$ $(X>0)$	$\mu\in\mathbf{R}$	$-1/\sigma$
		$\sigma\geqslant 0$	$(\mu-\ln X)/\sigma^2$
正态分布	$\frac{1}{2}+\frac{1}{2}\mathrm{erf}\left(\frac{X-\mu}{\sqrt{2}\sigma}\right)$ $(X\in\mathbf{R})$	$\mu\in\mathbf{R}$	$-1/\sigma$
		$\sigma\geqslant 0$	$(\mu-X)/\sigma^2$
极值Ⅰ型分布	$\exp\left[-\exp\left(-\frac{X-\mu}{\beta}\right)\right]$ $(X\in\mathbf{R})$	$\mu\in\mathbf{R}$	$-\frac{\sqrt{2\pi}}{\beta}\exp\left\{\frac{1}{2}\left[\Phi^{-1}\left(F_X(X)\right)\right]^2\right\}\exp\left[-\exp\left(-\frac{X-\mu}{\beta}\right)-\frac{X-\mu}{\beta}\right]$
		$\beta>0$	$\sqrt{2\pi}\exp\left\{\frac{1}{2}\left[\Phi^{-1}\left(F_X(X)\right)\right]^2\right\}\frac{\mu-X}{\beta^2}\exp\left[-\exp\left(-\frac{X-\mu}{\beta}\right)-\frac{X-\mu}{\beta}\right]$
极值Ⅱ型分布	$\exp\left(-X^{-\alpha}\right)$ $(X>0)$	$\alpha>0$	$\sqrt{2\pi}\exp\left\{\frac{1}{2}\left[\Phi^{-1}\left(F_X(X)\right)\right]^2\right\}X^{-\alpha}\exp\left(-X^{-\alpha}\right)\ln X$

续表

分布类型	$F_X(X)$	分布参数	$\partial U/\partial Y_i^b$
均匀分布	$\frac{X-a}{b-a}$ $(a \leqslant X \leqslant b)$	$a \in \mathbf{R}$, $b \in \mathbf{R}$	$\sqrt{2\pi}\exp\left\{\frac{1}{2}\left[\Phi^{-1}\left(F_X(X)\right)\right]^2\right\}\frac{X-b}{(b-a)^2}$
指数分布	$1-\exp(-\lambda X)$ $(X>0)$	$\lambda > 0$	$\sqrt{2\pi}\exp\left\{\frac{1}{2}\left[\Phi^{-1}\left(F_X(X)\right)\right]^2\right\}\frac{a-X}{(b-a)^2}$

(2) 当 $P_{\mathrm{f}}^{\mathrm{R}}$ 出现在 Y_i^{L}，$P_{\mathrm{f}}^{\mathrm{L}}$ 出现在 Y_i^{R}，则有

$$\frac{\partial \delta_p}{\partial \delta_i}=\frac{\partial\left(P_{\mathrm{f}}^{\mathrm{R}}-P_{\mathrm{f}}^{\mathrm{L}}\right)}{\partial \delta_i}=-\frac{1}{2}\left(\frac{\partial P_{\mathrm{f}}^{\mathrm{L}}}{\partial Y_i^{\mathrm{R}}}+\frac{\partial P_{\mathrm{f}}^{\mathrm{R}}}{\partial Y_i^{\mathrm{L}}}\right) \tag{7.7}$$

问题最终转换为求解 $\partial U/\partial Y_i^b$。

7.1.2 第Ⅱ类敏感性指标

$\partial \overline{P}_{\mathrm{f}}/\partial \delta_i$ 表示失效概率中点值对区间分布参数宽度的敏感性。按如下两种情况推导参数敏感性指标：

(1) 当 $P_{\mathrm{f}}^{\mathrm{R}}$ 出现在 Y_i^{R}，$P_{\mathrm{f}}^{\mathrm{R}}$ 出现在 Y_i^{L}，则有

$$\frac{\partial \overline{P}_{\mathrm{f}}}{\partial \delta_i}=\frac{1}{2}\frac{\partial\left(P_{\mathrm{f}}^{\mathrm{R}}+P_{\mathrm{f}}^{\mathrm{L}}\right)}{\partial \delta_i}=\frac{1}{4}\left(\frac{\partial P_{\mathrm{f}}^{\mathrm{R}}}{\partial Y_i^{\mathrm{R}}}-\frac{\partial P_{\mathrm{f}}^{\mathrm{L}}}{\partial Y_i^{\mathrm{L}}}\right) \tag{7.8}$$

(2) 当 $P_{\mathrm{f}}^{\mathrm{R}}$ 出现在 Y_i^{L}，$P_{\mathrm{f}}^{\mathrm{L}}$ 出现在 Y_i^{R}，则有

$$\frac{\partial \overline{P}_{\mathrm{f}}}{\partial \delta_i}=\frac{1}{2}\frac{\partial\left(P_{\mathrm{f}}^{\mathrm{R}}+P_{\mathrm{f}}^{\mathrm{L}}\right)}{\partial \delta_i}=\frac{1}{4}\left(\frac{\partial P_{\mathrm{f}}^{\mathrm{L}}}{\partial Y_i^{\mathrm{R}}}-\frac{\partial P_{\mathrm{f}}^{\mathrm{R}}}{\partial Y_i^{\mathrm{L}}}\right) \tag{7.9}$$

7.1.3 第Ⅲ类敏感性指标

$\partial \delta_p/\partial \overline{Y}_i$ 表示失效概率宽度对区间分布参数中点值的敏感性。按如下两种情况推导参数敏感性指标：

(1) 当 $P_{\mathrm{f}}^{\mathrm{R}}$ 出现在 Y_i^{R}，$P_{\mathrm{f}}^{\mathrm{R}}$ 出现在 Y_i^{L}，则有

$$
\begin{aligned}
\frac{\partial \delta_p}{\partial \overline{Y}_i} &= \frac{\partial\left(P_{\mathrm{f}}^{\mathrm{R}} - P_{\mathrm{f}}^{\mathrm{L}}\right)}{\partial \overline{Y}_i} = \frac{\partial\left[P_{\mathrm{f}}^{\mathrm{R}}\left(\overline{Y}_i + \frac{1}{2}\delta_i, \boldsymbol{Y}_{-i}\right) - P_{\mathrm{f}}^{\mathrm{L}}\left(\overline{Y}_i - \frac{1}{2}\delta_i, \boldsymbol{Y}_{-i}\right)\right]}{\partial \overline{Y}_i} \\
&= \frac{\partial\left[P_{\mathrm{f}}^{\mathrm{R}}\left(\overline{Y}_i + \frac{1}{2}\delta_i, \boldsymbol{Y}_{-i}\right)\right]}{\partial \overline{Y}_i} - \frac{\partial\left[P_{\mathrm{f}}^{\mathrm{L}}\left(\overline{Y}_i - \frac{1}{2}\delta_i, \boldsymbol{Y}_{-i}\right)\right]}{\partial \overline{Y}_i} \\
&= \frac{\partial\left[P_{\mathrm{f}}^{\mathrm{R}}\left(\overline{Y}_i + \frac{1}{2}\delta_i, \boldsymbol{Y}_{-i}\right)\right]}{\partial\left(\overline{Y}_i + \frac{1}{2}\delta_i\right)} \frac{\partial\left(\overline{Y}_i + \frac{1}{2}\delta_i\right)}{\partial \overline{Y}_i} - \frac{\partial\left[P_{\mathrm{f}}^{\mathrm{L}}\left(\overline{Y}_i - \frac{1}{2}\delta_i, \boldsymbol{Y}_{-i}\right)\right]}{\partial\left(\overline{Y}_i - \frac{1}{2}\delta_i\right)} \frac{\partial\left(\overline{Y}_i - \frac{1}{2}\delta_i\right)}{\partial \overline{Y}_i} \\
&= \frac{\partial\left[P_{\mathrm{f}}^{\mathrm{R}}\left(\overline{Y}_i + \frac{1}{2}\delta_i, \boldsymbol{Y}_{-i}\right)\right]}{\partial\left(\overline{Y}_i + \frac{1}{2}\delta_i\right)} - \frac{\partial\left[P_{\mathrm{f}}^{\mathrm{L}}\left(\overline{Y}_i - \frac{1}{2}\delta_i, \boldsymbol{Y}_{-i}\right)\right]}{\partial\left(\overline{Y}_i - \frac{1}{2}\delta_i\right)} = \frac{\partial P_{\mathrm{f}}^{\mathrm{R}}}{\partial Y_i^{\mathrm{R}}} - \frac{\partial P_{\mathrm{f}}^{\mathrm{L}}}{\partial Y_i^{\mathrm{L}}}
\end{aligned} \tag{7.10}
$$

(2) 当 $P_{\mathrm{f}}^{\mathrm{R}}$ 出现在 Y_i^{L}，$P_{\mathrm{f}}^{\mathrm{L}}$ 出现在 Y_i^{R}，则有

$$
\frac{\partial \delta_p}{\partial \overline{Y}_i} = \frac{\partial\left(P_{\mathrm{f}}^{\mathrm{R}} - P_{\mathrm{f}}^{\mathrm{L}}\right)}{\partial \overline{Y}_i} = \frac{\partial P_{\mathrm{f}}^{\mathrm{R}}}{\partial Y_i^{\mathrm{L}}} - \frac{\partial P_{\mathrm{f}}^{\mathrm{L}}}{\partial Y_i^{\mathrm{R}}} \tag{7.11}
$$

7.1.4 第Ⅳ类敏感性指标

$\partial \overline{P}_{\mathrm{f}} / \partial \overline{Y}_i$ 表示失效概率中点值对区间分布参数中点值的敏感性。按如下两种情况推导参数敏感性指标：

(1) 当 $P_{\mathrm{f}}^{\mathrm{R}}$ 出现在 Y_i^{R}，$P_{\mathrm{f}}^{\mathrm{L}}$ 出现在 Y_i^{L}，则有

$$
\frac{\partial \overline{P}_{\mathrm{f}}}{\partial \overline{Y}_i} = \frac{1}{2} \frac{\partial\left(P_{\mathrm{f}}^{\mathrm{R}} + P_{\mathrm{f}}^{\mathrm{L}}\right)}{\partial \overline{Y}_i} = \frac{1}{2}\left(\frac{\partial P_{\mathrm{f}}^{\mathrm{R}}}{\partial Y_i^{\mathrm{R}}} + \frac{\partial P_{\mathrm{f}}^{\mathrm{L}}}{\partial Y_i^{\mathrm{L}}}\right) \tag{7.12}
$$

(2) 当 $P_{\mathrm{f}}^{\mathrm{R}}$ 出现在 Y_i^{L}，$P_{\mathrm{f}}^{\mathrm{L}}$ 出现在 Y_i^{R}，则有

$$
\frac{\partial \overline{P}_{\mathrm{f}}}{\partial \overline{Y}_i} = \frac{1}{2} \frac{\partial\left(P_{\mathrm{f}}^{\mathrm{R}} + P_{\mathrm{f}}^{\mathrm{L}}\right)}{\partial \overline{Y}_i} = \frac{1}{2}\left(\frac{\partial P_{\mathrm{f}}^{\mathrm{L}}}{\partial Y_i^{\mathrm{R}}} + \frac{\partial P_{\mathrm{f}}^{\mathrm{R}}}{\partial Y_i^{\mathrm{L}}}\right) \tag{7.13}
$$

7.1.5 第Ⅴ类敏感性指标

$\partial \delta_p / \partial Y_i$ 表示失效概率宽度对确定性分布参数的敏感性，其计算公式为

$$
\begin{aligned}
\frac{\partial \delta_p}{\partial Y_i} &= \frac{\partial\left(P_{\mathrm{f}}^{\mathrm{R}} - P_{\mathrm{f}}^{\mathrm{L}}\right)}{\partial Y_i} = \frac{\partial\left[\Phi\left(-\beta^{\mathrm{L}}\right)\right]}{\partial Y_i} - \frac{\partial\left[\Phi\left(-\beta^{\mathrm{R}}\right)\right]}{\partial Y_i} \\
&= \frac{\partial\left[\Phi\left(-\beta^{\mathrm{L}}\right)\right]}{\partial \beta^{\mathrm{L}}}\frac{\partial \beta^{\mathrm{L}}}{\partial U}\frac{\partial U}{\partial Y_i} - \frac{\partial\left[\Phi\left(-\beta^{\mathrm{R}}\right)\right]}{\partial \beta^{\mathrm{R}}}\frac{\partial \beta^{\mathrm{R}}}{\partial U}\frac{\partial U}{\partial Y_i} \\
&= \Phi\left(-\beta^{\mathrm{R}}\right)\frac{U}{\beta^{\mathrm{R}}}\frac{\partial U}{\partial Y_i} - \Phi\left(-\beta^{\mathrm{L}}\right)\frac{U}{\beta^{\mathrm{L}}}\frac{\partial U}{\partial Y_i}
\end{aligned}
\tag{7.14}
$$

7.1.6　第Ⅵ类敏感性指标

$\partial \overline{P}_{\mathrm{f}} / \partial Y_i$表示失效概率中点值对确定性分布参数的敏感性，其计算公式为

$$
\frac{\partial \overline{P}_{\mathrm{f}}}{\partial Y_i} = \frac{1}{2}\frac{\partial\left(P_{\mathrm{f}}^{\mathrm{R}} + P_{\mathrm{f}}^{\mathrm{L}}\right)}{\partial Y_i} = \frac{1}{2}\left(\frac{\partial P_{\mathrm{f}}^{\mathrm{R}}}{\partial Y_i} + \frac{\partial P_{\mathrm{f}}^{\mathrm{L}}}{\partial Y_i}\right) \tag{7.15}
$$

7.2　数值算例与工程应用

例 7.1　管状悬臂梁结构。

考虑如图 4.7 所示的管状悬臂梁结构，其功能函数仍然定义为强度S_y与固定端圆周下表面处最大应力$\sigma_{\max}$之差，功能函数的分析及相关参数的定义与 4.2.3 节相同。该算例中，$L_1 = 120\mathrm{mm}$、$L_2 = 60\mathrm{mm}$、$\theta_1 = 5^\circ$、$\theta_2 = 10^\circ$为确定性变量。不确定性变量分布类型和参数如表 7.3 所示，共 7 个随机变量，包含正态与极值Ⅰ型两种分布类型。每个随机变量包含一个区间参数，共 7 个区间变量。

表 7.3　不确定性变量类型和参数(管状悬臂梁结构)[3]

随机变量	参数 1	参数 2	分布类型
t (mm)	$\mu_t \in [4.75, 5.25]$	$\sigma_t = 0.1$	正态分布
d (mm)	$\mu_d \in [39.9, 44.1]$	$\sigma_d = 0.5$	正态分布
F_1 (N)	$\mu_{F_1} \in [2850, 3150]$	$\beta_{F_1} = 300$	极值Ⅰ型分布
F_2 (N)	$\mu_{F_2} \in [2850, 3150]$	$\beta_{F_2} = 300$	极值Ⅰ型分布
P (N)	$\mu_P = 12000$	$\beta_P \in [1140, 1260]$	极值Ⅰ型分布
T (N·m)	$\mu_T = 90$	$\sigma_T \in [8.55, 9.45]$	正态分布
S_y (MPa)	$\mu_{S_y} = 220$	$\sigma_{S_y} \in [20.9, 23.1]$	正态分布

根据上述所建立的六类敏感性指标进行分析，结果如表 7.4 所示，同时表中也给出了常规的中心差分法计算结果，以作为参考值验证本章方法的有效性。由表可知，本章方法的敏感性分析结果与中心差分法结果较为接近，具有实际工程问题可接受的计算精度。但是，采用中心差分法计算一个敏感性指标值需要进行两次独立的混合可靠性分析，而本章方法在一次混合可靠性分析结果的基础上即可快速获得所有敏感性值，故其计算效率大大高于中心差分法。

表 7.4　敏感性分析结果(管状悬臂梁结构)[3]

区间分布参数	方法	第Ⅰ类	第Ⅱ类	第Ⅲ类	第Ⅳ类	确定性分布参数	第Ⅴ类	第Ⅵ类
μ_t	本章方法	3.6247	1.4430	−5.7719	−3.6247	σ_t	2.5763	−1.5941
	中心差分法	3.7322	1.4879	−4.8332	−3.0387		2.6108	−1.4926
μ_d	本章方法	1.3903	0.5532	−2.2129	−1.3903	σ_d	0.7729	1.3609
	中心差分法	1.4638	0.5850	−1.3410	−0.8352		0.7538	1.3542
μ_{F_1}	本章方法	4.2088×10^{-6}	1.6815×10^{-6}	6.7260×10^{-6}	4.2088×10^{-6}	β_{F_1}	3.2543×10^{-6}	2.6607×10^{-6}
	中心差分法	4.2099×10^{-6}	1.6826×10^{-6}	7.7283×10^{-6}	4.8159×10^{-6}		3.3168×10^{-6}	2.6851×10^{-6}
μ_{F_2}	本章方法	2.1176×10^{-6}	8.4591×10^{-7}	3.3836×10^{-6}	2.1176×10^{-6}	β_{F_2}	4.0623×10^{-6}	6.8129×10^{-6}
	中心差分法	2.1165×10^{-6}	8.4590×10^{-7}	3.6599×10^{-6}	2.2780×10^{-6}		4.0952×10^{-6}	6.8240×10^{-6}
β_P	本章方法	1.9751×10^{-7}	7.7256×10^{-8}	3.0902×10^{-7}	1.9751×10^{-7}	μ_P	4.2215×10^{-7}	3.6814×10^{-7}
	中心差分法	1.8853×10^{-7}	7.2167×10^{-8}	3.1775×10^{-7}	2.0169×10^{-7}		4.2309×10^{-7}	3.6525×10^{-7}
σ_T	本章方法	5.2875×10^{-8}	2.1200×10^{-8}	8.4799×10^{-8}	5.2875×10^{-8}	μ_T	6.0981×10^{-8}	3.5509×10^{-8}
	中心差分法	5.3244×10^{-8}	2.2569×10^{-8}	8.8218×10^{-8}	5.6843×10^{-8}		6.1021×10^{-8}	3.5683×10^{-8}
σ_{S_y}	本章方法	3.5526×10^{-10}	1.3300×10^{-10}	5.3199×10^{-10}	3.5526×10^{-10}	μ_{S_y}	2.6708×10^{-10}	4.1512×10^{-10}
	中心差分法	3.5437×10^{-10}	1.3270×10^{-10}	5.7650×10^{-10}	3.8579×10^{-10}		2.6531×10^{-10}	4.1209×10^{-10}

另外，为定量比较结构可靠度关于各参数的相对敏感程度，对表 7.4 中的结果进行了如下无量纲化处理：

$$s=\frac{\partial A}{\partial B}B_0 \tag{7.16}$$

其中，s 表示变量 A 对变量 B 的敏感性指标进行无量纲化处理之后的结果；B_0 为 B 的名义值。无量纲化处理后的敏感性分析结果如表 7.5 所示。由表可知，通过无量纲化处理，任何一种敏感性类型中参数的敏感程度可进行定量比较。例如，在第Ⅰ类敏感性指标中，随机变量 d 的均值所对应敏感性指标最大，表明随着区间宽度变化，失效概率区间的宽度相对其他几个区间分布参数以最快的速度变化；故为保证结构的失效概率波动幅度较小，可考虑将管径 d 均值的波动控制在一定范围之内。

表 7.5　无量纲化处理后的敏感性分析结果(管状悬臂梁结构)[3]

区间分布参数	第Ⅰ类	第Ⅱ类	第Ⅲ类	第Ⅳ类	确定性分布参数	第Ⅴ类	第Ⅵ类
μ_t	5.5053×10^{-4}	2.1933×10^{-4}	-2.8859×10^{-2}	-1.8123×10^{-2}	σ_t	3.9516×10^{-2}	2.0639×10^{-3}
μ_d	1.7751×10^{-3}	7.0635×10^{-4}	-9.2941×10^{-2}	-5.8391×10^{-2}	σ_d	5.6607×10^{-3}	1.5384×10^{-2}
μ_{F_1}	3.8385×10^{-4}	1.5335×10^{-4}	2.0178×10^{-2}	1.2626×10^{-2}	β_{F_1}	2.0869×10^{-3}	3.6581×10^{-4}
μ_{F_2}	1.9312×10^{-4}	7.7146×10^{-5}	1.0150×10^{-2}	6.3526×10^{-3}	β_{F_2}	1.5627×10^{-3}	2.7664×10^{-4}
β_P	7.2052×10^{-6}	2.8183×10^{-6}	3.7082×10^{-4}	2.3701×10^{-4}	μ_P	7.9318×10^{-5}	1.3372×10^{-4}
σ_T	1.4466×10^{-7}	5.8002×10^{-8}	7.6319×10^{-7}	4.7587×10^{-7}	μ_T	7.8541×10^{-8}	3.2069×10^{-7}
σ_{S_y}	2.3759×10^{-4}	8.8948×10^{-5}	1.1703×10^{-2}	7.8156×10^{-3}	μ_{S_y}	9.5281×10^{-4}	6.0315×10^{-3}

例 7.2　在车门结构中的应用。

汽车车身是整车重要的组成部分之一，而车门是车身的重要部件。车门是由薄板冲压成型并通过焊接连成一个整体的受力结构，承担载荷的部件主要有门外板、门内板、上加强板、下加强板等，刚性好、不易下沉是衡量车门性能的一项重要指标。如图 7.1 所示某款轿车的前门结构，考虑车门在门锁位置承受 900N 垂直载荷的工况，因车门变形后垂直方向的最大位移可表征其刚度大小，故选择该方向的最大挠度作为功能函数：

$$g(\boldsymbol{h}) = F_0 - F(\boldsymbol{h}) \tag{7.17}$$

其中，$\boldsymbol{h}$ 表示板料厚度变量所组成的向量；$F(\boldsymbol{h})$ 表示车门门锁位置的挠度；F_0 表示车门挠度的上限，这里取为 4.169mm。建立有限元分析模型计算车门挠度值，采用壳单元建模，单元总数为 18500。

考虑车门上五个重要部件(门外板、门内板、上防撞梁、下防撞梁、窗框下加强板)，由于板料制造精度以及冲压过程的影响，板料厚度 $\boldsymbol{h}$ 为不确定性变量。采用正态分布描述上述五个部件板料厚度的波动，由于缺乏实验数据，给定均值和标准差为区间分布参数，具体如表 7.6 所示。由表可知，每一个随机变量含有一个区间分布参数，前三个随机变量的均值是区间分布参数，后两个变量的标准差为区间分布参数。

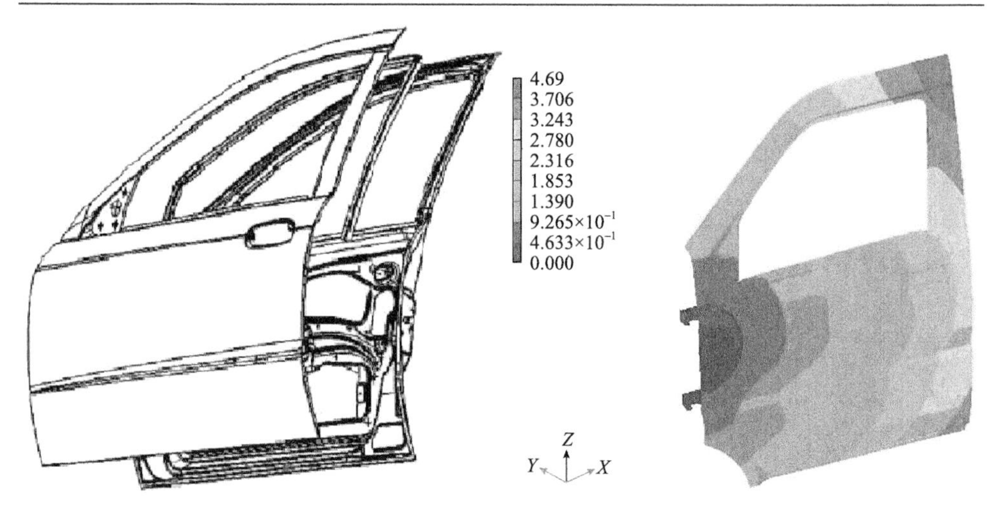

图 7.1　某车门结构与有限元分析模型[3]

表 7.6　随机变量的区间分布参数(车门结构)[3]

随机变量	参数 1	参数 2
h_1 (mm)	$\mu_{h_1} \in [0.6825, 0.7175]$	$\sigma_{h_1} = 0.07$
h_2 (mm)	$\mu_{h_2} \in [0.78, 0.82]$	$\sigma_{h_2} = 0.08$
h_3 (mm)	$\mu_{h_3} \in [0.78, 0.82]$	$\sigma_{h_3} = 0.08$
h_4 (mm)	$\mu_{h_4} = 1$	$\sigma_{h_4} \in [0.0975, 0.1025]$
h_5 (mm)	$\mu_{h_5} = 0.8$	$\sigma_{h_5} \in [0.078, 0.082]$

采用本章方法进行可靠度敏感性分析，无量纲化处理前后的计算结果分别如表 7.7 和表 7.8 所示。由表可知，针对 h_1 的均值得出的四个敏感性指标中，第Ⅳ类敏感性指标的绝对值最大，而且为负值，表明随着随机变量 h_1 均值的中点值逐渐增大，失效概率区间的中点值以较快的速度减小，即增加车门外板的板料厚度，会使整体的失效概率显著减小，结构可靠性增加。针对第Ⅰ类敏感性指标的所有结果中，随机变量 h_2 的均值所对应的敏感性指标最大，表明随着 h_2 的均值区间宽度变大，失效概率区间的宽度增大速度较快，而且要高于其他区间参数由宽度增大带来的影响。所以，如需保证车门质量的稳定性，很重要的一点就是将车门内板的板料厚度 h_2 的均值波动幅度控制在一定范围之内。整个结果中，绝对值最大的指标出现在第Ⅳ类敏感性指标中 h_2 的均值项，其值为负。另外，较大的敏感性指标大部分出现在 h_1、h_2 处，表明门内外板的板料厚度对车门垂向刚度的贡献要高于其余几个部件，所以在考虑车门的垂向刚度

时，需要对其进行重点关注。

表 7.7　敏感性分析结果(车门结构)[3]

区间分布参数	第Ⅰ类	第Ⅱ类	第Ⅲ类	第Ⅳ类	确定性分布参数	第Ⅴ类	第Ⅵ类
μ_{h_1}	0.5794	0.1218	−0.4873	−0.5794	σ_{h_1}	1.3219	0.2415
μ_{h_2}	4.0871	0.3672	−1.4687	−4.0871	σ_{h_2}	0.2631	2.3721
μ_{h_3}	0.1147	6.0892×10^{-2}	−0.2436	−0.1147	σ_{h_3}	0.5967×10^{-2}	0.1986
σ_{h_4}	-1.2713×10^{-3}	2.0132×10^{-4}	-8.0527×10^{-4}	1.2713×10^{-3}	μ_{h_4}	-6.2892×10^{-7}	3.1258×10^{-5}
σ_{h_5}	-5.3178×10^{-5}	1.6407×10^{-5}	-6.5628×10^{-5}	5.3178×10^{-5}	μ_{h_5}	-8.6924×10^{-6}	1.4259×10^{-4}

表 7.8　无量纲化后的敏感性分析结果(车门结构)[3]

区间分布参数	第Ⅰ类	第Ⅱ类	第Ⅲ类	第Ⅳ类	确定性分布参数	第Ⅴ类	第Ⅵ类
μ_{h_1}	2.0279×10^{-2}	4.2640×10^{-3}	−0.3411	−0.4056	σ_{h_1}	1.1905×10^{-3}	3.0155×10^{-2}
μ_{h_2}	0.1635	1.4686×10^{-2}	−1.1749	−3.2697	σ_{h_2}	2.0587	1.1694
μ_{h_3}	4.5865×10^{-3}	2.4357×10^{-3}	−0.1949	-9.1731×10^{-2}	σ_{h_3}	4.5327×10^{-3}	4.8765×10^{-3}
σ_{h_4}	-6.3567×10^{-6}	1.0066×10^{-6}	-8.0527×10^{-5}	1.2713×10^{-4}	μ_{h_4}	-9.0573×10^{-5}	8.3026×10^{-6}
σ_{h_5}	-2.1271×10^{-7}	6.5628×10^{-8}	-5.2502×10^{-6}	4.2543×10^{-6}	μ_{h_5}	-1.5261×10^{-7}	4.5201×10^{-5}

7.3　本章小结

本章针对Ⅰ型混合可靠性问题，提出了一种结构可靠度敏感性分析方法。建立了六类可靠度敏感性指标及相应的计算方法，定量分析了区间分布参数及确定性分布参数对于结构失效概率区间的影响程度。数值算例分析表明，本章方法较常规的中心差分法具有更高的计算效率，同时具有实际工程问题可接受的计算精度。

参考文献

[1] Haftka R T, Adelman H M. Recent developments in structural sensitivity analysis. Structural Optimization, 1989, 1(3): 137-151.

[2] Borgonovo E, Plischke E. Sensitivity analysis: A review of recent advances. European Journal of Operational Research, 2016, 248(3): 869-887.

[3] 姜潮, 李文学, 王彬, 等. 一种针对概率与非概率混合结构可靠性的敏感性分析方法. 中国机械工程, 2013, 24(19): 2577-2583.

[4] Guo J, Du X P. Reliability sensitivity analysis with random and interval variables. International Journal for Numerical Methods in Engineering, 2009, 78(13): 1585-1617.

[5] 李文学. 考虑分布参数波动的结构混合可靠性分析及应用. 长沙: 湖南大学, 2011.

第 8 章　非精确随机过程模型及时变可靠性分析

静态结构可靠度分析方法通常不考虑材料强度退化、随机激励等时变/动态不确定性，因而会得到一个时不变的静态可靠度。本书前面章节介绍了一系列不考虑时变不确定性的混合可靠性分析方法，求解了结构或系统的失效概率区间。然而，对于实际工程问题，长时间的使用会使系统自身材料性能退化，而且结构可能受到随机激励等载荷的作用，使得结构或系统的可靠性具有时变特性或动态特性，因此时变可靠性分析成为结构可靠性领域的一个重要分支。目前，处理时变不确定性的主要方法是经典随机过程理论[1,2]，它已经广泛应用于时变可靠性分析[3-7]问题中。然而，在使用随机过程模型时，必须构建任意时刻参数的精确概率分布函数，这同样必须基于大量高质量的时间历程测试样本，从而给很多测试条件及成本受限的实际工程问题的可靠性分析带来挑战。

近年来，国际上发展出一类新的不确定性度量模型，即非精确概率模型[8]，用以表征样本信息不足情况下的参数不确定性。相较于传统的概率模型，非精确概率模型可以同时描述参数的随机不确定性和认知不确定性。非精确概率模型主要包括贝叶斯理论[9,10]、概率盒(P-box)模型[11]、随机集合[12,13]、证据理论[14,15]和模糊随机理论[16]等。目前，非精确概率模型和方法广泛应用在不确定性传播、结构可靠性分析、可靠性优化设计等领域。本章将非精确概率模型延伸至时变问题，发展出一种度量时变或动态不确定性的新方法，即非精确随机过程(imprecise stochastic process)模型。非精确随机过程模型可以作为传统随机过程理论的一个补充，用以处理信息量不足的时变不确定性问题。本章内容主要包括：介绍非精确概率模型中的一种重要模型，即 P-box 模型的基本概念；给出非精确随机过程的定义和基本特征；给出基于参数化 P-box 的非精确随机过程的定义及其基本概念；将基于参数化 P-box 的非精确随机过程模型应用于结构时变可靠性分析中；通过数值算例分析及实际工程应用验证方法的有效性。需要指出的是，因为 I 型混合模型本质上为 P-box 模型的一种特殊情况，所以本章的主要目的是希望将随机-区间混合模型延伸至重要的时变可靠性问题，只是为了使得相关分析及方法更具有一般性，在非精确随机过程的具体应用时仍使用了 P-box 模型的概念。

8.1 P-box模型简介

P-box 模型是一类重要的模型，易于理解且方便使用，近年来得到了越来越多的关注和应用[11,17-20]。下面将简要介绍 P-box 模型的基本原理。

针对一个随机变量 X，通常使用累积分布函数 $F_X(X)$ 来度量其不确定性。而在使用 P-box 模型时，通过引入一对累积分布函数边界来度量 X 的不确定性[11]：

$$\mathcal{P}=\left\{P \mid \forall x \in \mathbf{R}, \underline{F}_X(x) \leqslant F_X(x) \leqslant \bar{F}_X(x)\right\} \tag{8.1}$$

其中，$\underline{F}_X(x)$ 和 $\bar{F}_X(x)$ 分别表示累积分布函数的下边界和上边界，如图 2.2 所示。为描述方便，本章将 P-box 变量记为 X^{P}。

目前，P-box 变量一般分为参数化 P-box 变量和非参数化 P-box 变量两大类[11,21,22]。参数化 P-box 变量是已知不确定性参数的分布类型，但其分布参数为区间的一类 P-box 变量。对于随机变量 X，其对应的参数化 P-box 形式 X^{P} 可以表示为

$$F_X=\left\{F_X(X, \boldsymbol{Y}):\ \boldsymbol{Y} \in\left[\boldsymbol{Y}^{\mathrm{L}}, \boldsymbol{Y}^{\mathrm{R}}\right]\right\} \tag{8.2}$$

其中，$\boldsymbol{Y}=(Y_1, Y_2, \cdots, Y_m)^{\mathrm{T}}$ 表示分布函数 F_X 中的 m 个难以给定精确值而只能给定区间的分布参数。在实际使用中，分布参数的区间可以通过统计理论中的区间估计[23]获得。例如，对于变量 X，若其均值区间为 $\mu \in\left[\mu^{\mathrm{L}}, \mu^{\mathrm{R}}\right]$，标准差为确定值 σ，则 X 的参数化 P-box 形式 X^{P} 可以表示为

$$F_X=\left\{F_X(X, \mu):\ \mu \in\left[\mu^{\mathrm{L}}, \mu^{\mathrm{R}}\right]\right\} \tag{8.3}$$

对于非参数化 P-box 变量 X^{P}，仅能确定其累积分布函数属于一个区间：

$$\underline{F}_X(X) \leqslant F_X(X) \leqslant \bar{F}_X(X) \tag{8.4}$$

由式(8.4)可知，对于非参数化 P-box 变量 X^{P}，无法确定其分布类型及具体分布参数，仅知道其实际的分布 $F_X(X)$ 在 $\underline{F}_X(X)$ 和 $\bar{F}_X(X)$ 两个边界内。

需要重点指出的是，参数化 P-box 本质上就是本书中的 I 型混合模型，两者是等效的，故 I 型混合模型在某种程度上可以视为 P-box 模型的一种特殊情况。

8.2　非精确随机过程模型

如前所述，实际工程问题中存在着大量的时变或动态不确定性。为解决由样本缺失或样本质量等造成的认知不确定性问题，本章将 P-box 等非精确概率模型引入经典的随机过程理论，从而发展出一种度量时变或动态不确定性的新方法，即非精确随机过程模型[24]。该模型的核心思想是，在任意时刻的参数不确定性用非精确随机变量而非精确概率分布函数来进行描述，并建立相应的相关性函数来描述不同时刻非精确随机变量之间的相关性。下面将给出非精确随机过程的定义和基本特征。

定义 8.1　对于一个不确定性过程 $\left\{P(t),\ t\in T\right\}$，其中 T 表示参数 t 的集合，若在任一时刻 $t_i\in T(i=1,2,\cdots)$ 的 $P(t_i)$ 均可以表示为一个非精确随机变量，则称该过程为非精确随机过程，记为 $\left\{P^{\mathrm{IM}}(t),\ t\in T\right\}$。

在定义 8.1 中，上标符号 IM 表示不确定过程 $\left\{P(t),\ t\in T\right\}$ 为非精确随机过程，这是为了区别于传统随机过程。为表述方便，本章在后续内容中将非精确随机过程简记为 $P^{\mathrm{IM}}(t)$。在实际问题中，参数集合 T 表示时间，也可以使用其他物理量作为参数集合，如长度、温度和节点等。

通常情况下，时变不确定性参数在某一时刻的状态会影响其他时刻的状态，即存在相关性。下面将给出非精确随机过程的相关性定义，包括自相关系数函数和互相关系数函数的定义。理论上，时变不确定性参数的相关系数函数需要根据样本信息得到。假设对于某一非精确随机过程 $P^{\mathrm{IM}}(t)$，有 Q 条时间历程样本函数，则其自相关系数函数可定义如下。

定义 8.2　对于一个非精确随机过程 $P^{\mathrm{IM}}(t)$，其在任意时刻 t_i 和 t_j 的非精确随机变量 $P^{\mathrm{IM}}(t_i)$ 和 $P^{\mathrm{IM}}(t_j)$ 之间的自相关系数函数定义为

$$\rho_{P^{\mathrm{IM}}P^{\mathrm{IM}}}\left(t_i,t_j\right)=\frac{\dfrac{1}{Q}\sum_{q=1}^{Q}\left(p_i^{(q)}-\overline{p}_i\right)\left(p_j^{(q)}-\overline{p}_j\right)}{\sqrt{\dfrac{1}{Q}\sum_{q=1}^{Q}\left(p_i^{(q)}-\overline{p}_i\right)^2}\sqrt{\dfrac{1}{Q}\sum_{q=1}^{Q}\left(p_j^{(q)}-\overline{p}_j\right)^2}} \tag{8.5}$$

其中，$p^{(q)}(t)\ (q=1,2,\cdots,Q)$ 表示第 q 条样本；$p_i^{(q)}$ 表示样本 $p^{(q)}(t)$ 在时刻 t_i 处的值；$\overline{p}_i$ 和 $\overline{p}_j$ 分别表示 t_i 和 t_j 时刻基于样本的统计平均值，

$$\overline{p}_i = \frac{1}{Q}\sum_{q=1}^{Q} p_i^{(q)}, \qquad \overline{p}_j = \frac{1}{Q}\sum_{q=1}^{Q} p_j^{(q)}$$

自相关系数函数 $\rho_{P^{\mathrm{IM}}P^{\mathrm{IM}}}\left(t_i,t_j\right)$ 反映了 $P^{\mathrm{IM}}(t)$ 任意两时刻参数之间的线性相关程度。根据 Cauchy-Schwarz 不等式[25]，不难证明 $-1 \leqslant \rho_{P^{\mathrm{IM}}P^{\mathrm{IM}}}\left(t_i,t_j\right) \leqslant 1$。对于任意 $P^{\mathrm{IM}}(t_i)$，有 $\rho_{P^{\mathrm{IM}}P^{\mathrm{IM}}}(t_i,t_i)=1$。由定义 8.2 可知，给出的非精确随机过程的自相关系数函数是基于样本信息定义的，在此基础上，下面给出非相关非精确随机过程的定义。

定义 8.3 对于一个非精确随机过程 $P^{\mathrm{IM}}(t)$，若对于任意两个时刻 t_i 和 t_j，非精确随机变量 $P^{\mathrm{IM}}(t_i)$ 和 $P^{\mathrm{IM}}\left(t_j\right)$ 之间的自相关系数函数恒为 0，即

$$\rho_{P^{\mathrm{IM}}P^{\mathrm{IM}}}\left(t_i,t_j\right)=0, \quad t_i \neq t_j \tag{8.6}$$

则称 $P^{\mathrm{IM}}(t)$ 为非相关非精确随机过程。

对于不满足定义 8.3 的非精确随机过程，称为相关非精确随机过程。当涉及多个过程时，可进一步定义互相关系数函数如下。

定义 8.4 对于非精确随机过程 $P^{\mathrm{IM}}(t)$ 和 $K^{\mathrm{IM}}(t)$，其在任意时刻 t_i 和 t_j 的非精确随机变量 $P^{\mathrm{IM}}(t_i)$ 和 $K^{\mathrm{IM}}\left(t_j\right)$ 之间的互相关系数函数 $\rho_{P^{\mathrm{IM}}K^{\mathrm{IM}}}\left(t_i,t_j\right)$ 定义为

$$\rho_{P^{\mathrm{IM}}K^{\mathrm{IM}}}\left(t_i,t_j\right)=\frac{\dfrac{1}{Q}\displaystyle\sum_{q=1}^{Q}\left(p_i^{(q)}-\overline{p}_i\right)\left(k_j^{(q)}-\overline{k}_j\right)}{\sqrt{\dfrac{1}{Q}\displaystyle\sum_{q=1}^{Q}\left(p_i^{(q)}-\overline{p}_i\right)^2}\sqrt{\dfrac{1}{Q}\displaystyle\sum_{q=1}^{Q}\left(k_j^{(q)}-\overline{k}_j\right)^2}} \tag{8.7}$$

其中，$k^{(q)}(t)(q=1,2,\cdots,Q)$ 表示非精确随机过程 $K^{\mathrm{IM}}(t)$ 的第 q 条样本；$k_j^{(q)}$ 表示样本 $k^{(q)}(t)$ 在 t_j 时刻的值，$\overline{k}_j$ 表示 t_j 时刻基于样本的统计平均值，

$$\overline{k}_j = \frac{1}{Q}\sum_{q=1}^{Q} k_j^{(q)}$$

互相关系数函数 $\rho_{P^{\mathrm{IM}}K^{\mathrm{IM}}}\left(t_i,t_j\right)$ 反映了两个非精确随机过程之间的线性相关程度。根据 Cauchy-Schwarz 不等式[25]，不难证明 $-1 \leqslant \rho_{P^{\mathrm{IM}}K^{\mathrm{IM}}}\left(t_i,t_j\right) \leqslant 1$。若对

于任意两个时刻 t_i 和 t_j，$\rho_{P^{\mathrm{IM}}K^{\mathrm{IM}}}\left(t_i,t_j\right)=0$，则称非精确随机过程 $P^{\mathrm{IM}}(t)$ 和 $K^{\mathrm{IM}}(t)$ 之间完全线性无关。

定义 8.5　若不确定过程 $P_1^{\mathrm{IM}}(t),P_2^{\mathrm{IM}}(t),\cdots,P_N^{\mathrm{IM}}(t)$ 均为非精确随机过程，则 $\boldsymbol{P}^{\mathrm{IM}}(t)=\left[P_1^{\mathrm{IM}}(t),P_2^{\mathrm{IM}}(t),\cdots,P_N^{\mathrm{IM}}(t)\right]^{\mathrm{T}}$ 称为 N 维非精确随机过程向量，其相关系数函数矩阵定义为

$$\boldsymbol{\rho}_{\boldsymbol{P}^{\mathrm{IM}}\boldsymbol{P}^{\mathrm{IM}}}\left(t_1,t_2\right)=\begin{bmatrix}\rho_{P_1^{\mathrm{IM}}P_1^{\mathrm{IM}}}\left(t_1,t_2\right) & \rho_{P_1^{\mathrm{IM}}P_2^{\mathrm{IM}}}\left(t_1,t_2\right) & \cdots & \rho_{P_1^{\mathrm{IM}}P_N^{\mathrm{IM}}}\left(t_1,t_2\right)\\ \rho_{P_2^{\mathrm{IM}}P_1^{\mathrm{IM}}}\left(t_1,t_2\right) & \rho_{P_2^{\mathrm{IM}}P_2^{\mathrm{IM}}}\left(t_1,t_2\right) & \cdots & \rho_{P_2^{\mathrm{IM}}P_N^{\mathrm{IM}}}\left(t_1,t_2\right)\\ \vdots & \vdots & & \vdots\\ \rho_{P_N^{\mathrm{IM}}P_1^{\mathrm{IM}}}\left(t_1,t_2\right) & \rho_{P_N^{\mathrm{IM}}P_2^{\mathrm{IM}}}\left(t_1,t_2\right) & \cdots & \rho_{P_N^{\mathrm{IM}}P_N^{\mathrm{IM}}}\left(t_1,t_2\right)\end{bmatrix}\tag{8.8}$$

其中，$\rho_{P_i^{\mathrm{IM}}P_j^{\mathrm{IM}}}\left(t_1,t_2\right)(i,j=1,2,\cdots,N;i\neq j)$ 表示 $P_i^{\mathrm{IM}}(t)$ 与 $P_j^{\mathrm{IM}}(t)$ 之间的互相关系数函数；$\rho_{P_i^{\mathrm{IM}}P_i^{\mathrm{IM}}}\left(t_1,t_2\right)$ 表示 $P_i^{\mathrm{IM}}(t)$ 的自相关系数函数。

需要指出的是，本节给出的是非精确随机过程的一般性定义和数学框架，理论上可以根据实际问题需求采用 P-box 模型、随机集合、证据理论等任何一种非精确概率模型来处理单个时间点处的参数不确定性，甚至理论上也可以采用不同的非精确概率模型来处理不同时间点处的参数不确定性，从而构建出不同类型的子模型。非精确随机过程本质上是通过引入非精确随机变量来处理认知不确定性，而通过传统随机过程的分析框架来处理时变不确定性，故综合在一起可以有效处理时变认知不确定性问题。在本章后续内容中，仅以 P-box 模型为例来具体构建非精确随机过程。

8.3　基于参数化 P-box 的非精确随机过程模型

如图 8.1 所示，基于 P-box 的非精确随机过程可定义如下。

定义 8.6　对于一个非精确随机过程 $P^{\mathrm{IM}}(t)$，若在任意时刻 t_i 处，$P^{\mathrm{IM}}(t_i)$ 为一个 P-box 变量，记为 $P^{\mathrm{P}}(t_i)$ 或 X_i^{P}，则称 $P^{\mathrm{IM}}(t)$ 为基于 P-box 的非精确随机过程(P-box-based imprecise stochastic process)。

从 8.1 节可知，P-box 变量可以分为参数化和非参数化两大类，因此基于 P-box 的非精确随机过程也可以分为参数化和非参数化两类。对于基于参数化 P-box 的非精确随机过程(parameterized P-box-based imprecise stochastic process)

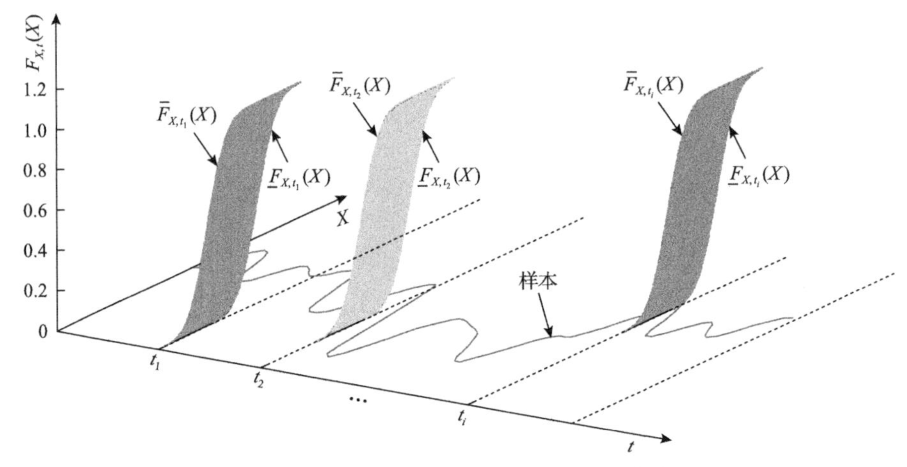

图 8.1　基于 P-box 的非精确随机过程[24]

$P^{\mathrm{IM}}(t)$，其在任意时刻为一个参数化 P-box 变量；而对于基于非参数化 P-box 的非精确随机过程(non-parameterized P-box-based imprecise stochastic process) $P^{\mathrm{IM}}(t)$，其在任意时刻为一个非参数化 P-box 变量。如前所述，因为参数化 P-box 本质上等效于 I 型混合模型，所以下面只给出基于参数化 P-box 的非精确随机过程的具体定义及分析。

定义 8.7　对于一个基于 P-box 的非精确随机过程 $P^{\mathrm{IM}}(t)$，若任意时刻 $t_i \in T$，$P^{\mathrm{P}}(t_i)$ 的分布类型已知，并且所有时刻的分布类型都相同，即

$$F_P(P;t_i)=\left\{F_P\left(P;\boldsymbol{Y}(t_i)\right):\ \boldsymbol{Y}(t_i)\in\left[\boldsymbol{Y}^{\mathrm{L}}(t_i),\boldsymbol{Y}^{\mathrm{R}}(t_i)\right]\right\} \tag{8.9}$$

其中，$\boldsymbol{Y}(t_i)$ 表示 $P^{\mathrm{P}}(t_i)$ 的非精确分布参数向量，则称 $P^{\mathrm{IM}}(t)$ 为基于参数化 P-box 的非精确随机过程。

在定义 8.7 中，非精确分布参数向量 $\boldsymbol{Y}(t_i)$ 与时间 t 有关，因此可以将其看作关于时间 t 的函数向量，称为分布参数函数向量，记为 $\boldsymbol{Y}(t)$。同时，分布参数函数向量的下边界和上边界分别记为 $\boldsymbol{Y}^{\mathrm{L}}(t)$ 和 $\boldsymbol{Y}^{\mathrm{R}}(t)$。当基于参数化 P-box 的非精确随机过程 $P^{\mathrm{IM}}(t)$ 分布参数函数向量的下边界函数向量等于上边界函数向量，即 $\boldsymbol{Y}^{\mathrm{L}}(t)=\boldsymbol{Y}^{\mathrm{R}}(t)=\boldsymbol{Y}(t)$ 时，$P^{\mathrm{IM}}(t)$ 将退化为一个传统随机过程 $P(t)$。

定义 8.8　对于一个基于参数化 P-box 的非精确随机过程 $P^{\mathrm{IM}}(t)$，若其任意时刻的分布类型均为高斯分布，即

$$F_P\left(P;t_i\right)=\left\{F_{P_N}\left(P;\boldsymbol{Y}\left(t_i\right)\right):\ \boldsymbol{Y}\left(t_i\right)\in\left[\boldsymbol{Y}^{\mathrm{L}}\left(t_i\right),\boldsymbol{Y}^{\mathrm{R}}\left(t_i\right)\right]\right\} \tag{8.10}$$

其中，$F_{P_N}(\cdot)$表示正态随机变量的累积分布函数，则称$P^{\mathrm{IM}}(t)$为基于参数化 P-box 的高斯非精确随机过程(Gaussian parameterized P-box-based imprecise stochastic process)，简称高斯非精确随机过程。

对于上述高斯非精确随机过程，若其均值函数$\mu(t)$和标准差函数$\sigma(t)$同时具有非精确性，则其分布参数函数向量为$\boldsymbol{Y}(t)=\left[\mu(t),\sigma(t)\right]^{\mathrm{T}}$。分布参数函数向量$\boldsymbol{Y}(t)$的下边界函数向量为$\boldsymbol{Y}^{\mathrm{L}}(t)=\left[\mu^{\mathrm{L}}(t),\sigma^{\mathrm{L}}(t)\right]^{\mathrm{T}}$，其中$\mu^{\mathrm{L}}(t)$和$\sigma^{\mathrm{L}}(t)$分别称为均值下边界函数和标准差下边界函数；分布参数函数向量$\boldsymbol{Y}(t)$的上边界函数向量为$\boldsymbol{Y}^{\mathrm{R}}(t)=\left[\mu^{\mathrm{R}}(t),\sigma^{\mathrm{R}}(t)\right]^{\mathrm{T}}$，其中$\mu^{\mathrm{R}}(t)$和$\sigma^{\mathrm{R}}(t)$分别称为均值上边界函数和标准差上边界函数。

定义 8.9　对于一个基于参数化 P-box 的非精确随机过程$P^{\mathrm{IM}}(t)$，若其分布参数函数向量的下边界函数向量和上边界函数向量均为常数向量，并且其自相关系数函数只与时间间隔$\tau=\left|t_i-t_j\right|$有关，而与时刻$t_i$和$t_j$无关，即

$$\begin{aligned}&F_P\left(P;t_i\right)=F_P\left(P\right)=\left\{F_P\left(P;\boldsymbol{Y}\right):\boldsymbol{Y}\in\left[\boldsymbol{Y}^{\mathrm{L}},\boldsymbol{Y}^{\mathrm{R}}\right]\right\}\\&\rho_{P^{\mathrm{IM}}P^{\mathrm{IM}}}\left(t_i,t_j\right)=\rho_{P^{\mathrm{IM}}P^{\mathrm{IM}}}\left(0,\tau\right)\end{aligned} \tag{8.11}$$

则称$P^{\mathrm{IM}}(t)$为基于参数化 P-box 的平稳非精确随机过程。

对于不满足定义 8.9 性质的，称为基于参数化 P-box 的非平稳非精确随机过程。

定义 8.10　对于一个高斯非精确随机过程$P^{\mathrm{IM}}(t)$，若其满足定义 8.9 的性质，则称$P^{\mathrm{IM}}(t)$为平稳高斯非精确随机过程。

8.4　应用于结构时变可靠性分析

结构时变可靠性是指承受时变或动态不确定性作用的结构在规定时间内、规定条件下完成预定功能的可能性[26]，常规的结构时变可靠度通过如下方式计算。对于功能函数为$g\left(\boldsymbol{P}(t),\boldsymbol{X},t\right)$的结构，在时间段$[0,T]$结构的可靠度$R$定义为[3]

$$R(T)=\mathrm{Prob}\left\{g\left(\boldsymbol{P}(t),\boldsymbol{X},t\right)\geqslant 0,\ \forall t\in[0,T]\right\} \tag{8.12}$$

其中，$\boldsymbol{P}(t)=\left[P_1(t),P_2(t),\cdots,P_N(t)\right]^{\mathrm{T}}$ 为 N 维随机过程向量，表示结构所承受的动态不确定性载荷；$\boldsymbol{X}=\left[X_1,X_2,\cdots,X_n\right]^{\mathrm{T}}$ 为 n 维随机向量，表示不随时间变化的随机参数；t 为时间（$t<T$），T 为设计基准期。可见，对于时变可靠性问题，结构可靠度为随时间变化的曲线，而不再是恒定数值。同样，结构的失效概率 $P_{\mathrm{f}}(T)$ 也将随时间变化，并可通过式(8.13)进行求解：

$$P_{\mathrm{f}}(T)=1-R(T) \tag{8.13}$$

目前，求解上述常规时变可靠度的方法主要有跨越率方法[3,27,28-30]、极值分布方法[31-33]、代理模型方法[34-36]、信封函数法[6]、概率密度演化法[37]、模拟仿真方法[38,39]和随机过程离散方法[40-42]等。

在实际工程问题中，由于样本不足等，很多时候无法构建精确的随机过程模型，此时可以采用本章提出的非精确随机过程来处理。类似于式(8.12)，基于非精确随机过程的结构时变可靠度可表示为[24]

$$R(T)=\operatorname{Prob}\left\{g\left[\boldsymbol{P}^{\mathrm{IM}}(t),\boldsymbol{X},t\right]>0,\ \forall t\in[0,T]\right\} \tag{8.14}$$

其中，$\boldsymbol{P}^{\mathrm{IM}}(t)=\left[P_1^{\mathrm{IM}}(t),P_2^{\mathrm{IM}}(t),\cdots,P_N^{\mathrm{IM}}(t)\right]^{\mathrm{T}}$ 为 N 维非精确随机过程向量。

为分析方便，此处只考虑基于参数化 P-box 的非精确随机过程这一特殊情况，此时 $\boldsymbol{P}^{\mathrm{IM}}(t)$ 为 N 维基于参数化 P-box 的非精确随机过程向量，其中第 i 个过程 $P_i^{\mathrm{IM}}(t)$ 的分布参数函数向量用 $\boldsymbol{Y}_i(t)$ 表示。设 $\boldsymbol{Y}_i(t)$ 在任意时刻含有 m_i 个区间变量，即 $P_i^{\mathrm{IM}}(t)$ 在任意时刻的累积分布函数中有 m_i 个区间分布参数。令 $\hat{\boldsymbol{Y}}(t)=\left\{\left[\boldsymbol{Y}_1(t)\right]^{\mathrm{T}},\left[\boldsymbol{Y}_2(t)\right]^{\mathrm{T}},\cdots,\left[\boldsymbol{Y}_N(t)\right]^{\mathrm{T}}\right\}^{\mathrm{T}}$，则 $\hat{\boldsymbol{Y}}(t)$ 为一个 $\sum\limits_{i=1}^{N}m_i$ 维的分布参数函数向量，其下边界函数向量为 $\hat{\boldsymbol{Y}}^{\mathrm{L}}(t)=\left\{\left[\boldsymbol{Y}_1^{\mathrm{L}}(t)\right]^{\mathrm{T}},\left[\boldsymbol{Y}_2^{\mathrm{L}}(t)\right]^{\mathrm{T}},\cdots,\left[\boldsymbol{Y}_N^{\mathrm{L}}(t)\right]^{\mathrm{T}}\right\}^{\mathrm{T}}$，上边界函数向量为 $\hat{\boldsymbol{Y}}^{\mathrm{R}}(t)=\left\{\left[\boldsymbol{Y}_1^{\mathrm{R}}(t)\right]^{\mathrm{T}},\left[\boldsymbol{Y}_2^{\mathrm{R}}(t)\right]^{\mathrm{T}},\cdots,\left[\boldsymbol{Y}_N^{\mathrm{R}}(t)\right]^{\mathrm{T}}\right\}$。由于 $P_i^{\mathrm{IM}}(t)(i=1,2,\cdots,N)$ 在任意时刻的分布参数存在区间向量，结构在时间段 $[0,T]$ 的可靠度 $R(T)$ 将不再是一个确定值，而属于一个区间。下面将仅介绍结构时变可靠度 $R(T)$ 上下边界的求解过程，结构失效概率 $P_{\mathrm{f}}(T)$ 的上下边界可以通过 $1-R(T)$ 获得。

从上述分析可知，式(8.14)中的结构可靠度 $R(T)$ 可以视为分布参数函数向量

$\hat{\boldsymbol{Y}}(t)$的函数。因此，当给定分布参数函数向量$\hat{\boldsymbol{Y}}(t)$后，式(8.14)可以表示为[24]

$$R\left(T\middle|\hat{\boldsymbol{Y}}(t)\right)=\text{Prob}\left\{g\left(\boldsymbol{P}^{\text{IM}}(t),\boldsymbol{X},t\middle|\hat{\boldsymbol{Y}}(t)\right)>0,\ \forall t\in[0,T]\right\} \tag{8.15}$$

其中，$R\left(T\middle|\hat{\boldsymbol{Y}}(t)\right)$表示给定分布参数函数向量$\hat{\boldsymbol{Y}}(t)$条件下结构在时间段$[0,T]$内的可靠度；$g\left(\boldsymbol{P}^{\text{IM}}(t),\boldsymbol{X},t\middle|\hat{\boldsymbol{Y}}(t)\right)$表示给定分布参数函数向量$\hat{\boldsymbol{Y}}(t)$条件下结构的功能函数。结构在给定时间段内可靠度的最小值$R^{\text{L}}(T)$与最大值$R^{\text{R}}(T)$可以通过如下优化问题进行求解：

$$\begin{cases}R^{\text{L}}(T)=\min R\left(T\middle|\hat{\boldsymbol{Y}}(t)\right)\\ \text{s.t.}\ \ \hat{\boldsymbol{Y}}(t)\in\left[\hat{\boldsymbol{Y}}^{\text{L}}(t),\hat{\boldsymbol{Y}}^{\text{R}}(t)\right]\end{cases},\quad \begin{cases}R^{\text{R}}(T)=\max R\left(T\middle|\hat{\boldsymbol{Y}}(t)\right)\\ \text{s.t.}\ \ \hat{\boldsymbol{Y}}(t)\in\left[\hat{\boldsymbol{Y}}^{\text{L}}(t),\hat{\boldsymbol{Y}}^{\text{R}}(t)\right]\end{cases} \tag{8.16}$$

从而得到结构的可靠度区间为

$$R(T)\in\left[R^{\text{L}}(T),R^{\text{R}}(T)\right] \tag{8.17}$$

式(8.16)为双层嵌套求解问题，其内层为常规的时变可靠性分析，外层为可靠性优化。下面将构建一个双层 MCS 方法求解该问题，获得可靠度边界。该方法通过内层 MCS 方法计算给定分布参数下的结构时变可靠度，即时变可靠性分析层；通过外层 MCS 方法求解结构时变可靠度的上边界和下边界，即优化层。其计算流程如下：

(1)确定结构中存在的非精确随机过程向量$\boldsymbol{P}^{\text{IM}}(t)$和随机向量$\boldsymbol{X}$，建立功能函数$g\left(\boldsymbol{P}^{\text{IM}}(t),\boldsymbol{X},t\right)$，给定设计基准期$[0,T]$。

(2)随机抽取分布参数函数向量$\hat{\boldsymbol{Y}}(t)$的样本。

(3)使用 MCS 方法计算给定分布参数函数向量$\hat{\boldsymbol{Y}}(t)$条件下结构在时间段$[0,T]$的时变可靠度。

(4)重复步骤(2)和步骤(3)，获得结构在$[0,T]$可靠度的下边界和上边界。

为方便程序实现，本章同时给出上述双层 MCS 方法的具体计算流程，如图 8.2 所示。在进行 MCS 分析前，需先将时间段$[0,T]$离散为N_T个时刻。计算结构时变可靠度上边界和下边界的具体流程如下：

(1)给定内层计算可靠度的抽样次数N_{in}和外层抽样次数N_{out}，令当前外层抽样次数$N_{\text{out}}^{\text{c}}=0$。

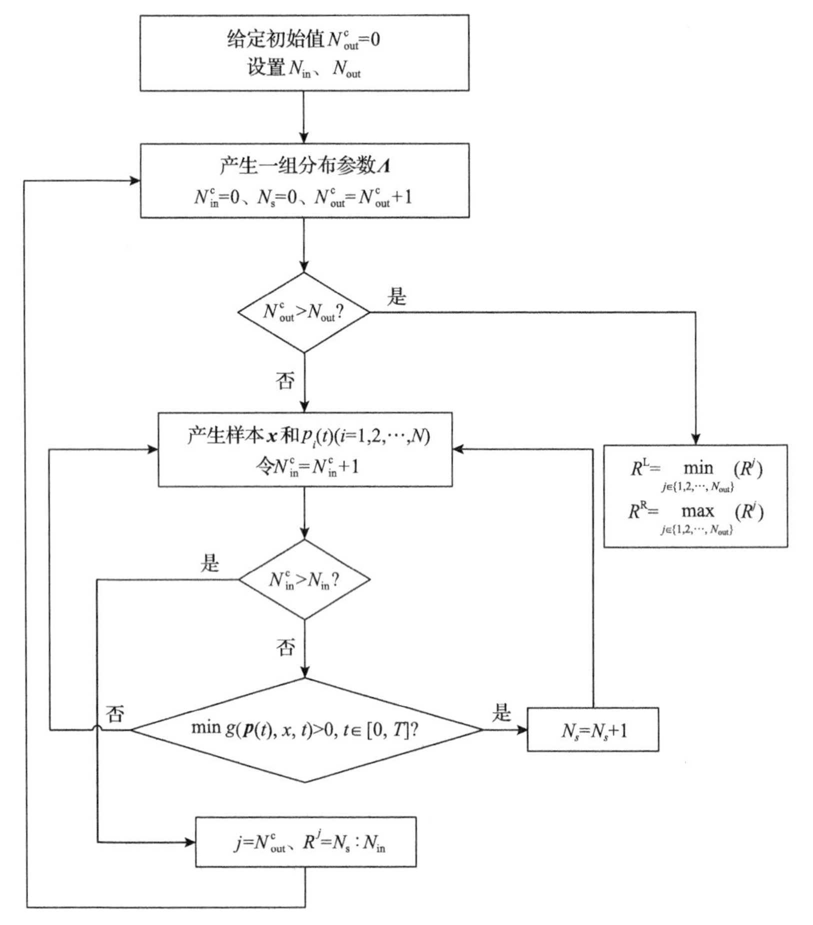

图 8.2　计算结构时变可靠性边界的双层 MCS 方法流程图[24]

(2) 在$\left[\hat{\boldsymbol{Y}}^{\mathrm{L}}(t),\hat{\boldsymbol{Y}}^{\mathrm{R}}(t)\right]$内，均匀产生一个$N_T\times\sum\limits_{i=1}^{N}n_i$维的分布参数矩阵$\boldsymbol{\Lambda}$。令当前内层抽样次数$N_{\mathrm{in}}^{\mathrm{c}}=0$、$N_{\mathrm{s}}=0$、$N_{\mathrm{out}}^{\mathrm{c}}=N_{\mathrm{out}}^{\mathrm{c}}+1$。如果$N_{\mathrm{out}}^{\mathrm{c}}>N_{\mathrm{out}}$，则执行步骤(6)，否则，执行步骤(3)。

(3) 根据随机向量$\boldsymbol{X}$的分布参数产生样本$\boldsymbol{x}$；根据步骤(2)中的分布参数矩阵$\boldsymbol{\Lambda}$对其确定的非平稳随机过程进行抽样，以产生样本$p_i(t)(i=1,2,\cdots,N)$。令$N_{\mathrm{in}}^{\mathrm{c}}=N_{\mathrm{in}}^{\mathrm{c}}+1$，如果$N_{\mathrm{in}}^{\mathrm{c}}>N_{\mathrm{in}}$，则执行步骤(5)，否则，执行步骤(4)。

(4) 将步骤(3)中的样本$\boldsymbol{x}$和$p_i(t)(i=1,2,\cdots,N)$代入结构功能函数中进行计算，若$\min g\left(\boldsymbol{p}(t),\boldsymbol{x},t\right)>0, t\in[0,T]$，则$N_{\mathrm{s}}=N_{\mathrm{s}}+1$。执行步骤(3)。

(5) 令$j=N_{\mathrm{out}}^{\mathrm{c}}$、$R^j=N_f/N_{\mathrm{in}}$，执行步骤(2)。

(6) 计算结构在时间段 $[0,T]$ 可靠度的最小值 $R^{\mathrm{L}}=\min\limits_{j\in\{1,2,\cdots,N_{\mathrm{out}}\}}\left(R^{j}\right)$ 和最大值 $R^{\mathrm{R}}=\max\limits_{j\in\{1,2,\cdots,N_{\mathrm{out}}\}}\left(R^{j}\right)$。

8.5　数值算例与工程应用

例 8.1　数值算例。

考虑如下的结构功能函数：

$$g\left(P^{\mathrm{IM}}(t)\right)=h-P^{\mathrm{IM}}(t) \tag{8.18}$$

其中，h 为阈值常数；$P^{\mathrm{IM}}(t)$ 为平稳高斯非精确随机过程，其均值下边界函数为 $\mu^{\mathrm{L}}(t)=0$，均值上边界函数为 $\mu^{\mathrm{R}}(t)=0$，标准差下边界函数为 $\sigma^{\mathrm{L}}(t)=1$，标准差上边界函数为 $\sigma^{\mathrm{R}}(t)=2$，自相关系数函数为 $\rho_{P^{\mathrm{IM}}P^{\mathrm{IM}}}(\tau)$。

首先，研究 $P^{\mathrm{IM}}(t)$ 的自相关系数函数类型对结构时变可靠度的影响。取阈值常数 h 为 1，考虑以下三种不同类型的自相关系数函数：① $\rho_{P^{\mathrm{IM}}P^{\mathrm{IM}}}(\tau)=\mathrm{e}^{-\alpha|\tau|}$；② $\rho_{P^{\mathrm{IM}}P^{\mathrm{IM}}}(\tau)=\mathrm{e}^{-\alpha|\tau|}\cos(\omega_0\tau)$；③ $\rho_{P^{\mathrm{IM}}P^{\mathrm{IM}}}(\tau)=0(\tau\neq0)$，其中 $\alpha=0.2$、$\omega_0=0.2$。使用本章方法进行时变可靠性分析，内层 MCS 方法的仿真次数为 10^4 次，外层 MCS 方法的仿真次数为 10^5 次。图 8.3 给出了结构 0～10 年的时变可靠度上边界值和下边界值。由图可见，$P^{\mathrm{IM}}(t)$ 在任意时刻分布参数具有不确定性，导致

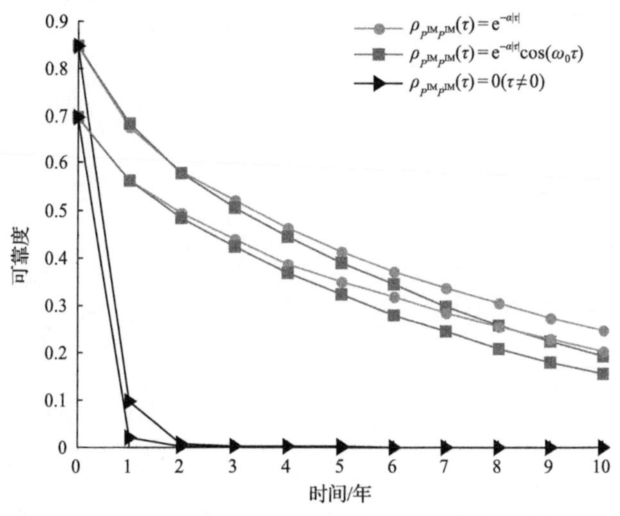

图 8.3　不同自相关系数函数下的时变可靠度(数值算例)[24]

结构在每一时刻的可靠度不再是一个确定值，而属于一个区间。对于上述三种不同类型的自相关系数函数，结构在初始时刻的可靠度区间是相同的，均为[0.6951, 0.8453]。然而，在三种自相关系数函数下，结构在第 10 年的可靠度区间分别为[0.2021, 0.2453]、[0.1545, 0.1906]和[0, 0]，表明 $P^{\mathrm{IM}}(t)$ 的自相关系数函数类型对结构时变可靠度的上下边界有较大的影响。需要注意的是，当 $P^{\mathrm{IM}}(t)$ 的自相关系数函数为 $\rho_{P^{\mathrm{IM}}P^{\mathrm{IM}}}(\tau)=0(\tau\neq 0)$ 时，结构在第 10 年完全失效。另外，不管对于哪一种自相关系数函数，结构可靠度的上下边界都随服役周期呈下降趋势，这也是结构时变可靠性的基本特征。

其次，研究阈值常数 h 对结构时变可靠度的影响。考虑以下四种情况：$h=0$；$h=0.5$；$h=1.0$；$h=1.5$。图 8.4 给出了不同 h 取值下结构可靠度的上边界和下边界。由图 8.4(a)可知，当 $h=0$ 时，结构在任意时刻的可靠度为确定值，这是因为 $P^{\mathrm{IM}}(t)$ 的均值函数恒为 0，此时标准差函数的波动不影响固定时刻处的可靠度；而当 $h\neq 0$ 时，结构在每一时刻的可靠度为一个区间；三种阈值情况下初

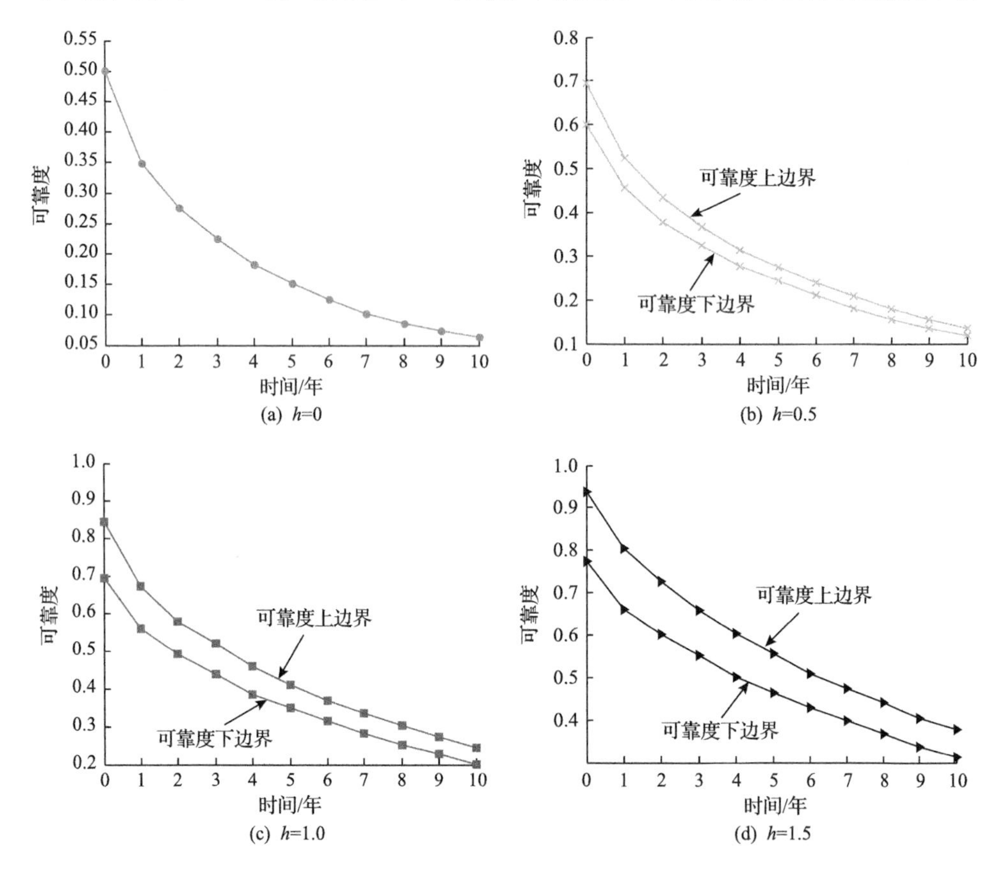

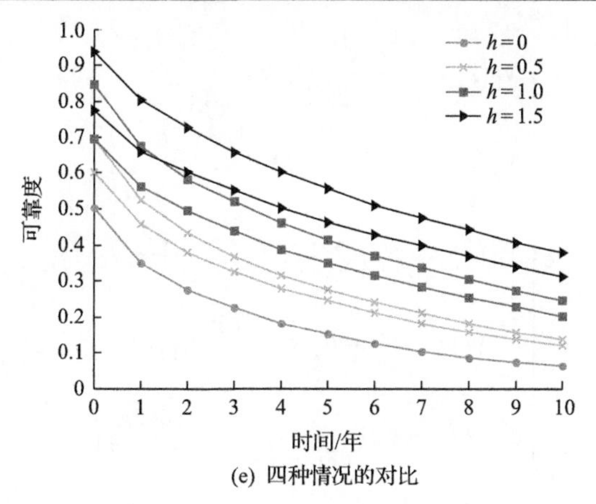

(e) 四种情况的对比

图 8.4　不同阈值常数 h 下的时变可靠度(数值算例)[24]

始时刻的可靠度区间分别为[0.6012, 0.6951]、[0.6951, 0.8453]、[0.7733, 0.9378]。如图 8.4(e)所示，结构在任意固定时刻处的可靠度上边界和下边界都随着 h 取值的增大而增大，这与实际工程问题相符。

例 8.2　十杆桁架结构。

考虑如图 4.3 所示的十杆桁架结构[43]，水平杆和竖直杆的长度均为 $L=9.1\text{m}$，横截面积为 A_i=4000mm^2 $(i=1,2,\cdots,10)$，弹性模量 $E=68948\text{MPa}$。该桁架左端固定，4 节点处受一个 Y 向载荷 F_1 作用，2 节点处受到一个 Y 向载荷 F_2 和一个 X 向载荷 $F_3(t)$ 作用，其中 F_1 和 F_2 为静态载荷，$F_1=12000\text{N}, F_2=2000\text{N}$，$F_3(t)$ 为不确定性动态载荷。这里将不确定性动态载荷 $F_3(t)$ 处理为一个非精确随机过程 $F_3^{\text{IM}}(t)$。结构要求节点 2 处的竖直位移 $d_y(t)$ 在设计基准期 T 内不得大于 $d(t)=d_{y\max}(1-0.02t)$，其中 t 为时间，$d_{y\max}$ 为位移的最大许可初始值，本算例中给定为 15mm。故结构的功能函数定义为

$$g(t)=d(t)-d_y(t) \tag{8.19}$$

其中，位移 $d_y(t)$ 通过式(8.20)计算[24]：

$$d_y(t)=\left[\sum_{i=1}^{6}\frac{N_i^0(t)N_i(t)}{A_i}+\sqrt{2}\sum_{i=7}^{10}\frac{N_i^0(t)N_i(t)}{A_i}\right]\frac{L}{E} \tag{8.20}$$

杆的轴力 N_i 和 N_i^0 的值可以通过下列式子计算[24]：

$$\begin{cases} N_1(t) = F_2 - \dfrac{\sqrt{2}}{2} N_8(t) \\ N_2(t) = -\dfrac{\sqrt{2}}{2} N_{10}(t) \\ N_3(t) = -F_1 - 2F_2 + F_3(t) - \dfrac{\sqrt{2}}{2} N_8(t) \\ N_4(t) = -F_2 + F_3(t) - \dfrac{\sqrt{2}}{2} N_{10}(t) \\ N_5(t) = -F_2 - \dfrac{\sqrt{2}}{2} N_8(t) - \dfrac{\sqrt{2}}{2} N_{10}(t) \end{cases} \tag{8.21}$$

$$\begin{cases} N_6(t) = -\dfrac{\sqrt{2}}{2} N_{10}(t) \\ N_7(t) = \sqrt{2}(F_1 + F_2) + N_8(t) \\ N_8(t) = \dfrac{a_{22} b_1(t) - a_{12} b_2(t)}{a_{11} a_{22} - a_{12} a_{21}} \\ N_9(t) = \sqrt{2} F_2 + N_{10}(t) \\ N_{10}(t) = \dfrac{a_{11} b_2(t) - a_{21} b_1(t)}{a_{11} a_{22} - a_{12} a_{21}} \end{cases} \tag{8.22}$$

$$\begin{cases} a_{11} = \left(\dfrac{1}{A_1} + \dfrac{1}{A_3} + \dfrac{1}{A_5} + \dfrac{2\sqrt{2}}{A_7} + \dfrac{2\sqrt{2}}{A_8} \right) \dfrac{L}{2E} \\ a_{12} = a_{21} = \dfrac{L}{2A_5 E} \\ a_{22} = \left(\dfrac{1}{A_2} + \dfrac{1}{A_4} + \dfrac{1}{A_6} + \dfrac{2\sqrt{2}}{A_9} + \dfrac{2\sqrt{2}}{A_{10}} \right) \dfrac{L}{2E} \end{cases} \tag{8.23}$$

$$b_1(t) = \left[\frac{F_2}{A_1} - \frac{F_1 + 2F_2 - F_3(t)}{A_3} - \frac{F_2}{A_5} - \frac{2\sqrt{2}(F_1 + F_2)}{A_7} \right] \frac{\sqrt{2} L}{2E} \tag{8.24}$$

$$b_2(t) = \left[\frac{\sqrt{2}(F_3(t) - F_2)}{A_4} - \frac{\sqrt{2} F_2}{A_5} - \frac{4F_2}{A_9} \right] \frac{L}{2E} \tag{8.25}$$

N_i^0 为式(8.21)和式(8.22)中对应的 N_i 在 $F_1 = F_3(t) = 0$ 和 $F_2=1$ 时的取值。

考虑 $F_3^{\mathrm{IM}}(t)$ 为一个平稳高斯非精确随机过程，其均值下边界函数 $\mu^{\mathrm{L}}(t)=32000\mathrm{N}$，均值上边界函数 $\mu^{\mathrm{R}}(t)=32000\mathrm{N}$，标准差下边界函数 $\sigma^{\mathrm{L}}(t)=5760\mathrm{N}$，标准差上边界函数 $\sigma^{\mathrm{R}}(t)=7040\mathrm{N}$，自相关系数函数 $\rho_{F_3^{\mathrm{IM}}F_3^{\mathrm{IM}}}(\tau)=\mathrm{e}^{-\lambda|\tau|}$。研究不同 λ 取值对结构时变可靠度的影响，考虑以下四种情况：$\lambda=0.1$；$\lambda=0.5$；$\lambda=1.0$；$\lambda=2.0$。在分析过程中，内层 MCS 方法的仿真次数为 10^4 次，外层 MCS 方法的仿真次数为 10^3 次，计算结果如图 8.5 和表 8.1 所示。由结果可知，四种情况下结构的初始时刻可靠度区间是相同的，均为[0.999, 1.000]。随着设计基准期即服役时间的增加，十杆桁架结构的可靠度最大值和最小值均呈递减趋势；λ 值越大，结构的可靠度下降越快，如 $\lambda=0.1$ 时，在第 10 年处的可靠度区间为[0.836, 0.866]，而当 $\lambda=2.0$ 时，在第 10 年处的可靠度区间仅为[0.370,0.428]。

例 8.3　在印刷电路板组件分析中的应用。

目前，电子设备已广泛应用于各工业领域，印刷电路板(printed circuit board, PCB)作为电子设备中的基本组成部分，其性能对电子设备的整体性能具有重

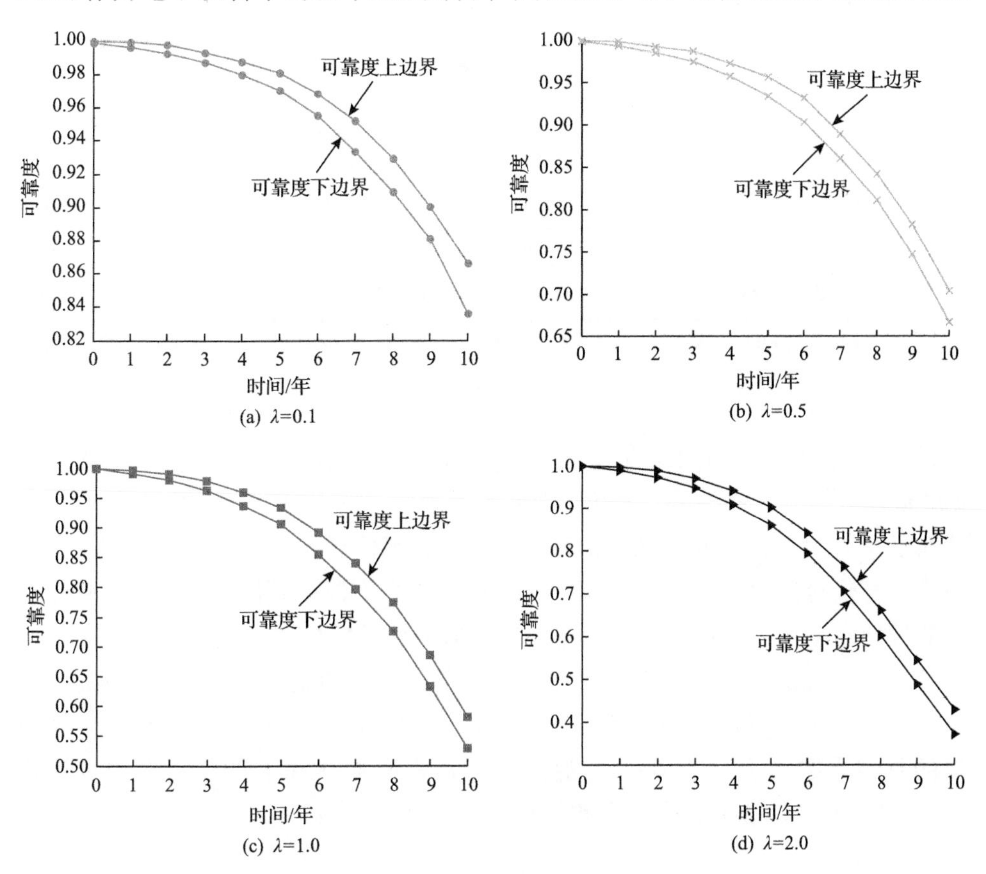

(a) $\lambda=0.1$　(b) $\lambda=0.5$

(c) $\lambda=1.0$　(d) $\lambda=2.0$

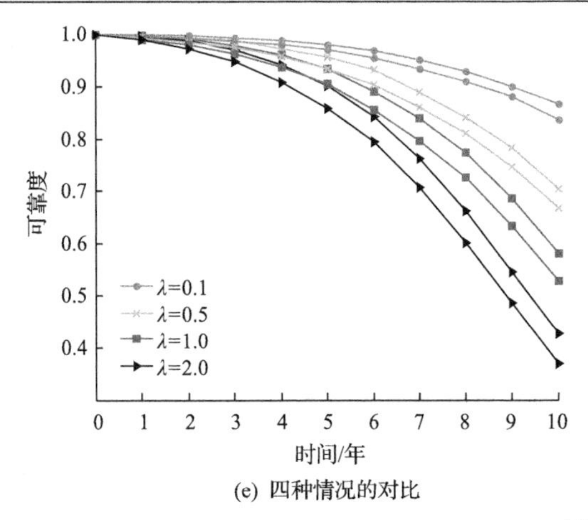

(e) 四种情况的对比

图 8.5 不同 λ 值下的时变可靠度(十杆桁架结构)[24]

表 8.1 不同 λ 值下具体时间点处的可靠度值(十杆桁架结构)[24]

λ不同取值		不同设计基准期(年)处的可靠度										
		0	1	2	3	4	5	6	7	8	9	10
λ=0.1	上边界	1.000	0.999	0.998	0.993	0.988	0.981	0.968	0.952	0.929	0.900	0.866
	下边界	0.999	0.996	0.993	0.987	0.980	0.970	0.955	0.933	0.909	0.881	0.836
λ=0.5	上边界	1.000	0.998	0.993	0.987	0.972	0.956	0.932	0.889	0.842	0.783	0.704
	下边界	0.999	0.994	0.986	0.975	0.958	0.934	0.904	0.861	0.811	0.746	0.667
λ=1.0	上边界	1.000	0.997	0.991	0.979	0.960	0.934	0.891	0.840	0.774	0.685	0.581
	下边界	0.999	0.990	0.980	0.962	0.936	0.905	0.855	0.796	0.726	0.633	0.528
λ=2.0	上边界	1.000	0.996	0.988	0.971	0.942	0.902	0.842	0.763	0.662	0.545	0.428
	下边界	0.999	0.989	0.972	0.947	0.908	0.859	0.794	0.707	0.601	0.486	0.370

要影响。对 PCB 模组进行时变可靠性分析可为其设计优化提供重要的参考依据，进一步提升产品性能。图 8.6 为某高清摄像头的 PCB 组件的结构图，传感器通过照射到其表面的光进行信号采集，当其定位误差及热变形较大时，会因为难以准确对焦而造成图像模糊，所以定位误差及热变形状况对图像传感器模组的性能有至关重要的影响。其中，传感器表面的定位误差主要来源于定位点 1、2、3、4 在法向上相对于参考位置的位移，导致热变形的主要热源为芯片 1 和芯片 2 在工作时产生的热量。PCB 外形尺寸为 $68\text{mm}\times 54\text{mm}\times 1.2\text{mm}$，各部件的材料参数如表 8.2 所示。通过传感器表面在法向上的最大允许变形量 $D_0=0.3\text{mm}$ 与实际变形量 D 之差可构建如下功能函数：

$$g(t)=D_0-D\left(u_1,u_2,u_3,u_4,P_1(t),P_2\right) \tag{8.26}$$

其中，u_1、u_2、u_3、u_4 分别为定位点 1、2、3、4 在传感器表面法向上相对参考位置的定位误差，处理为随机变量；$P_1(t)$ 为芯片 1 的功耗，处理为平稳高斯非精确随机过程 $P_1^{\mathrm{IM}}(t)$；P_2 为芯片 2 的功耗，处理为随机变量，如表 8.3 所示，表中参数 1 和参数 2 分别表示均值和标准差。

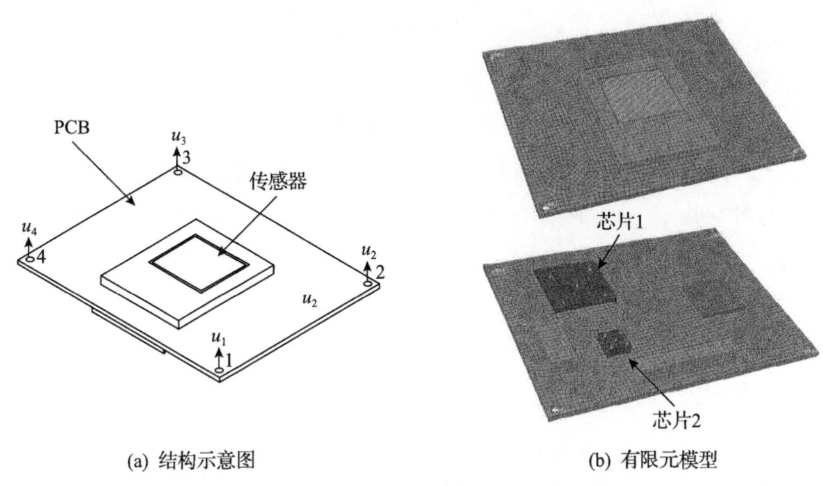

(a) 结构示意图　(b) 有限元模型

图 8.6　某实际 PCB 组件及有限元模型[42]

表 8.2　各部件的材料参数(PCB 组件分析)[42]

组件	弹性模量/GPa	泊松比	热膨胀系数/(10⁻⁶℃)	热传导率/(W/(m·℃))	比热容/(J/(kg·℃))
PCB	11	0.28	33	38.5	830
传感器	88	0.27	5.5	0.93	966
芯片	20	0.3	24	19	220
焊料	86	0.38	22	15	700

表 8.3　不确定性变量类型和参数(PCB 组件分析)[24]

变量	参数 1	参数 2	自相关系数函数	变量类型	分布类型
$u_i(i=1,2,3,4)$ (mm)	$\mu_{u_i}=0$	$\sigma_{u_i}=0.01$	—	随机变量	正态分布
P_2 (W)	$\mu_{P_2}=0.4$	$\sigma_{P_2}=0.08$	—	随机变量	正态分布
$P_1^{\mathrm{IM}}(t)$ (W)	$\mu_{P_1^{\mathrm{IM}}}=3$	$\sigma_{P_1^{\mathrm{IM}}}\in[0.25,\ 0.35]$	$\exp\left[-(2\tau)^2\right]$	平稳高斯非精确随机过程	—

利用有限元方法对 PCB 组件进行建模分析，采用 22929 个六面体单元模拟整个组件。采用拉丁超立方法[44]获得 65 个样本，并调用有限元模型进行分

析，在此基础上构建了变形量 D 的二阶多项式响应面模型[42]：

$$\begin{aligned} D\left(u_1,u_2,u_3,u_4,P_1(t),P_2\right) = & 0.1330u_1 - 0.0284u_2 - 0.2000u_3 + 0.0369u_4 \\ & + 0.1908u_1u_2 - 0.1320u_1u_3 - 0.0713u_1u_4 \\ & - 0.2850u_2u_3 - 0.2280u_2u_4 + 0.1265u_3u_4 \\ & + 0.0031P_1^2(t) - 0.1375P_2^2 - 0.5375u_1^2 \\ & +0.0292P_1(t)P_2 + 0.225 \end{aligned} \tag{8.27}$$

采用本章方法对 PCB 组件结构进行时变可靠性分析，外层 MCS 方法的仿真次数为 10^3 次，内层 MCS 方法的仿真次数为 5×10^4 次，计算结果如表 8.4 所示。由表可见，由于芯片 1 的功耗存在时变特性和认知不确定性，PCB 组件在每一时刻的可靠度为一个区间。PCB 组件在初始时刻的可靠度区间为[0.998, 1.000]，表示其具有较高的初始可靠性，但是其上边界值和下边界值均随设计基准期的增加而递减。另外，PCB 组件可靠度区间的宽度也随着设计基准期的增加而呈递增趋势。在初始时刻结构可靠度的区间宽度仅为 0.002，而在第 10 年时结构可靠度的区间宽度为 0.020，为初始时刻的 10 倍。

表 8.4　不同时间点处的可靠度(PCB 组件分析)[24]

	不同设计基准期(年)处的可靠度										
	0	1	2	3	4	5	6	7	8	9	10
上边界	1.000	0.999	0.996	0.993	0.989	0.985	0.982	0.979	0.975	0.971	0.967
下边界	0.998	0.990	0.986	0.979	0.975	0.971	0.966	0.961	0.957	0.952	0.946
区间宽度	0.002	0.009	0.010	0.014	0.014	0.014	0.016	0.018	0.018	0.019	0.020

8.6　本 章 小 结

本章提出了一种样本信息不足情况下时变不确定性度量的新模型，即非精确随机过程。在该模型中，用非精确概率模型而非精确的概率分布来描述参数在任意时刻的不确定性，从而降低对大样本量的依赖性；通过定义自相关系数函数和互相关系数函数来描述非精确随机过程在任意两时刻之间的线性相关程度。在此基础上，进一步给出了基于参数化 P-box 的非精确随机过程的定义，并将其应用于结构时变可靠性分析。因为 I 型混合模型本质上为 P-box 的一种特殊情况，所以本章内容本质上实现了随机-区间混合模型在时变可靠性问题中的应用。

参考文献

[1] Ross S M. Stochastic Processes. New York: John Wiley & Sons, 1995.

[2] Cinlar E. Introduction to Stochastic Processes. New York: Courier Corporation, 2013.

[3] Andrieu-Renaud C, Sudret B, Lemaire M. The PHI2 method: A way to compute time-variant reliability. Reliability Engineering & System Safety, 2004, 84(1): 75-86.

[4] Zhang J F, Du X P. Time-dependent reliability analysis for function generator mechanisms. Journal of Mechanical Design, 2011, 133(3): 031005.

[5] Fang Y, Chen J, Tee K F. Analysis of structural dynamic reliability based on the probability density evolution method. Structural Engineering and Mechanics: An International Journal, 2013, 45(2): 201-209.

[6] Du X P. Time-dependent mechanism reliability analysis with envelope functions and first-order approximation. Journal of Mechanical Design, 2014, 136(8): 081010.

[7] Jiang C, Wei X P, Huang Z L, et al. An outcrossing rate model and its efficient calculation for time-dependent system reliability analysis. Journal of Mechanical Design, 2017, 139(4): 041402.

[8] Walley P. Statistical Reasoning with Imprecise Probabilities. London: Chapman and Hall, 1991.

[9] Coolen F P A, Newby M J. Bayesian reliability analysis with imprecise prior probabilities. Reliability Engineering & System Safety, 1994, 43(1): 75-85.

[10] Gelman A, Carlin J B, Stern H S, et al. Bayesian Data Analysis. London: Chapman and Hall, 1995.

[11] Ferson S, Kreinovich V, Ginzburg L, et al. Constructing probability boxes and Dempster-Shafer structures. Albuquerque: Sandia National Laboratories, 2003.

[12] Dubois D, Prade H. Random sets and fuzzy interval analysis. Fuzzy Sets and Systems, 1991, 42(1): 87-101.

[13] Molchanov I. Theory of Random Sets. London: Springer, 2005.

[14] Shafer G. A Mathematical Theory of Evidence. Princeton: Princeton University Press, 1976.

[15] Yager R, Fedrizzi M, Kacprzyk J. Advances in the Dempster-Shafer Theory of Evidence. New York: John Wiley & Sons, 1994.

[16] Möller B, Beer M. Fuzzy Randomness: Uncertainty in Civil Engineering and Computational Mechanics. Berlin: Springer Science & Business Media, 2004.

[17] Williamson R C, Downs T. Probabilistic arithmetic. I. Numerical methods for calculating convolutions and dependency bounds. International Journal of Approximate Reasoning, 1990, 4(2): 89-158.

[18] Destercke S, Dubois D, Chojnacki E. Unifying practical uncertainty representations–I: Generalized P-boxes. International Journal of Approximate Reasoning, 2008, 49(3): 649-663.

[19] Schöbi R, Sudret B. Global sensitivity analysis in the context of imprecise probabilities (P-boxes) using sparse polynomial chaos expansions. Reliability Engineering & System Safety, 2019, 187: 129-141.

[20] Beer M, Ferson S, Kreinovich V. Imprecise probabilities in engineering analyses. Mechanical Systems and Signal Processing, 2013, 37(1-2): 4-29.

[21] Bruns M, Paredis C J J. Numerical methods for propagating imprecise uncertainty. International Design Engineering Technical Conferences and Computers and Information in Engineering Conference, Philadelphia, 2006.

[22] Rekuc S J, Aughenbaugh J M, Bruns M, et al. Eliminating design alternatives based on imprecise information. SAE World Congress, Michigan, 2006.

[23] Mendenhall W, Beaver R J, Beaver B M. Introduction to Probability and Statistics. Boston: Cengage Learning, 2012.

[24] Li J W, Jiang C. A novel imprecise stochastic process model for time-variant or dynamic uncertainty quantification. Chinese Journal of Aeronautics, 2022, 35(9): 255-267.

[25] Dragomir S S. A survey on Cauchy-Bunyakovsky-Schwarz type discrete inequalities. Journal of Inequalities in Pure and Applied Mathematics, 2003, 4(3): 1-142.

[26] 李桂青, 李秋胜. 工程结构时变可靠度理论及其应用. 北京: 科学出版社, 2001.

[27] Hu Z, Du X P. Time-dependent reliability analysis with joint upcrossing rates. Structural and Multidisciplinary Optimization, 2013, 48(5): 893-907.

[28] Schall G, Faber M H, Rackwitz R. The ergodicity assumption for sea states in the reliability estimation of offshore structures. Journal of Offshore Mechanics and Arctic Engineering, 1991, 113(3): 241-246.

[29] Engelund S, Rackwitz R, Lange C. Approximations of first-passage times for differentiable processes based on higher-order threshold crossings. Probabilistic Engineering Mechanics, 1995, 10(1): 53-60.

[30] Rackwitz R. Computational techniques in stationary and non-stationary load combination—A review and some extensions. Journal of Structural Engineering, 1998, 25(1): 1-20.

[31] Hu Z, Du X. A sampling approach to extreme value distribution for time-dependent reliability analysis. Journal of Mechanical Design, 2013, 135(7): 071003.

[32] Li J, Chen J, Fan W. The equivalent extreme-value event and evaluation of the structural system reliability. Structural Safety, 2007, 29(2): 112-131.

[33] Wang Z, Wang P. A nested extreme response surface approach for time-dependent reliability-based design optimization. Journal of Mechanical Design, 2012, 134(12): 121007.

[34] Hu Z, Mahadevan S. A single-loop Kriging surrogate modeling for time-dependent reliability analysis. Journal of Mechanical Design, 2016, 138(6): 061406.

[35] Zhang D, Han X, Jiang C, et al. Time-dependent reliability analysis through response surface method. Journal of Mechanical Design, 2017, 139(4): 041404.

[36] Shi Y, Lu Z, Xu L, et al. An adaptive multiple-Kriging-surrogate method for time-dependent reliability analysis. Applied Mathematical Modelling, 2019, 70: 545-571.

[37] Chen J B, Li J. Dynamic response and reliability analysis of non-linear stochastic structures. Probabilistic Engineering Mechanics, 2005, 20(1): 33-44.

[38] Singh A, Mourelatos Z P, Nikolaidis E. An importance sampling approach for time-dependent reliability. International Design Engineering Technical Conferences and Computers and Information in Engineering Conference, Washington, 2011.

[39] Wang Z, Mourelatos Z P, Li J, et al. Time-dependent reliability of dynamic systems using subset simulation with splitting over a series of correlated time intervals. Journal of Mechanical Design, 2014, 136(6): 061008.

[40] Jiang C, Huang X P, Han X, et al. A time-variant reliability analysis method based on stochastic process discretization. Journal of Mechanical Design, 2014, 136(9): 091009.

[41] Jiang C, Huang X, Wei X P, et al. A time-variant reliability analysis method for structural systems based on stochastic process discretization. International Journal of Mechanics and Materials in Design, 2017, 13(2): 173-193.

[42] Jiang C, Wei X P, Wu B, et al. An improved TRPD method for time-variant reliability analysis. Structural and Multidisciplinary Optimization, 2018, 58(5): 1935-1946.

[43] Au F T K, Cheng Y S, Tham L G, et al. Robust design of structures using convex models. Computers & Structures, 2003, 81(28-29): 2611-2619.

[44] Myers R H, Montgomery D C, Anderson-Cook C M. Response Surface Methodology: Process and Product Optimization Using Designed Experiments. New York: John Wiley & Sons, 2016.

第 9 章　考虑变量相关性的可靠性分析

本书前述章节介绍的随机-区间混合可靠性分析均基于独立变量假设，但是在实际工程问题中，结构中各不确定性变量之间很多时候存在着相关性，且可能对结构可靠性有重要影响。目前，传统结构可靠性分析领域发展出处理随机变量相关性的系列方法如正交变换[1]、Rosenblatt 变换[2]、Nataf 变换[3,4]、广义随机空间变换[5]等。但对于随机-区间混合可靠性问题，因为存在随机和区间两类不同类型的不确定性参数，所以其相关性的度量与分析则更为复杂，对其研究也相对较少。

对于存在参数相关性的Ⅱ型混合可靠性问题，本章分别提出基于相关角和样本相关系数的两类混合可靠性分析方法。在两类方法中，分别通过定义相关角和样本相关系数来度量不确定性变量之间的相关性，并通过坐标变换将相关变量混合可靠性问题转换为独立变量混合可靠性问题进行求解。通过数值算例与工程应用来验证所提出方法的有效性。

9.1　基于相关角的可靠性分析

9.1.1　不确定性变量相关角的定义

为在一个统一的框架下度量Ⅱ型混合可靠性问题中不同类型变量之间的相关性，定义了任意两个不确定性变量之间的相关角[6]，从而为混合可靠性分析奠定了基础。下面将分别介绍随机变量之间、区间变量之间以及随机-区间变量之间的相关角定义。

1. 随机变量之间的相关角

随机变量之间的相关角在广义随机空间方法[5]的基础之上推导获得。$\boldsymbol{X}=\left(X_1,X_2,\cdots,X_n\right)^{\mathrm{T}}$ 表示由 n 个相关随机变量构成的随机向量，假设等概率变换不改变变量之间的相关性，对于每个随机变量 $X_i(i=1,2,\cdots,n)$，通过式(1.44)的等概率变换将其转换为相关的标准正态变量 $\bar{X}_i(i=1,2,\cdots,n)$：

$$F_{X_i}\left(X_i\right)=\Phi\left(\bar{X}_i\right) \tag{9.1}$$

因此，相关标准正态向量 $\bar{\boldsymbol{X}}=\left(\bar{X}_1,\bar{X}_2,\cdots,\bar{X}_n\right)^{\mathrm{T}}$ 的联合概率密度函数为

$$f_{\bar{X}}\left(\bar{\boldsymbol{X}}\right)=\frac{1}{\left(\sqrt{2\pi}\right)^n\sqrt{\left|\boldsymbol{C}_{\bar{X}}\right|}}\exp\left[-\frac{1}{2}\left(\bar{\boldsymbol{X}}\right)^{\mathrm{T}}\boldsymbol{C}_{\bar{X}}^{-1}\left(\bar{\boldsymbol{X}}\right)\right] \tag{9.2}$$

其中，$\boldsymbol{C}_{\bar{X}}$ 为 $\bar{\boldsymbol{X}}$ 的协方差矩阵，矩阵 $\boldsymbol{C}_{\bar{X}}$ 表征了 $\bar{\boldsymbol{X}}$ 中各随机变量之间的相关性。

由二次型原理[7]可知，存在转换矩阵 $\boldsymbol{A}$ 将相关标准正态变量解耦成独立标准正态变量：

$$\boldsymbol{U}=\boldsymbol{A}\bar{\boldsymbol{X}} \tag{9.3}$$

其中，$\boldsymbol{U}=\left(U_1,U_2,\cdots,U_n\right)^{\mathrm{T}}$ 表示转换后的独立标准正态向量，其联合概率密度函数表示为

$$f_U\left(\boldsymbol{U}\right)=P\exp\left(\boldsymbol{U}^{\mathrm{T}}\boldsymbol{C}_U^{-1}\boldsymbol{U}\right) \tag{9.4}$$

其中，$P=\frac{1}{\left(\sqrt{2\pi}\right)^n\sqrt{C_{\bar{X}}}}\exp\left(-\frac{1}{2}\right)$ 为常数；$\boldsymbol{C}_U=\boldsymbol{A}\boldsymbol{C}_X\boldsymbol{A}^{\mathrm{T}}=\boldsymbol{I}$。由于 $\bar{\boldsymbol{X}}$ 为标准正态向量，基于等概率变换不影响相关性的假设有

$$\boldsymbol{C}_{\bar{X}}=\boldsymbol{\rho}_{\bar{X}}=\boldsymbol{\rho}_X \tag{9.5}$$

其中，$\boldsymbol{\rho}_X$ 表示 $\boldsymbol{X}$ 的相关系数矩阵；$\boldsymbol{\rho}_{\bar{X}}$ 表示 $\bar{\boldsymbol{X}}$ 的相关系数矩阵。因此，有[1]

$$\boldsymbol{A}^{\mathrm{T}}\boldsymbol{A}=\boldsymbol{\rho}_X^{-1} \tag{9.6}$$

根据楚列斯基分解理论[7]，可以求得唯一的下三角矩阵 $\boldsymbol{A}$。以 a_{ij} 表示该矩阵第 i 行、第 j 列的元素，由式(9.3)可知

$$U_i=\boldsymbol{a}_i\bar{\boldsymbol{X}},\quad i=1,2,\cdots,n \tag{9.7}$$

其中，$\boldsymbol{a}_i=\left(a_{i1},a_{i2},\cdots,a_{ii},0,\cdots,0\right)$ 表示 n 维标准正态空间 $\bar{\boldsymbol{X}}$ 中的向量。

若以 $\boldsymbol{a}_i$、$\boldsymbol{a}_j$ 表示第 i 条以及第 j 条坐标轴，则该 n 个向量构成一个新的仿射坐标系，在新的坐标系中变量相互独立，图 9.1 给出了二维情况下直角坐标系与仿射坐标系之间的转换示意图。$\boldsymbol{a}_i$ 的梯度向量为 $\nabla\boldsymbol{a}_i=\left(a_{i1},a_{i2},\cdots,a_{ii},0,\cdots,0\right)$，同理 $\boldsymbol{a}_j$ 的梯度向量为 $\nabla\boldsymbol{a}_j=\left(a_{j1},a_{j2},\cdots,a_{jj},0,\cdots,0\right)$。记 $\boldsymbol{a}_i$ 与 $\boldsymbol{a}_j$ 的夹角为 θ_{ij}，将 θ_{ij} 定义为变量 $\bar{X}_i$ 和 $\bar{X}_j$ 之间的相关角，则第 i 个以及第 j 个随机变量之间的

相关角 θ_{ij} 按式(9.8)计算：

$$\theta_{ij}=\pi-\arccos\frac{\nabla \boldsymbol{a}_i^{\mathrm{T}}\cdot\nabla \boldsymbol{a}_j}{\left\|\nabla \boldsymbol{a}_i\right\|\cdot\left\|\nabla \boldsymbol{a}_j\right\|}=\pi-\arccos\frac{\sum_{k=1}^{n}a_{ik}a_{jk}}{\sqrt{\sum_{k=1}^{n}a_{ik}^2\sum_{k=1}^{n}a_{jk}^2}},\quad i=1,2,\cdots,n;\ j=1,2,\cdots,n \tag{9.8}$$

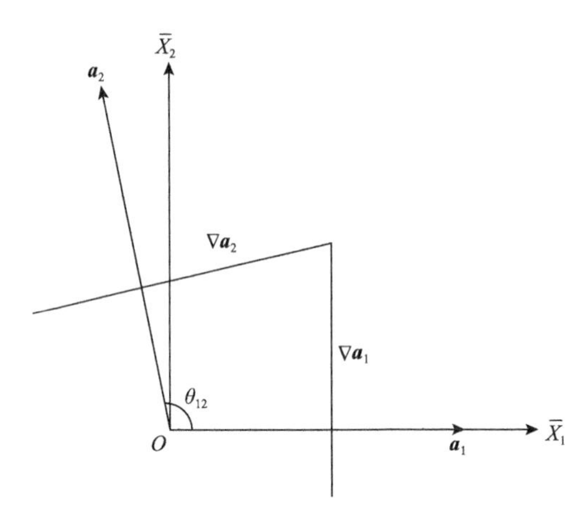

图 9.1　直角坐标系与仿射坐标系的转换[6]

2. 区间变量之间及随机-区间变量之间的相关角

文献[8]～[10]中提出了区间模型相关性的概念，并将它用于非独立区间参数的不确定性分析及可靠性计算。本章在此基础上进一步针对区间变量及概率变量发展出“相关角”的概念，为后续可靠性分析奠定基础。假定 $\boldsymbol{Y}=\left(Y_1,Y_2,\cdots,Y_m\right)^{\mathrm{T}}$ 为 m 个相关区间变量构成的区间向量，并且有一组 $\boldsymbol{Y}$ 的样本。以二维问题为例，在二维区间变量空间 Y_1 - Y_2 中，可构建一个包络样本的平行四边形模型[10]，为了便于分析，将该平行四边形的一条边设定为平行于横坐标轴，如图 9.2 所示。图中，Y_1^{I} 和 Y_2^{I} 分别表示 Y_1 和 Y_2 在单个变量维度上的变化区间。通过构建包络样本的平行四边形模型，得到两个区间变量之间的相关角，即平行四边形的内角 θ_{12}。当变量区间 Y_1^{I} 和 Y_2^{I} 不变时，变量发生相关性变化，相关角 θ_{12} 就会相应变化，因此 θ_{12} 值描述了变量之间的相关性。特别指出的是，上述建立的平行四边形模型应尽可能包络样本并具有最小面积，关于如何具体构建该平行四边形可参考文献[10]。对于多维变量问题，则选取其中任意两个变量 Y_i 和 Y_j $\left(i\neq j\right)$，在 Y_i - Y_j 二维变量空间内，按照上述二维问题的方法可建立一个尽可能包络所有样本的平行四边形，从而获得相应变量之间的相关角 θ_{ij}。因此，可建立 C_m^2 个包络二维样本的平行四边形来得到所有区间变量两两之间的相关角。

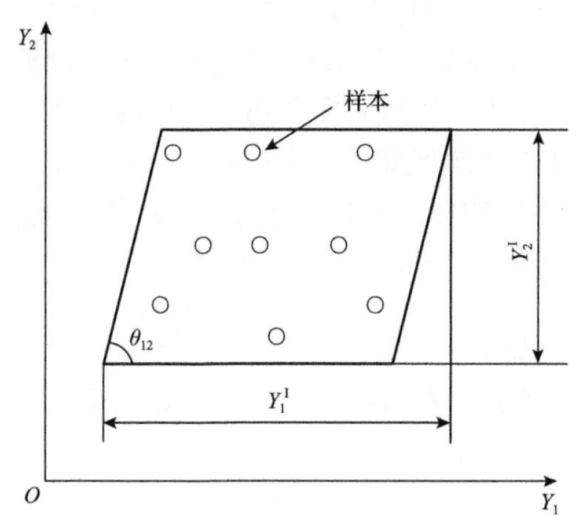

图 9.2　两个区间变量的二维平行四边形模型[6]

同理，对于随机变量 X_i 与区间变量 Y_j，也通过构建包络样本的平行四边形模型来获得变量之间的相关角。下面仍以二维情况为例，说明构建该平行四边形的方法。首先从总体样本中抽取 X_1 和 Y_1 的值，获得一个二维样本集，在二维空间内建立一个包络所有样本并具有最小面积的平行四边形，如图 9.3 所示，即可得到 X_1 和 Y_1 的相关角 θ_{11}。

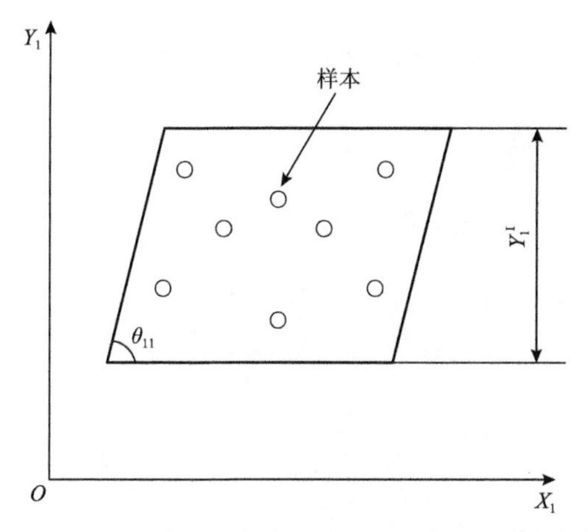

图 9.3　随机变量与区间变量的二维平行四边形模型[6]

9.1.2 基于仿射坐标变换的可靠性计算

为了将变量之间的相关性考虑到可靠性分析中，以变量两两之间的相关角为仿射坐标轴之间的夹角，建立仿射坐标系；在此基础上，通过仿射变换[11]将原参数转换为仿射空间中相互独立的新参数，再进行后续的可靠性分析。

首先，将不确定性向量 $\boldsymbol{X}$ 和 $\boldsymbol{Y}$ 标准化，随机向量 $\boldsymbol{X}$ 转换为标准正态向量 $\bar{\boldsymbol{X}}$，区间向量 $\boldsymbol{Y}$ 转换为标准区间向量 $\bar{\boldsymbol{Y}} \in [-1,1]$。将标准空间直角坐标系记为 $\{O;\ \boldsymbol{e}_1,\boldsymbol{e}_2,\cdots,\boldsymbol{e}_{n+m}\}$，相应的仿射坐标系记为 $\{O;\ \boldsymbol{e}'_1,\boldsymbol{e}'_2,\cdots,\boldsymbol{e}'_{n+m}\}$，根据仿射坐标原理，仿射坐标系与直角坐标系有如下关系[9]：

$$\begin{cases} \boldsymbol{e}'_1 = b_{11}\boldsymbol{e}_1 + b_{12}\boldsymbol{e}_2 + \cdots + b_{1n}\boldsymbol{e}_n + b_{1(n+1)}\boldsymbol{e}_{n+1} + \cdots + b_{1(n+m)}\boldsymbol{e}_{n+m} \\ \boldsymbol{e}'_2 = b_{21}\boldsymbol{e}_1 + b_{22}\boldsymbol{e}_2 + \cdots + b_{2n}\boldsymbol{e}_n + b_{2(n+1)}\boldsymbol{e}_{n+1} + \cdots + b_{2(n+m)}\boldsymbol{e}_{n+m} \\ \qquad \vdots \\ \boldsymbol{e}'_{n+m} = b_{(n+m)1}\boldsymbol{e}_1 + b_{(n+m)2}\boldsymbol{e}_2 + \cdots + b_{(n+m)n}\boldsymbol{e}_n + b_{(n+m)(n+1)}\boldsymbol{e}_{n+1} + \cdots + b_{(n+m)(n+m)}\boldsymbol{e}_{n+m} \end{cases} \tag{9.9}$$

其中，b_{ij} 为权系数。对应地，有以下关系：

$$\begin{cases} \boldsymbol{e}'_1 \cdot \boldsymbol{e}'_1 = |\boldsymbol{e}'_1||\boldsymbol{e}'_1|\cos 0 = 1 \\ \boldsymbol{e}'_1 \cdot \boldsymbol{e}'_2 = |\boldsymbol{e}'_1||\boldsymbol{e}'_2|\cos\theta_{12} = \cos\theta_{12} \\ \qquad \vdots \\ \boldsymbol{e}'_i \cdot \boldsymbol{e}'_j = |\boldsymbol{e}'_i||\boldsymbol{e}'_j|\cos\theta_{ij} = \cos\theta_{ij} \\ \qquad \vdots \\ \boldsymbol{e}'_{n+m} \cdot \boldsymbol{e}'_{n+m} = |\boldsymbol{e}'_{n+m}||\boldsymbol{e}'_{n+m}|\cos 0 = 1 \end{cases} \tag{9.10}$$

从而可以解得权系数的值：

$$\begin{cases} b_{ij} = 0, & i < j \\ b_{ij} = \dfrac{\cos\theta_{ij} - \sum\limits_{k=1}^{j-1} b_{ik}b_{jk}}{b_{jj}}, & i > j \\ b_{ij} = \sqrt{1 - \sum\limits_{k=1}^{j-1} b_{ik}^2}, & i = j \end{cases} \tag{9.11}$$

将式(9.9)写成矩阵形式：

$$\begin{bmatrix} \boldsymbol{e}_1' \\ \boldsymbol{e}_2' \\ \vdots \\ \boldsymbol{e}_{n+m}' \end{bmatrix} = \boldsymbol{B} \begin{bmatrix} \boldsymbol{e}_1 \\ \boldsymbol{e}_2 \\ \vdots \\ \boldsymbol{e}_{n+m} \end{bmatrix} \tag{9.12}$$

其中，$\boldsymbol{B}$ 为由式(9.11)求解出的权系数构成的仿射坐标变换矩阵。

若直角坐标系中的点 $M\left(\bar{X}_1, \bar{X}_2, \cdots, \bar{Y}_m\right)$ 对应于仿射坐标系中的点 $M'\left(V_1, V_2, \cdots, V_{n+m}\right)$，则直角坐标系和仿射坐标系中同一向量 $\boldsymbol{V}$ 可表示为

$$\boldsymbol{V} = \left[\bar{X}_1, \bar{X}_2, \cdots, \bar{Y}_m\right] \begin{bmatrix} \boldsymbol{e}_1 \\ \boldsymbol{e}_2 \\ \vdots \\ \boldsymbol{e}_{n+m} \end{bmatrix} = \left[V_1, V_2, \cdots, V_{n+m}\right] \begin{bmatrix} \boldsymbol{e}_1' \\ \boldsymbol{e}_2' \\ \vdots \\ \boldsymbol{e}_{n+m}' \end{bmatrix} \tag{9.13}$$

即

$$\begin{bmatrix} \bar{X}_1 \\ \bar{X}_2 \\ \vdots \\ \bar{Y}_m \end{bmatrix} = \boldsymbol{B}^{\mathrm{T}} \begin{bmatrix} V_1 \\ V_2 \\ \vdots \\ V_{n+m} \end{bmatrix} \tag{9.14}$$

记

$$\boldsymbol{C} = \left(\boldsymbol{B}^{\mathrm{T}}\right)^{-1} \tag{9.15}$$

则仿射变换后的新变量与原变量的关系如下：

$$\begin{bmatrix} V_1 \\ V_2 \\ \vdots \\ V_{n+m} \end{bmatrix} = \begin{bmatrix} c_{11} & c_{12} & \cdots & c_{1(n+m)} \\ 0 & c_{22} & \cdots & c_{2(n+m)} \\ \vdots & \vdots & & \vdots \\ 0 & 0 & \cdots & c_{(n+m)(n+m)} \end{bmatrix} \begin{bmatrix} \bar{X}_1 \\ \bar{X}_2 \\ \vdots \\ \bar{Y}_m \end{bmatrix} \tag{9.16}$$

其中，c_{ij} 为矩阵 $\boldsymbol{C}$ 中第 i 行第 j 列的元素。从式(9.16)可以看出，转换后仿射空间中的每一个新变量都可以由原空间中的变量线性表示。将式(9.16)进一步表示为

$$\begin{cases} V_i = \sum_{j=1}^{n} c_{ij}\bar{X}_j + \sum_{k=1}^{m} c_{i(n+k)}\bar{Y}_k, & 1 \leqslant i \leqslant n \\ V_i = \sum_{k=1}^{m} c_{i(n+k)}\bar{Y}_k, & n+1 \leqslant i \leqslant n+m \end{cases} \tag{9.17}$$

由于 $\bar{X}_i$ 为标准正态变量，$\bar{Y}_i$ 为标准区间变量，根据正态分布的线性组合规律即可得到新变量 V_i 的分布类型及参数。$V_i(1 \leqslant i \leqslant n)$ 为随机变量，服从正态分布，但其均值为一个区间：

$$\mu_{V_i} = \left[-\sum_{j=n+1}^{n+m} \left| c_{ij} \right|, \sum_{j=n+1}^{n+m} \left| c_{ij} \right| \right] \tag{9.18}$$

同时也可得到 $V_i(1 \leqslant i \leqslant n)$ 的标准差：

$$\sigma_{V_i} = \sum_{k_1=1}^{n} \sum_{k_2=1}^{n} c_{ik_1} c_{ik_2} \operatorname{Cov}\left(\bar{X}_{k_1}, \bar{X}_{k_2}\right) = \sum_{k_1=1}^{n} \sum_{k_2=1}^{n} c_{ik_1} c_{ik_2} \rho_{k_1 k_2} \tag{9.19}$$

其中，$\operatorname{Cov}\left(\bar{X}_{k_1}, \bar{X}_{k_2}\right)$ 表示随机变量 $\bar{X}_{k_1}$ 及 $\bar{X}_{k_2}$ 的协方差；$\rho_{k_1 k_2}$ 表示两变量之间的相关系数。

$V_i(n+1 \leqslant i \leqslant n+m)$ 为区间变量，同样由式(9.17)可得其上下边界：

$$V_i \in \left[-\sum_{j=n+1}^{n+m} \left| c_{ij} \right|, \sum_{j=n+1}^{n+m} \left| c_{ij} \right| \right] \tag{9.20}$$

经仿射变换，原功能函数 $g(\boldsymbol{X}, \boldsymbol{Y})$ 的可靠性分析问题等效转换为功能函数 $g_{\boldsymbol{V}}(V_1, V_2, \cdots, V_{n+m})$ 的可靠性分析问题。其中，$V_i(1 \leqslant i \leqslant n)$ 为正态随机变量，其均值为区间；$V_i(n+1 \leqslant i \leqslant n+m)$ 为区间变量。以 $\boldsymbol{X}'$ 记所有随机变量 $V_i(1 \leqslant i \leqslant n)$，以 $\boldsymbol{Y}'$ 记所有区间参数(包括随机变量的均值区间参数以及区间变量参数)，相应的功能函数可表示为 $g_{\boldsymbol{V}} = g_{\boldsymbol{V}}(\boldsymbol{X}', \boldsymbol{Y}')$。在 $\boldsymbol{V}$ 空间中各个变量之间相互独立，则可通过等概率变换将随机变量转换到标准正态空间中，相应地，按照式(2.8)可构造如下两个优化问题来求解最小可靠度指标 β^{L} 和最大可靠度指标 β^{R}：

$$\begin{cases} \beta^{\mathrm{L}} = \min\limits_{\boldsymbol{U}} \|\boldsymbol{U}\| \\ \text{s.t. } \min\limits_{\boldsymbol{Y}'} G(\boldsymbol{U}, \boldsymbol{Y}') = 0 \end{cases} \tag{9.21}$$

$$\begin{cases} \beta^{\mathrm{R}} = \min\limits_{\boldsymbol{U}} \|\boldsymbol{U}\| \\ \text{s.t. } \max\limits_{\boldsymbol{Y}'} G(\boldsymbol{U}, \boldsymbol{Y}') = 0 \end{cases} \tag{9.22}$$

以上两个嵌套优化问题可通过前述章节中给出的相应方法进行求解。在下面两个算例分析中，本章仅给出了最小可靠度指标 β^{L} 和最大失效概率 $P_{\mathrm{f}}^{\mathrm{R}}$ 的结果。

9.1.3　数值算例与工程应用

例 9.1　数值算例。

考虑如下功能函数：

$$Z = g(X_1, X_2, Y) = 30000 - 16X_1^2(Y+40) - 2500X_2^2 \tag{9.23}$$

其中，X_1 和 X_2 为随机变量；Y 为区间变量。不确定性变量分布类型和参数如表 9.1 所示，参数 1 和参数 2 所代表的含义与前述章节相同。为方便相关角的标记，本算例将三个不确定性变量 X_1、X_2 和 Y 的序号依次记为 1、2、3。本算例中假设 X_1 与 X_2 之间的相关角为 $\theta_{12} = 84°$（对应于相关系数 ρ_{12} 为 0.1），X_1 与 Y 之间的相关角为 $\theta_{13} = 80°$，X_2 与 Y 之间的相关角为 $\theta_{23} = 90°$。

表 9.1　不确定性变量类型和参数（数值算例）[6]

不确定性变量	参数 1	参数 2	变量类型	分布类型
X_1	0	1	随机变量	正态分布
X_2	0	1	随机变量	正态分布
Y	−1	1	区间变量	—

通过各变量两两之间的相关角可获得仿射坐标变换矩阵：

$$\boldsymbol{B}^{\mathrm{T}} = \begin{bmatrix} 1 & 0.0995 & 0.1736 \\ 0 & 0.9950 & 0.0174 \\ 0 & 0 & 0.9847 \end{bmatrix} \tag{9.24}$$

因此，原空间中变量与仿射空间中新变量的关系如下：

$$\begin{bmatrix} X_1 \\ X_2 \\ Y \end{bmatrix} = \begin{bmatrix} 1 & 0.0995 & 0.1736 \\ 0 & 0.9950 & 0.0174 \\ 0 & 0 & 0.9847 \end{bmatrix} \begin{bmatrix} V_1 \\ V_2 \\ V_3 \end{bmatrix} \tag{9.25}$$

功能函数(9.23)在仿射空间的表达式为

$$
\begin{aligned}
g'(V)=&-16\left(V_1+0.0995V_2+0.1736V_3\right)^2\left(0.9847V_3+40\right)\\
&-2500\left(0.995V_2+0.0174V_3\right)^2+30000
\end{aligned}
\tag{9.26}
$$

其中，V_1服从正态分布，其均值的取值区间为$[-0.0177,0.0177]$，方差为 0.99；V_2服从正态分布，其均值的取值区间为$[-0.1781,0.1781]$，方差为 1.01；V_3为区间参数$[-1.0156,1.0156]$。

采用 4.1 节中的混合可靠性分析方法进行分析，计算结果如表 9.2 所示。由表可知，得到的最小可靠度指标β^{L}为 3.0884，最大失效概率$P_{\mathrm{f}}^{\mathrm{R}}$为 0.001。如果不考虑变量间的相关性，即设定$\theta_{12}=\theta_{13}=\theta_{23}=90°$，经混合可靠性分析方法求得$\beta^{\mathrm{L}}$为 3.4641，$P_{\mathrm{f}}^{\mathrm{R}}$为 0.0003，在考虑相关性情况下，结构的最大失效概率是不考虑相关性的 3 倍多。可见，对于该问题，变量之间的相关性对失效概率有较大影响，如果把相关变量直接假设成独立变量进行分析，将带来较大的可靠性分析误差。

表 9.2　混合可靠性分析结果(数值算例)[6]

随机变量		区间变量	迭代次数	功能函数调用次数	最小可靠度指标	最大失效概率
X_1	X_2	Y	N_1	N_2	β^{L}	$P_{\mathrm{f}}^{\mathrm{R}}$
0.4476	3.4565	1.0000	35	256	3.0884	0.001

下面在仅考虑两个变量之间存在相关性的情况下，研究最小可靠度指标随变量相关性的变化趋势。在相应的取值范围内，相关系数越大，表示变量之间的相关性越强，而相关角越大，表示变量之间的相关性越弱。对于两个随机变量，考虑其相关系数ρ_{12}在$[0,1]$的变化对可靠性的影响；而对于随机变量和区间变量，分别考虑相关角θ_{13}和θ_{23}在 50°～90° 的变化对可靠性的影响。在每次分析过程中，只考虑其中两个变量之间的相关性，其余变量之间设定无相关性，计算结果如图 9.4 所示。由图可知，随着X_1和X_2之间相关性的增加(即相关系数ρ_{12}增加)，最小可靠度指标β^{L}显著减小；随着X_2和X_3之间相关性的增加(即相关角θ_{23}减小)，β^{L}同样显著减小；但随着X_1和X_3之间相关性的增加(即相关角θ_{13}减小)，β^{L}的变化则不明显。可见，不同变量之间的相关性对结构混合可靠性有不同程度的影响。

例 9.2　悬臂梁结构。

考虑图 3.10 所示的悬臂梁结构，本算例中将b、h和L处理为随机变量，P_x和P_y处理为区间变量，变量的分布类型和参数如表 9.3 所示。结构功能函数仍然定义为悬臂梁固定端处最大应力不能超过屈服强度$S=370\mathrm{MPa}$。为方便分

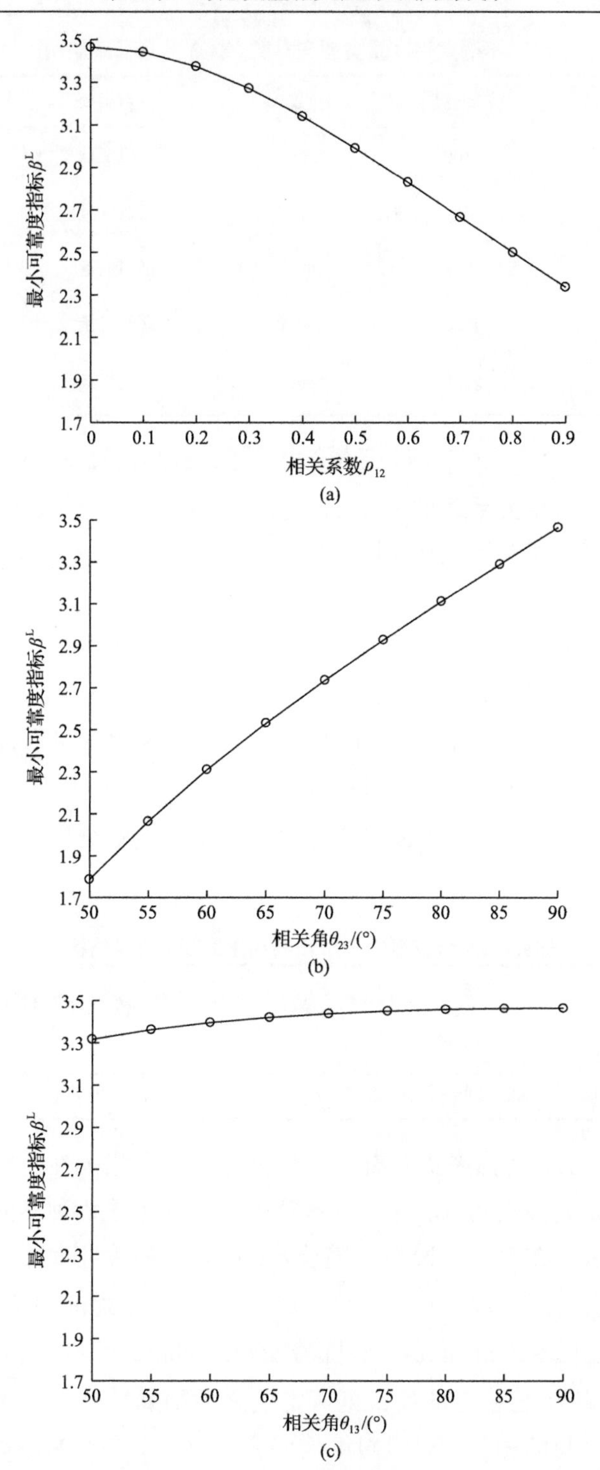

图 9.4　变量相关性对最小可靠度指标的影响(数值算例)[6]

表 9.3　不确定性变量类型和参数(9.1.3 节悬臂梁结构)[6]

不确定性变量	参数 1	参数 2	变量类型	分布类型
b(mm)	100	15	随机变量	正态分布
h(mm)	200	20	随机变量	正态分布
L(mm)	2500	300	随机变量	对数正态分布
P_x(N)	47000	53000	区间变量	—
P_y(N)	23000	27000	区间变量	—

析，将b、h、L、P_x和P_y五个变量的序号依次记为 1、2、3、4、5。假设随机变量两两之间的相关系数均为 0.1，随机变量与区间变量之间以及区间变量与区间变量之间的相关角分别为$\theta_{34}=\theta_{35}=80°$ 和 $\theta_{14}=\theta_{24}=\theta_{15}=\theta_{25}=\theta_{45}=90°$。

对该悬臂梁结构进行混合可靠性分析，计算结果如表 9.4 所示。由表可知，得到的结构最小可靠度指标β^{L}为 1.7624，最大失效概率P_f^R为 0.0390。假设所有的相关角为 90°，即所有变量之间相互独立，则经混合可靠性分析求得的结果β^{L}为 1.9709，P_f^R为 0.0244。相较于考虑变量相关性的情况，P_f^R减小 37.4%，β^{L}增大 11.8%，该算例进一步说明变量之间的相关性对结构可靠性有着不可忽视的影响。

表 9.4　混合可靠性分析结果(9.1.3 节悬臂梁结构)[6]

随机变量			区间变量		迭代次数	功能函数调用次数	最小可靠度指标	最大失效概率
b /mm	h /mm	L /mm	P_x /N	P_y /N	N_1	N_2	β^{L}	P_f^R
75.9	186.3	1034.3	53000	27000	23	207	1.7624	0.0390

如例 9.1 所示，仍然考虑只有两个变量之间存在相关性的情况，研究结构可靠性与变量相关性之间的关系。在本算例中，考虑了六种不同情况，计算结果如图 9.5 所示。在图 9.5(b)中，随着b和L之间相关性增加，最小可靠度指标β^{L}逐渐增大；在图 9.5(a)、(d)和(f)中，随着变量之间相关性增加，β^{L}均逐渐减小；而在图 9.5(c)和(e)中，随着变量之间相关性增加(即相关角减小)，β^{L}起初维持在一个较稳定的值，到一定值之后则开始减小。算例结果再次说明，不同变量之间的相关性可以对结构混合可靠性分析带来不同程度的影响。

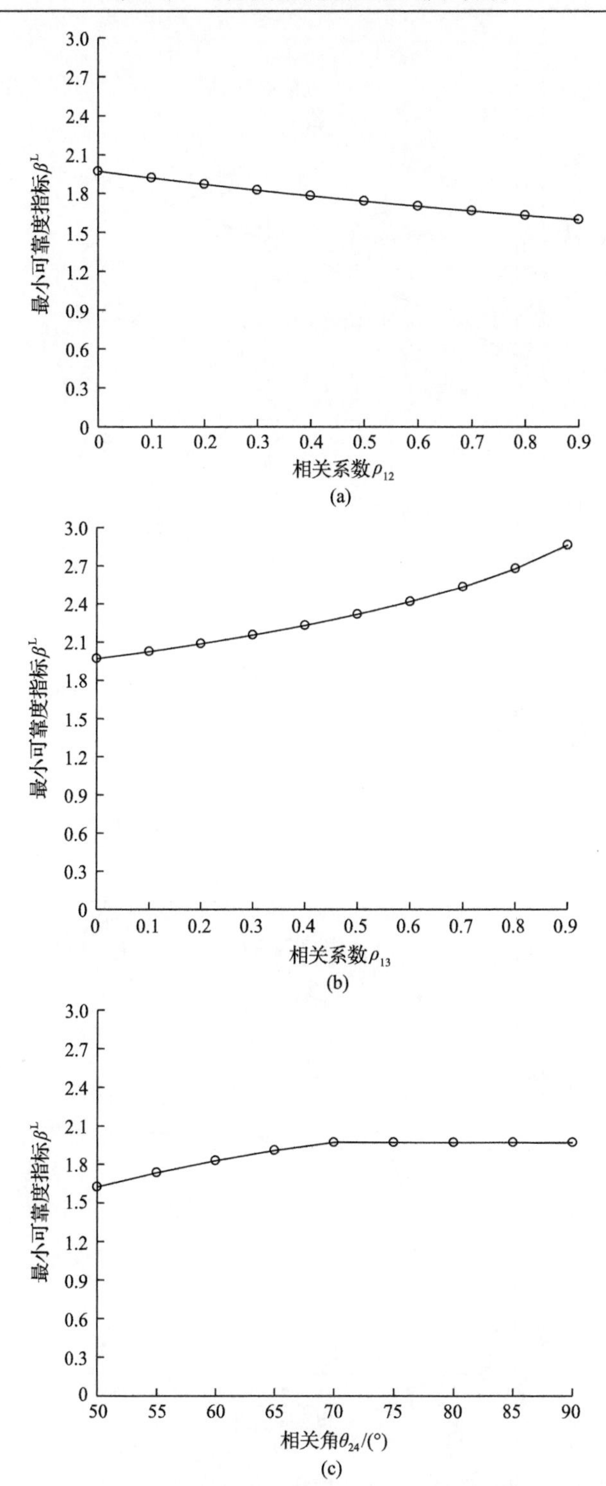
3.0
2.7
2.4
2.1
1.8
1.5
1.2
0.9
0.6
0.3
0
最小可靠度指标β^L
0 0.1 0.2 0.3 0.4 0.5 0.6 0.7 0.8 0.9
相关系数ρ_{12}
(a)
3.0
2.7
2.4
2.1
1.8
1.5
1.2
0.9
0.6
0.3
0
最小可靠度指标β^L
0 0.1 0.2 0.3 0.4 0.5 0.6 0.7 0.8 0.9
相关系数ρ_{13}
(b)
3.0
2.7
2.4
2.1
1.8
1.5
1.2
0.9
0.6
0.3
0
最小可靠度指标β^L
50 55 60 65 70 75 80 85 90
相关角θ_{24}/(°)
(c)

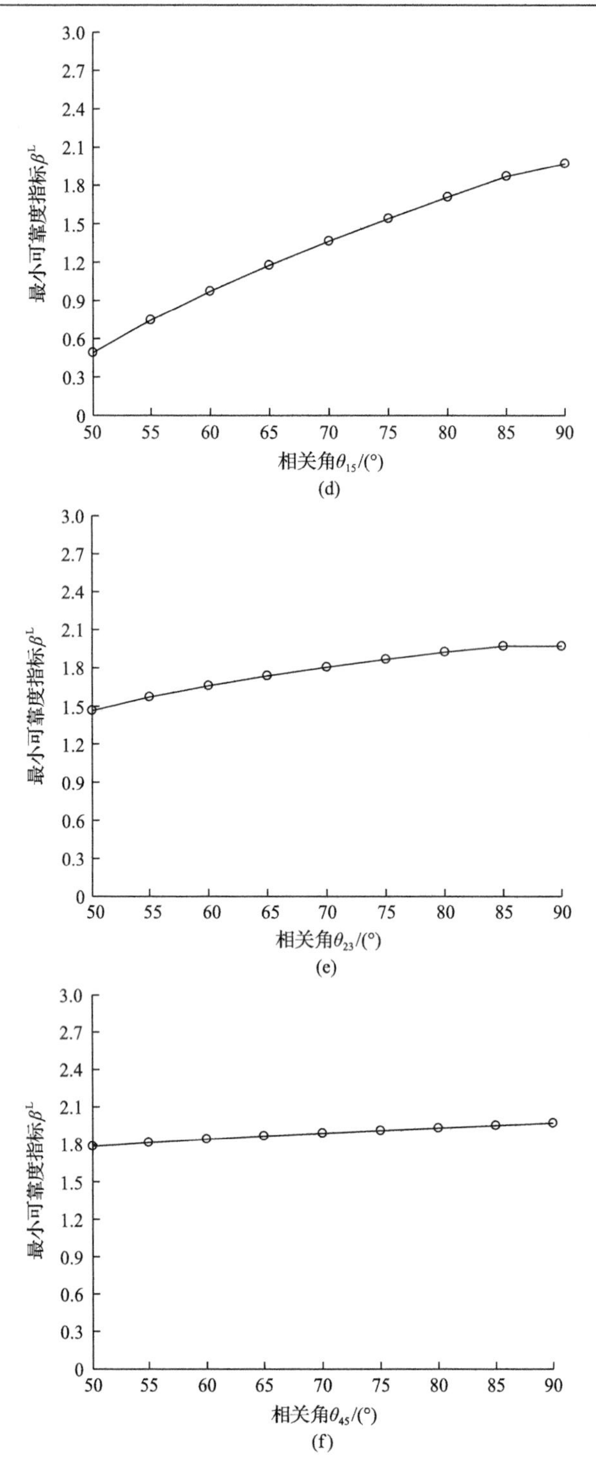

图 9.5　变量相关性对最小可靠度指标的影响(9.1.3 节悬臂梁结构)[6]

9.2　基于样本相关系数的可靠性分析

9.2.1　统一样本相关系数的定义

在统计理论中，线性相关系数是度量随机变量之间相关性的重要指标之一[12]。对于随机变量 X_1 及 X_2，相关系数 $\rho_{X_1X_2}$ 定义如下：

$$\rho_{X_1X_2}=\frac{\operatorname{Cov}(X_1,X_2)}{\sqrt{\operatorname{Var}(X_1)\operatorname{Var}(X_2)}} \tag{9.27}$$

其中，$\operatorname{Var}(X_1)$ 和 $\operatorname{Var}(X_2)$ 分别表示 X_1 和 X_2 的方差；$\operatorname{Cov}(X_1,X_2)$ 表示 X_1 及 X_2 的协方差。在实际问题中，一般基于已知的样本来估计变量之间的相关系数。X_1 和 X_2 的样本相关系数 $r_{X_1X_2}=r_{X_2X_1}$ 可通过式(9.28)计算得到[13]：

$$r_{X_1X_2}=\frac{\sum\left(X_{1k}-\tilde{X}_1\right)\left(X_{2k}-\tilde{X}_2\right)}{\sqrt{\sum\left(X_{1k}-\tilde{X}_1\right)^2}\sqrt{\sum\left(X_{2k}-\tilde{X}_2\right)^2}},\quad k=1,2,\cdots,L \tag{9.28}$$

其中，(X_{1k},X_{2k}) 表示 (X_1,X_2) 的第 k 个观测值；L 表示样本数量；$\tilde{X}_1$ 和 $\tilde{X}_2$ 表示样本均值。可见，样本相关系数 $r_{X_1X_2}$ 是对相关系数 $\rho_{X_1X_2}$ 的统计学估计，且 $r_{X_1X_2}$ 是 $\rho_{X_1X_2}$ 的无偏估计[13]。对于 n 个随机变量 $X_1,X_2,\cdots,X_n$ $(n\geqslant 2)$，可构建样本相关系数矩阵 $\boldsymbol{r_X}$：

$$\boldsymbol{r_X}=\begin{bmatrix} r_{X_1X_1} & r_{X_1X_2} & \cdots & r_{X_1X_n} \\ r_{X_2X_1} & r_{X_2X_2} & \cdots & r_{X_2X_n} \\ \vdots & \vdots & & \vdots \\ r_{X_nX_1} & r_{X_nX_2} & \cdots & r_{X_nX_n} \end{bmatrix} \tag{9.29}$$

事实上，样本相关系数是由特定的样本决定的，并不依赖变量的不确定性类型。故无论对于哪一种类型的不确定性变量，只要得到一组样本，即可以求得其样本相关系数。因此，理论上可以利用样本相关系数统一度量随机变量之间、区间变量之间以及随机变量和区间变量之间的相关性[14]。故本章将样本相关系数的概念引入混合可靠性问题中[14]，以处理随机变量 $\boldsymbol{X}=(X_1,X_2,\cdots,X_n)^{\mathrm{T}}$ 以及区间变量 $\boldsymbol{Y}=(Y_1,Y_2,\cdots,Y_m)^{\mathrm{T}}$ 之间的相关性。如果能得到 $(\boldsymbol{X},\boldsymbol{Y})$ 的一组样本，则可计算得到 $(\boldsymbol{X},\boldsymbol{Y})$ 的样本相关系数矩阵 $\boldsymbol{r_{XY}}$：

$$
\boldsymbol{r}_{\boldsymbol{XY}}=\begin{bmatrix}
r_{X_1X_1} & r_{X_1X_2} & \cdots & r_{X_1X_n} & r_{X_1Y_1} & r_{X_1Y_2} & \cdots & r_{X_1Y_m}\\
r_{X_2X_1} & r_{X_2X_2} & \cdots & r_{X_2X_n} & r_{X_2Y_1} & r_{X_2Y_2} & \cdots & r_{X_2Y_m}\\
\vdots & \vdots & & \vdots & \vdots & \vdots & & \vdots\\
r_{X_nX_1} & r_{X_nX_2} & \cdots & r_{X_nX_n} & r_{X_nY_1} & r_{X_nY_2} & \cdots & r_{X_nY_m}\\
r_{Y_1X_1} & r_{Y_1X_2} & \cdots & r_{Y_1X_n} & r_{Y_1Y_1} & r_{Y_1Y_2} & \cdots & r_{Y_1Y_m}\\
r_{Y_2X_1} & r_{Y_2X_2} & \cdots & r_{Y_2X_n} & r_{Y_2Y_1} & r_{Y_2Y_2} & \cdots & r_{Y_2Y_m}\\
\vdots & \vdots & & \vdots & \vdots & \vdots & & \vdots\\
r_{Y_mX_1} & r_{Y_mX_2} & \cdots & r_{Y_mX_n} & r_{Y_mY_1} & r_{Y_mY_2} & \cdots & r_{Y_mY_m}
\end{bmatrix} \tag{9.30}
$$

9.2.2 独立变量等效模型的构建

与 9.2.1 节中的基于相关角的混合可靠性分析方法类似，需要首先将不确定性变量 $\boldsymbol{X}$ 和 $\boldsymbol{Y}$ 转换为标准变量 $\bar{\boldsymbol{X}}$ 和 $\bar{\boldsymbol{Y}}$，在转换的过程中样本相关系数视为保持不变，即 $\boldsymbol{r}_{\boldsymbol{XY}}=\boldsymbol{r}_{\bar{\boldsymbol{X}}\bar{\boldsymbol{Y}}}$。样本相关系数矩阵 $\boldsymbol{r}_{\bar{\boldsymbol{X}}\bar{\boldsymbol{Y}}}$ 可进行如下分解：

$$
\boldsymbol{r}_{\bar{\boldsymbol{X}}\bar{\boldsymbol{Y}}}=\boldsymbol{A}^{\mathrm{T}}\boldsymbol{A} \tag{9.31}
$$

由楚列斯基分解理论[7]可知，有且仅有一个上三角矩阵 $\boldsymbol{A}$ 满足式(9.31)：

$$
\boldsymbol{A}=\begin{bmatrix}
a_{11} & a_{12} & \cdots & a_{1(n+m)}\\
0 & a_{22} & \cdots & a_{2(n+m)}\\
\vdots & \vdots & & \vdots\\
0 & 0 & \cdots & a_{(n+m)(n+m)}
\end{bmatrix} \tag{9.32}
$$

通过矩阵变换将标准空间中的变量转换为 $\boldsymbol{V}=\left(V_1,V_2,\cdots,V_{n+m}\right)^{\mathrm{T}}$：

$$
\boldsymbol{V}=\boldsymbol{A}\left(\bar{\boldsymbol{X}},\bar{\boldsymbol{Y}}\right) \tag{9.33}
$$

于是有

$$
\left(\bar{\boldsymbol{X}},\bar{\boldsymbol{Y}}\right)^{\mathrm{T}}\boldsymbol{r}_{\bar{\boldsymbol{X}}\bar{\boldsymbol{Y}}}\left(\bar{\boldsymbol{X}},\bar{\boldsymbol{Y}}\right)=\left(\boldsymbol{A}^{-1}\boldsymbol{V}\right)^{\mathrm{T}}\boldsymbol{r}_{\bar{\boldsymbol{X}}\bar{\boldsymbol{Y}}}\left(\boldsymbol{A}^{-1}\boldsymbol{V}\right)=\boldsymbol{V}^{\mathrm{T}}\left[\left(\boldsymbol{A}^{-1}\right)^{\mathrm{T}}\boldsymbol{r}_{\bar{\boldsymbol{X}}\bar{\boldsymbol{Y}}}\left(\boldsymbol{A}^{-1}\right)\right]\boldsymbol{V} \tag{9.34}
$$

显然，$\left(\boldsymbol{A}^{-1}\right)^{\mathrm{T}}\boldsymbol{r}_{\bar{\boldsymbol{X}}\bar{\boldsymbol{Y}}}\left(\boldsymbol{A}^{-1}\right)=\left(\boldsymbol{A}^{-1}\right)^{\mathrm{T}}\boldsymbol{A}^{\mathrm{T}}\boldsymbol{A}\left(\boldsymbol{A}^{-1}\right)=\boldsymbol{I}$。由此可知，通过矩阵变换将原相关不确定性变量转换为不相关的变量，本节将其近似处理为独立变量。$\boldsymbol{V}$ 空间中的新变量可由原标准变量线性表示：

$$\begin{cases} V_i = \sum_{j=1}^{n} a_{ij}\bar{X}_j + \sum_{k=1}^{m} a_{i(n+k)}\bar{Y}_k, & 1 \leqslant i \leqslant n \\ V_i = \sum_{k=1}^{m} a_{i(n+k)}\bar{Y}_k, & n+1 \leqslant i \leqslant n+m \end{cases} \tag{9.35}$$

类似地，根据正态变量线性组合的规律，可以得到 V_i 的分布类型及参数。$V_i(1 \leqslant i \leqslant n)$ 为正态随机变量，其均值为区间：

$$\mu_{V_i} = \left[-\sum_{j=n+1}^{n+m} \left| a_{ij} \right|, \sum_{j=n+1}^{n+m} \left| a_{ij} \right| \right] \tag{9.36}$$

其标准差为

$$\sigma_{V_i} = \sum_{k_1=1}^{n}\sum_{k_2=1}^{n} a_{ik_1} a_{ik_2} \operatorname{Cov}(\bar{X}_{k_1}, \bar{X}_{k_2}) = \sum_{k_1=1}^{n}\sum_{k_2=1}^{n} a_{ik_1} a_{ik_2} r_{X_{k_1} X_{k_2}} \tag{9.37}$$

$V_i(n+1 \leqslant i \leqslant n+m)$ 为区间变量：

$$V_i = \left[-\sum_{j=n+1}^{n+m} \left| a_{ij} \right|, \sum_{j=n+1}^{n+m} \left| a_{ij} \right| \right] \tag{9.38}$$

经上述变换，原功能函数 $g(\boldsymbol{X},\boldsymbol{Y})$ 的可靠性分析问题等效转换为功能函数 $g_V(V_1,V_2,\cdots,V_{n+m})$ 的可靠性分析问题，其中 $V_i(1 \leqslant i \leqslant n)$ 为正态随机变量，其均值为区间；$V_i(n+1 \leqslant i \leqslant n+m)$ 为区间变量。以 $\boldsymbol{X}'$ 记所有的随机变量，$\boldsymbol{Y}'$ 记所有的区间变量(包括区间变量以及随机变量的均值区间)，相应的功能函数可表示为 $g_V = g_V(\boldsymbol{X}',\boldsymbol{Y}')$。随后，可通过构造如式(9.21)和式(9.22)所示的两个优化问题求解可靠度指标区间，并获得对应的失效概率区间。

9.2.3　数值算例与工程应用

例 9.3　压力圆筒结构。

图 9.6 为含裂纹的压力圆筒结构[15]，D 表示圆筒内径，δ_h 表示壁厚，材料断裂韧度 $K_{\mathrm{IC}} = 120\mathrm{MPa}\cdot\sqrt{\mathrm{m}}$。在筒内压力 p 的作用下，圆筒结构表面有一沿轴向的半椭圆裂纹，裂纹长度 $c = 10.5\mathrm{mm}$，裂纹深度为 a。圆筒结构表面半椭圆裂纹属于 I 型裂纹，圆筒周向应力 S_{t} 和裂纹应力强度因子 K_{I} 分别为

$$S_{\mathrm{t}} = pD/(2\delta_h),\quad K_{\mathrm{I}} = 1.95S\sqrt{a/1.55} \tag{9.39}$$

由断裂准则，应力强度因子 K_{I} 应小于断裂韧度 K_{IC}，故可构建功能函数如下：

$$g\left(K_{\mathrm{IC}}, p, D, \delta_h, a\right)=K_{\mathrm{IC}}-\frac{0.975 p D}{\delta_h} \sqrt{\frac{a}{1.55}} \tag{9.40}$$

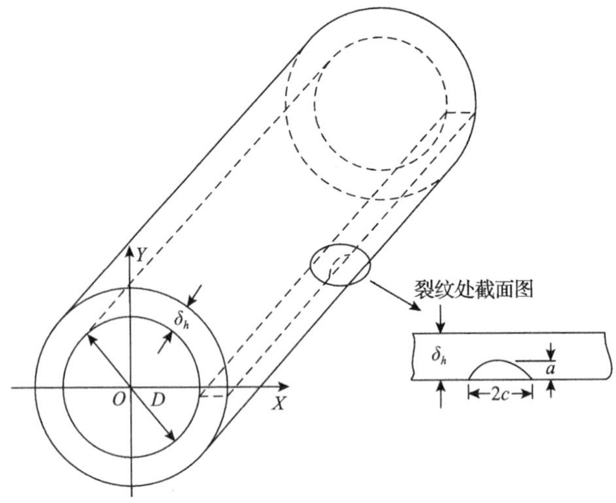

图 9.6 含裂纹的压力圆筒结构

不确定性变量分布类型和参数如表 9.5 所示，其中 p 、δ_h 和 a 为正态分布随机变量，D 为区间变量。

表 9.5 不确定性变量类型和参数(压力圆筒结构)[14]

不确定性变量	参数 1	参数 2	变量类型	分布类型
p(MPa)	5.8	0.9	随机变量	正态分布
δ_h(mm)	5	0.2	随机变量	正态分布
a(mm)	3	0.1	随机变量	正态分布
D(mm)	1490	1510	区间变量	—

考虑不确定性变量中 δ_h 、a 及 D 两两之间的相关性，给定了 3 个变量、80 个样本，其散点图如图 9.7 所示。可发现，图 9.7(a)和(b)中样本点之间存在明显的正相关性，而图 9.7(c)中样本点之间呈现明显的负相关性。混合可靠性分析结果如表 9.6 所示，得到的可靠度指标区间及失效概率区间分别为$[2.9945, 4.0808]$和$\left[2.2443\times10^{-5}, 1.4000\times10^{-3}\right]$，由结果可知，结构的可靠性较高。下面继续讨论变量相关性对可靠性的影响，本算例中考虑了三种情况，每种情况中仅考虑两个变量之间的相关性，且考虑样本相关系数在$[-0.9, 0.9]$变化，计算结

果如图 9.8 所示。图 9.8(a)中为 δ_h 和 a 的样本相关系数 $r_{\delta_h a}$ 对可靠度指标的影响，可知可靠度指标上下边界的变化都呈抛物线状；当 $r_{\delta_h a}$ 值从-0.9 到 0.9 变化时，得到的最大可靠度指标 β^{R} 首先从 3.1047 增大到 3.6484，随后减小到 2.9192；而最小可靠度指标 β^{L} 首先从 3.0103 增大到 3.5294，随后减小到 2.8346。而图 9.8(b)和(c)中，δ_h 和 D 的样本相关系数 $r_{\delta_h D}$ 以及 a 和 D 的样本相关系数 r_{aD} 对可靠度指标的影响趋势相类似，都呈 X 形，即随着样本相关系数从-0.9 到 0.9 变化，最大可靠度指标 β^{R} 先减小后增大，而最小可靠度指标 β^{L} 先增大后减小。这也进一步说明，实际问题中变量相关性对于结构可靠性的影响具有一定的复杂性。

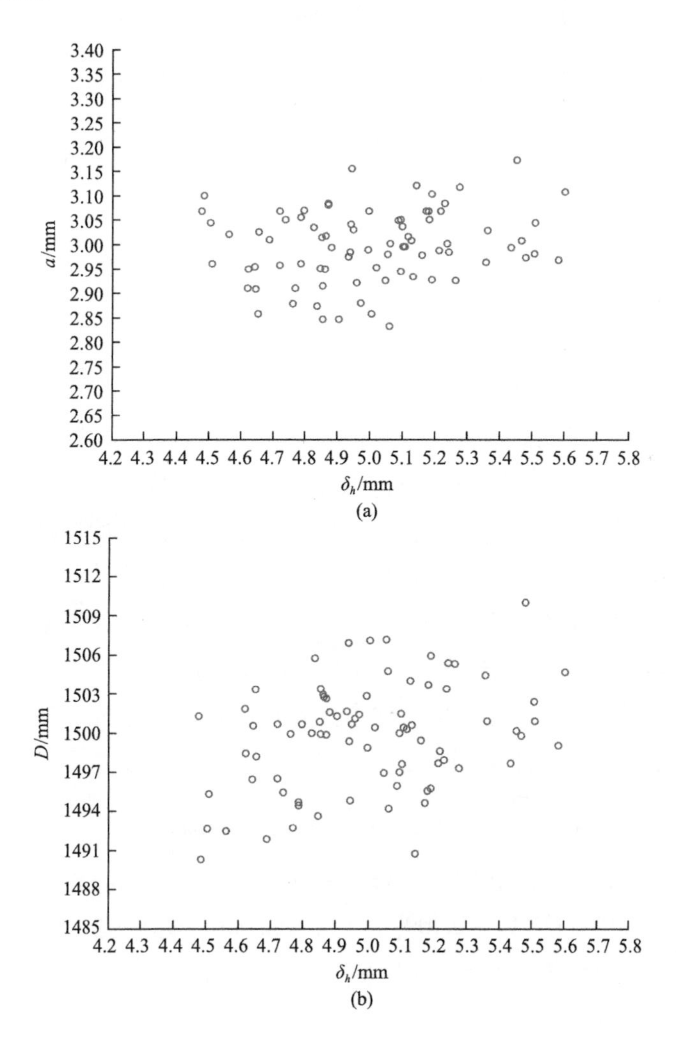

(a)

(b)

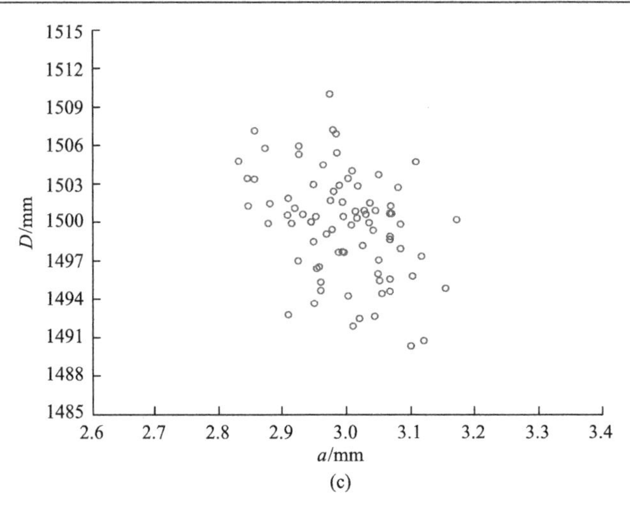

(c)

图 9.7 样本散点图(压力圆筒结构)[14]

表 9.6 混合可靠性分析结果(压力圆筒结构)[14]

结果	可靠度指标	失效概率	迭代次数	功能函数调用次数
下边界	2.9945	1.4000×10^{-3}	35	315
上边界	4.0808	2.2443×10^{-5}	37	333

例 9.4 在汽车侧碰安全性分析中的应用。

随着人们对汽车安全性的要求越来越高，汽车侧碰安全成为汽车安全设计中一个重要问题。图 9.9 为某汽车侧碰的有限元模型，该模型有 1063139 个单元及 944301 个节点，初始碰撞速度为50km/h 。因制造工艺带来的误差，将左侧一体式框架、左前门加强筋、左侧 B 柱内外板四个构件的厚度 X_1、X_2、Y_1、Y_2 处理为不确定性变量，其中前两个为随机变量，后两个为区间变量，变量的分布类型和参数如表 9.7 所示。为了满足结构安全性的要求，B 柱的侵入速度 v 不能大于8.5km/h ，并以此建立可靠性分析的功能函数。为了提高计算效率，采用拉丁超立方法[16]选取了 29 个样本点并分别进行有限元分析，在此基础上构建了如下多项式响应面模型[17]：

$$
\begin{aligned}
g(\boldsymbol{X},\boldsymbol{Y}) = {} & 11.7744 + 1.46673X_1 - 0.962178X_2 - 0.888192Y_1 \\
& - 3.12852Y_2 - 0.259711X_1^2 + 0.482359X_2^2 + 1.05745Y_1^2 + 0.822178Y_2^2 \\
& - 1.05685X_1X_2 - 0.409964X_1Y_1 + 0.371028X_1Y_2 - 0.398191X_2Y_1 \\
& + 0.334846X_2Y_2 - 0.0612924Y_1Y_2
\end{aligned}
\tag{9.41}
$$

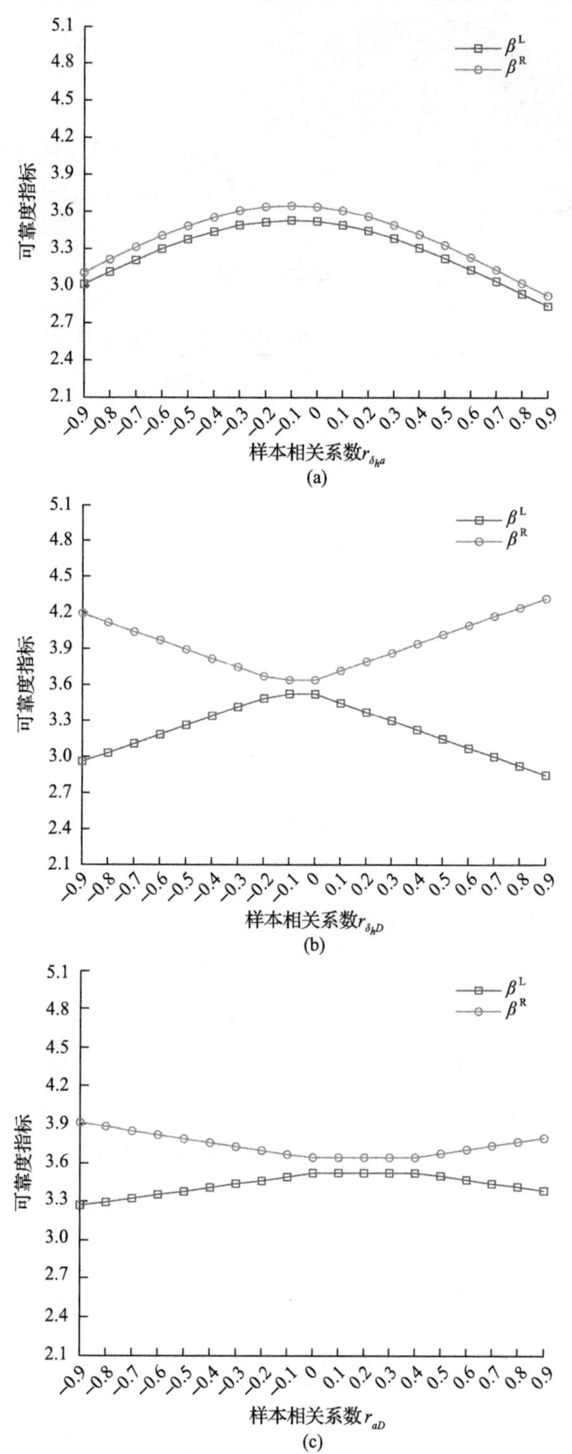

图 9.8　样本相关系数对可靠度指标的影响(压力圆筒结构)[14]

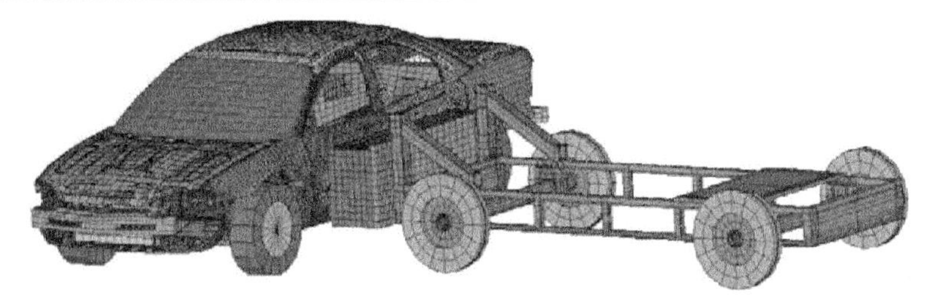

图 9.9 汽车侧碰的有限元模型[18]

表 9.7 不确定性变量类型和参数(汽车侧碰安全性分析)[14]

不确定性变量	参数 1	参数 2	变量类型	分布类型
X_1(mm)	1.0	0.08	随机变量	正态分布
X_2(mm)	4.5	0.68	随机变量	对数正态分布
Y_1(mm)	1.2	1.6	区间变量	—
Y_2(mm)	1.0	1.5	区间变量	—

图 9.10 为 4 组变量、80 个样本点的散点图。由图可发现这四组变量两两之间均存在一定的正相关性。混合可靠性分析结果如表 9.8 所示，得到的可靠度指标区间及失效概率区间分别为$[1.2527, 6.0791]$和$[0.0000, 0.1052]$。由结果可知，该汽车结构在最坏情况下的失效概率达到 0.1052，侧碰安全性较低，有必要对其进行改进与优化。为分析不同变量之间的相关性对结构可靠性的影响，本算例中讨论了四种情况，每种情况中仅考虑两个变量之间的相关性，且考虑样本相关系数在$[-0.9, 0.9]$的变化，计算结果如图 9.11 所示。图 9.11(a)中为 X_1 和 X_2 的样本相关系数 $r_{X_1X_2}$ 对可靠度指标的影响，可见最小可靠度指标 β^{L} 和最大可靠度指标 β^{R} 的变化都呈抛物线状；而图 9.11(b)和(c)中，样本相关系数对可靠度指标的影响趋势都呈 Y 形；图 9.11(d)中可靠度指标的变化趋势则比图 9.11(a)～(c)更为复杂，随着 $r_{Y_1Y_2}$ 的增大，最大可靠度指标 β^{R} 先减小后增大，而最小可靠度指标 β^{L} 在 $r_{Y_1Y_2}$ 变化过程中首先保持相对稳定，随后有一个小幅下降及上升的变化。

表 9.8 混合可靠性分析结果(汽车侧碰安全性分析)[14]

结果	可靠度指标	失效概率	迭代次数	功能函数调用次数
下边界	1.2527	0.1052	15	135
上边界	6.0791	0.0000	24	231

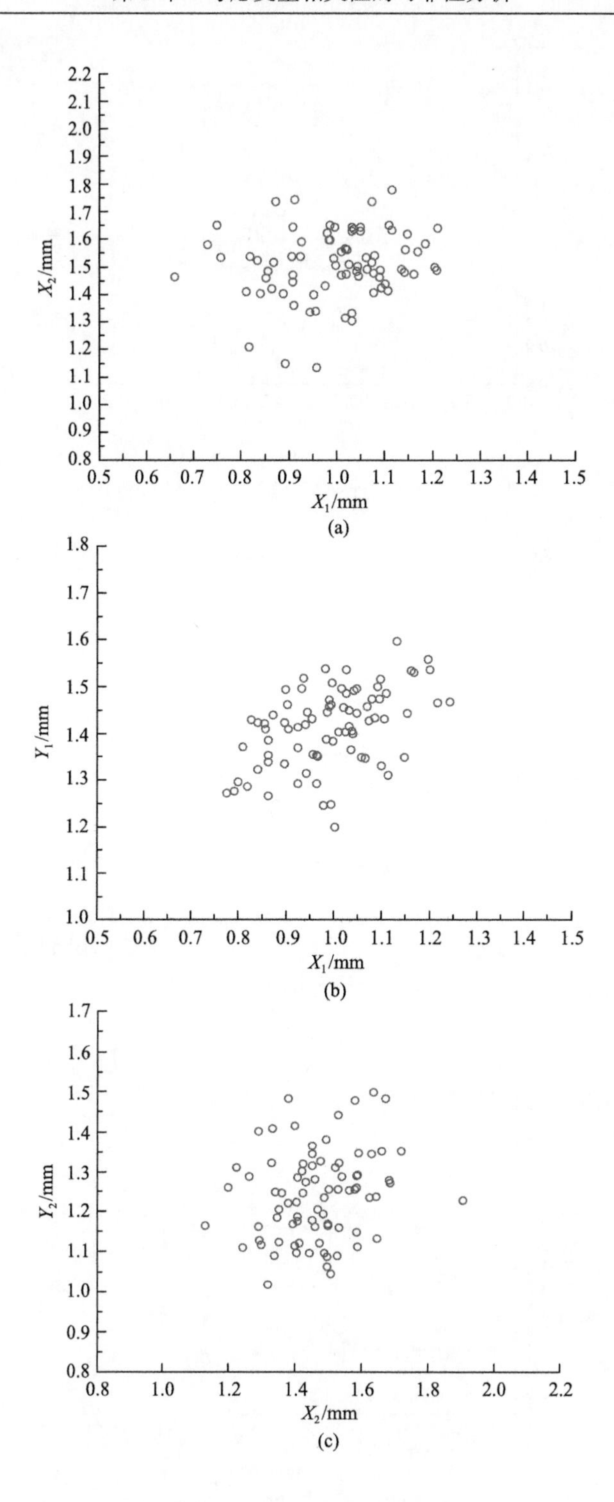

X2/mm
X1/mm
(a)
Y1/mm
X1/mm
(b)
Y2/mm
X2/mm
(c)

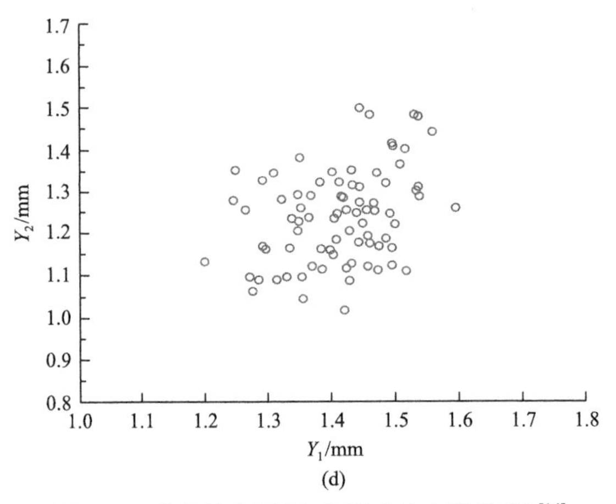

(d)

图 9.10　样本散点图(汽车侧碰安全性分析)[14]

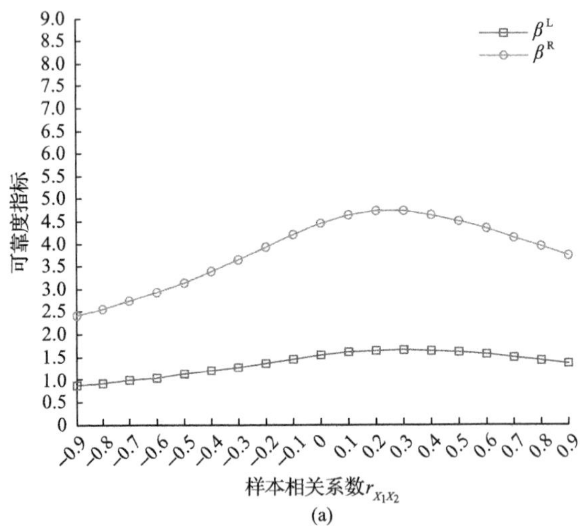

(a)

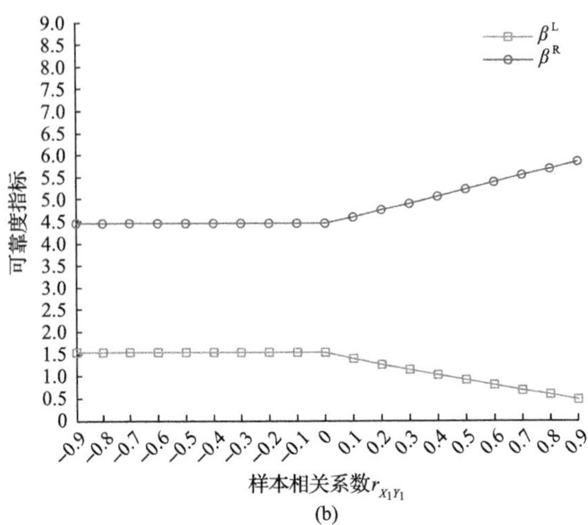

(b)

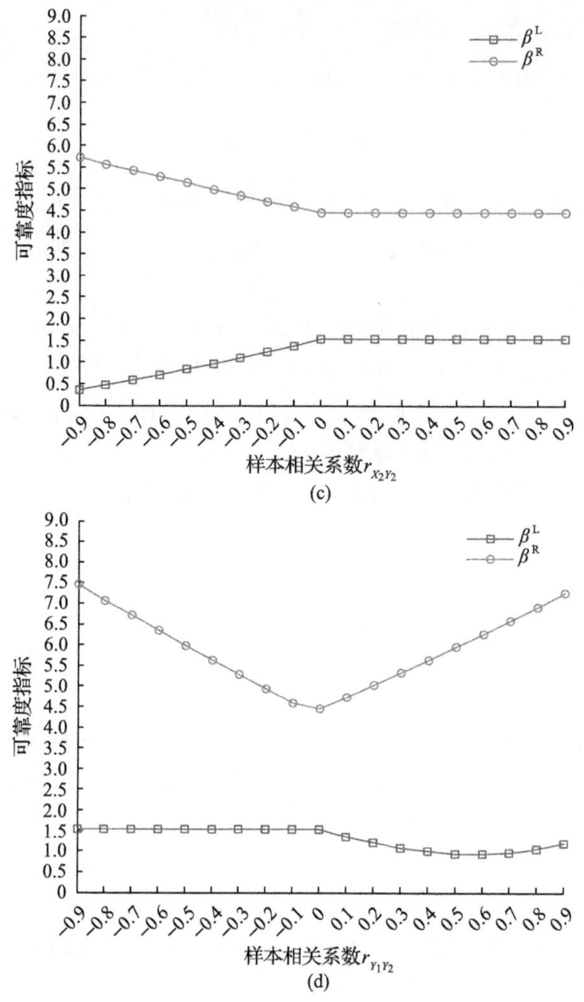

图 9.11　样本相关系数对可靠度指标的影响(汽车侧碰安全性分析)[14]

9.3　本 章 小 结

本章针对Ⅱ型混合可靠性问题，分别提出了基于相关角和样本相关系数的两类混合可靠性分析方法。在两类方法中，分别通过定义相关角和样本相关系数来度量不确定性变量之间的相关性，并通过坐标变换将相关变量混合可靠性问题转换为独立变量混合可靠性问题进行求解。数值算例和工程应用结果表明，变量之间的相关性对结构混合可靠性可能产生较为复杂和显著的影响，故需要在一些重要结构的可靠性设计中充分考虑。另外，对于随机、区间甚至更多其他类型的不确定性变量的统一相关性度量，其仍然是一个前沿研究方向，同时也是一个难点问题，本章内容只是该方向的一个初步探索和尝试。

参 考 文 献

[1] 贡金鑫. 工程结构可靠度计算方法. 大连: 大连理工大学出版社, 2003.

[2] Rosenblatt M. Remarks on a multivariate transformation. The Annals of Mathematical Statistics, 1952, 23(3): 470-472.

[3] Der Kiureghian A, Liu P L. Structural reliability under incomplete probability information. Journal of Engineering Mechanics, 1986, 112(1): 85-104.

[4] Liu P L, Der Kiureghian A. Multivariate distribution models with prescribed marginals and covariances. Probabilistic Engineering Mechanics, 1986, 1(2): 105-112.

[5] 赵国藩, 王恒栋. 广义随机空间内的结构可靠度实用分析方法. 土木工程学报, 1996, 29(4): 47-51.

[6] 姜潮, 郑静, 韩旭, 等. 一种考虑相关性的概率-区间混合不确定模型及结构可靠性分析. 力学学报, 2014, 46(4): 591-600.

[7] Pozrikidis C. Numerical Computation in Science and Engineering. New York: Oxford University Press, 1998.

[8] Jiang C, Han X, Lu G Y, et al. Correlation analysis of non-probabilistic convex model and corresponding structural reliability technique. Computer Methods in Applied Mechanics and Engineering, 2011, 200(33-36): 2528-2546.

[9] Jiang C, Zhang Q F, Han X, et al. A non-probabilistic structural reliability analysis method based on a multidimensional parallelepiped convex model. Acta Mechanica, 2014, 225(2): 383-395.

[10] Jiang C, Zhang Q F, Han X, et al. Multidimensional parallelepiped model—A new type of non-probabilistic convex model for structural uncertainty analysis. International Journal for Numerical Methods in Engineering, 2015, 103(1): 31-59.

[11] Frank J A. Schaum's Outlines of Theory and Problems of Projective Geometry. New York: McGraw-Hill Book Company, 1968.

[12] Brownlee K A. Statistical Theory and Methodology in Science and Engineering. New York: Wiley, 1965.

[13] Iversen G R, Gergen M. Statistics: The Conceptual Approach. Berlin: Springer Science & Business Media, 2012.

[14] Jiang C, Zheng J, Ni B Y, et al. A probabilistic and interval hybrid reliability analysis method for structures with correlated uncertain parameters. International Journal of Computational Methods, 2015, 12(4): 1540006.

[15] 李昆锋, 杨自春, 孙文彩. 结构凸集—概率混合可靠性分析的新方法. 机械工程学报, 2012,

48(14): 192-198.

[16] Myers R H, Montgomery D C, Anderson-Cook C M. Response Surface Methodology: Process and Product Optimization Using Designed Experiments. New York: John Wiley & Sons, 2016.

[17] 董朵. 基于析因设计的汽车车身的多变量抗撞性优化. 长沙: 湖南大学, 2012.

[18] National Highway Traffic Safety Administration (NHTSA). Crash simulation vehicle models, https://www.nhtsa.gov/crash-simulation-vehicle-models [2014-3-10].

第 10 章　基于可靠性的优化设计

基于可靠性的优化设计(reliability-based design optimization, RBDO)可以在优化过程中充分考虑不确定性对于约束的影响，从而得到满足可靠度指标的优化结果，对于工程结构或产品的安全性设计具有重要作用。RBDO 是多年来结构可靠性领域的重要研究方向之一，已发展出一系列高效求解方法，如单层解耦方法[1-5]、基于响应面的方法[6-9]等。发展随机-区间混合 RBDO(hybrid RBDO, HRBDO)，将有望进一步拓展 RBDO 在未来复杂结构可靠性设计中的适用性。因为 RBDO 通常涉及嵌套优化问题的求解，而随机变量和区间变量同时存在的 HRBDO 问题将产生比常规 RBDO 更为复杂的嵌套优化问题，其有效求解已成为 HRBDO 构建过程中的主要难点。在该方向目前已经有一些研究报道，例如，Du 等[10,11]提出了高效的序列解耦方法，将嵌套优化转换为一系列确定性优化及最坏情况下的可靠性分析；Kang 和 Luo[12]将嵌套优化转换为一系列确定性优化及逆可靠性分析，并推导了基于功能函数线性化假设的 MPP 高效迭代求解格式等。

针对Ⅰ型混合不确定性问题，本章提出一种基于渐进移动矢量(incremental shifting vector, ISV)策略的 HRBDO 方法，可以实现复杂嵌套优化的高效求解。首先，基于最小可靠度要求建立概率约束，并给出一种近似可靠性计算方法，避免可靠性分析中的多变量寻优过程，实现混合可靠性分析的高效求解；其次，基于 ISV 策略构建一种高效解耦方法，将嵌套优化问题转换为确定性优化设计与混合可靠性分析的序列迭代过程，实现快速收敛。另外，本章方法也可以类似地拓展到Ⅱ型混合模型的 HRBDO 问题中，这里不再赘述。

10.1　传统 RBDO 问题

传统 RBDO 只针对随机不确定性问题，一般可表示为[1]

$$\begin{cases}\min\limits_{\boldsymbol{d},\boldsymbol{\mu}_X} f\left(\boldsymbol{d},\boldsymbol{\mu}_X,\boldsymbol{\mu}_P\right)\\ \text{s.t. } \operatorname{Prob}\left(g_j\left(\boldsymbol{d},\boldsymbol{Z}\right)\geqslant 0\right)\geqslant R_j^{\mathrm{t}},\quad j=1,2,\cdots,n_g\\ \quad \boldsymbol{Z}=\left[\boldsymbol{X},\boldsymbol{P}\right],\boldsymbol{d}^{\mathrm{L}}\leqslant\boldsymbol{d}\leqslant\boldsymbol{d}^{\mathrm{R}},\boldsymbol{\mu}_X^{\mathrm{L}}\leqslant\boldsymbol{\mu}_X\leqslant\boldsymbol{\mu}_X^{\mathrm{R}}\end{cases}\tag{10.1}$$

其中，f 和 g_j 分别表示目标函数和第 j 个约束；n_g 表示约束的个数；$\boldsymbol{d}$ 表示 n_d 维确定性设计向量；$\boldsymbol{X}$ 表示 n_X 维随机设计向量；$\boldsymbol{P}$ 表示 n_P 维随机参数向量；$\boldsymbol{\mu}_X$ 和 $\boldsymbol{\mu}_P$ 分别表示 $\boldsymbol{X}$ 和 $\boldsymbol{P}$ 的均值向量；$\boldsymbol{Z}$ 表示由 $\boldsymbol{X}$ 和 $\boldsymbol{P}$ 组成的 n_Z 维随机向量，其均值向量记为 $\boldsymbol{\mu}_Z$；R_j^{t} 表示第 j 个约束的目标可靠度。在实际工程问题中，f 和 g_j 一般为非线性隐函数，前者与 $\boldsymbol{d}$、$\boldsymbol{\mu}_X$ 和 $\boldsymbol{\mu}_P$ 相关，后者与 $\boldsymbol{d}$、$\boldsymbol{X}$ 和 $\boldsymbol{P}$ 相关。

假设 $\boldsymbol{X}$ 和 $\boldsymbol{P}$ 相互独立，则在任意 $\boldsymbol{d}$ 和 $\boldsymbol{\mu}_X$ 下，第 j 个约束的可靠度可写成如下积分形式：

$$\mathrm{Prob}\left(g_j(\boldsymbol{Z}) \geqslant 0\right) = \int_{g_j \geqslant 0} f_{\boldsymbol{Z}}(\boldsymbol{Z})\,\mathrm{d}\boldsymbol{Z} \tag{10.2}$$

其中，$f_{\boldsymbol{Z}}(\boldsymbol{Z})$ 表示 $\boldsymbol{Z}$ 的联合概率密度函数。基于 FORM[13-16]进行可靠度计算，则式(10.1)中的概率约束可改写为

$$\begin{aligned} &\mathrm{Prob}\left(g_j(\boldsymbol{d},\boldsymbol{X},\boldsymbol{P}) \geqslant 0\right) = \int_{G_j \geqslant 0} f_{\boldsymbol{U}}(\boldsymbol{U})\,\mathrm{d}\boldsymbol{U} \geqslant R_j^{\mathrm{t}} \\ &R_j^{\mathrm{t}} = \varPhi\left(-\beta_j^{\mathrm{t}}\right), \quad j = 1,2,\cdots,n_g \end{aligned} \tag{10.3}$$

其中，G_j 表示约束 g_j 在标准正态空间所对应的约束方程；$f_{\boldsymbol{U}}$ 表示标准正态向量 $\boldsymbol{U}$ 的联合概率密度函数；β_j^{t} 表示第 j 个约束的目标可靠度指标。对于第 j 个可靠性约束，如第 1 章所介绍的，可基于 RIA 方法[17,18]和 PMA 方法[19,20]构建如式(1.51)和式(1.53)所示的优化问题进行可靠性分析。

可见，RBDO 通过概率约束在不确定性变量和设计方案之间建立了直接联系，对于每一个设计方案，都需要评估其在不确定性条件下的可靠性。为此，RBDO 需要求解双层嵌套优化问题，在外层设计变量寻优过程中，需要反复调用内层的可靠性分析；而现有的可靠性分析，无论是采用 RIA 方法还是 PMA 方法都为多变量寻优过程，计算量较大。解耦方法是当前最为有效的一类 RBDO 求解方法，如序列优化与可靠性分析(sequential optimization and reliability assessment, SORA)[1]、序列单循环方法[2]等，其基本思路是将可靠性分析从设计优化中剥离出来，解耦成序列迭代过程，从而有效提升计算效率。

10.2　HRBDO 模型构建及高效解耦算法

10.2.1　HRBDO 模型构建

对于考虑Ⅰ型随机-区间混合不确定性的 HRBDO 问题，结构中的随机变量

$\boldsymbol{Z}$ 包含区间分布参数，则其第 j 个概率约束的功能函数可写成 $g_j(\boldsymbol{d},\boldsymbol{Z},\boldsymbol{Y})$，其中 $\boldsymbol{Y}=\left(Y_1,Y_2,\cdots,Y_{n_Y}\right)^{\mathrm{T}}$ 为区间参数组成的 n_Y 维向量。第 j 个约束的可靠度则可表示为 $\mathrm{Prob}\left(g_j(\boldsymbol{d},\boldsymbol{Z},\boldsymbol{Y})\geqslant 0\right)$，其最小可靠度 R_j^{L} 和最大可靠度 R_j^{R} 可分别表示为[21,22]

$$R_j^{\mathrm{L}}=\mathrm{Prob}\left(\min_{\boldsymbol{Y}} g_j(\boldsymbol{d},\boldsymbol{Z},\boldsymbol{Y})\geqslant 0\right) \tag{10.4}$$

$$R_j^{\mathrm{R}}=\mathrm{Prob}\left(\max_{\boldsymbol{Y}} g_j(\boldsymbol{d},\boldsymbol{Z},\boldsymbol{Y})\geqslant 0\right) \tag{10.5}$$

其中，$\min\limits_{\boldsymbol{Y}} g_j(\boldsymbol{d},\boldsymbol{Z},\boldsymbol{Y})=0$ 和 $\max\limits_{\boldsymbol{Y}} g_j(\boldsymbol{d},\boldsymbol{Z},\boldsymbol{Y})=0$ 表示极限状态带的两个边界面。

在实际工程问题的可靠性设计中，最大失效概率通常是工程人员更为关心和重视的指标，因为结构或产品的约束应至少满足最小可靠度要求。为此，HRBDO 模型可构建如下：

$$\begin{cases}\min\limits_{\boldsymbol{d},\boldsymbol{\mu}_X} f\left(\boldsymbol{d},\boldsymbol{\mu}_X,\boldsymbol{\mu}_P\right)\\ \text{s.t. } R_j^{\mathrm{L}}=\mathrm{Prob}\left(\min\limits_{\boldsymbol{Y}} g_j(\boldsymbol{d},\boldsymbol{Z},\boldsymbol{Y})\geqslant 0\right)\geqslant R_j^{\mathrm{t}},\quad j=1,2,\cdots,n_g\\ \qquad \boldsymbol{Z}=[\boldsymbol{X},\boldsymbol{P}],\ \boldsymbol{d}^{\mathrm{L}}\leqslant\boldsymbol{d}\leqslant\boldsymbol{d}^{\mathrm{R}},\ \boldsymbol{\mu}_X^{\mathrm{L}}\leqslant\boldsymbol{\mu}_X\leqslant\boldsymbol{\mu}_X^{\mathrm{R}}\\ \qquad Y_i\in\left[Y_i^{\mathrm{L}},Y_i^{\mathrm{R}}\right],\quad i=1,2,\cdots,n_Y\end{cases} \tag{10.6}$$

显然，因为区间参数的引入，式(10.6)是比式(10.1)更为复杂的嵌套优化问题。下面将给出一种 HRBDO 解耦方法，将式(10.6)转换为一系列确定性优化和混合可靠性分析的序列迭代过程，以实现高效求解。为分析方便，本章仍然假定每个随机变量 Z_i 的概率分布函数中最多仅包含一个区间变量 Y_i。

10.2.2　约束混合可靠性分析

对于任一设计方案 $[\boldsymbol{d},\boldsymbol{\mu}_X]$，第 j 个可靠性约束可表示为

$$\mathrm{Prob}\left(\min_{\boldsymbol{Y}} g_j(\boldsymbol{d},\boldsymbol{Z},\boldsymbol{Y})\geqslant 0\right)\geqslant R_j^{\mathrm{t}} \tag{10.7}$$

式(10.7)即可采用本书第 3 章中介绍的基于单调性的混合可靠性分析方法进行求解。由单调性的性质可知，当随机变量的累积分布函数对其区间分布参数单调时，结构最大失效概率将出现在区间分布参数的某个边界组合上。以 $n_Y=2$ 为例，Y_i 存在四种边界组合情况：$\boldsymbol{Y}_1=\left(Y_1^{\mathrm{L}},Y_2^{\mathrm{L}}\right)^{\mathrm{T}}$、$\boldsymbol{Y}_2=\left(Y_1^{\mathrm{L}},Y_2^{\mathrm{R}}\right)^{\mathrm{T}}$、$\boldsymbol{Y}_3=\left(Y_1^{\mathrm{R}},Y_2^{\mathrm{L}}\right)^{\mathrm{T}}$、

$\boldsymbol{Y}_4=\left(Y_1^{\mathrm{R}},Y_2^{\mathrm{R}}\right)^{\mathrm{T}}$，最大失效概率所对应的 $\boldsymbol{Y}_j^*$ 为上述四种情况中的一种。对于更一般的情况，区间变量 $Y_i(i=1,2,\cdots,n_Y)$ 的边界组合存在 2^{n_Y} 种情况，即 $\boldsymbol{Y}_i(i=1,2,\cdots,2^{n_Y})$ 理论上需进行 2^{n_Y} 次可靠性分析：

$$\begin{cases}\beta_j=\min\limits_{\boldsymbol{U}}\|\boldsymbol{U}\| \\ \text{s.t. } G_j\left(\boldsymbol{U},\boldsymbol{Y}_i\right)=0, \quad i=1,2,\cdots,2^{n_Y}\end{cases} \tag{10.8}$$

每个 $\boldsymbol{Y}_i$ 对应一个可靠度指标 β_j，从中选择出最小值 β_j^{L} 及相应的 $\boldsymbol{Y}_j^*$，即为约束可靠性的最坏情况。为表述方便，将对应于 $\boldsymbol{Y}_j^*$ 的最小可靠度指标 β_j^{L} 记为 β_j^*。由此，式(10.7)也可写成如下形式：

$$\operatorname{Prob}\left(g_j\left(\boldsymbol{d},\boldsymbol{Z},\boldsymbol{Y}_j^*\right)\geqslant 0\right)\geqslant R_j^{\mathrm{t}} \tag{10.9}$$

通过上述方法虽然可以在一定程度上减少混合可靠性分析中嵌套优化的计算量，但是当区间变量的维度较高或约束较多时，仍需要调用较多次数的可靠性分析。为进一步提升计算效率，下面给出一种近似方法来对式(10.8)的优化问题进行高效求解。如图 10.1 所示，对于区间变量边界组合的某一特定情况 $\boldsymbol{Y}_i$，约束 g_j 的可靠度指标 β_j 表示在 $\boldsymbol{U}$ 空间中极限状态面 $G_j\left(\boldsymbol{U},\boldsymbol{Y}_i\right)=0$ 到原点(记为 $\boldsymbol{U}_0$)的最小距离。根据 RIA 方法的基本原理[13,14]，极限状态方程也可写成如下形式：

$$G_j\left(-\beta_j\frac{\nabla G_j\left(\boldsymbol{U}_j^*,\boldsymbol{Y}_i\right)}{\left\|\nabla G_j\left(\boldsymbol{U}_j^*,\boldsymbol{Y}_i\right)\right\|},\boldsymbol{Y}_i\right)=0, \quad i=1,2,\cdots,2^{n_Y} \tag{10.10}$$

对于尚不满足可靠度要求的第 j 个约束，随机变量所对应的验算点 $\boldsymbol{U}_j^*$ 与原点 $\boldsymbol{U}_0$ 的距离相对较近。通常情况下，约束函数的等值线 $G_j\left(\boldsymbol{U},\boldsymbol{Y}_i\right)=G_j\left(\boldsymbol{U}_0,\boldsymbol{Y}_i\right)$ 和约束边界 $G_j\left(\boldsymbol{U},\boldsymbol{Y}_i\right)=0$ 具有非常接近的曲线形状，故在求解式(10.9)时，可以用原点 $\boldsymbol{U}_0=0$ 处的梯度近似替代 $\boldsymbol{U}_j^*$ 处的梯度，并且沿着该方向计算得到一近似验算点 $\tilde{\boldsymbol{U}}_j^*$ 和近似可靠度指标 $\tilde{\beta}_j$[23]。其求解公式可表示为

$$G_j\left(-\tilde{\beta}_j\frac{\nabla G_j\left(\boldsymbol{U}_0,\boldsymbol{Y}_i\right)}{\left\|\nabla G_j\left(\boldsymbol{U}_0,\boldsymbol{Y}_i\right)\right\|},\boldsymbol{Y}_i\right)=0, \quad i=1,2,\cdots,2^{n_Y} \tag{10.11}$$

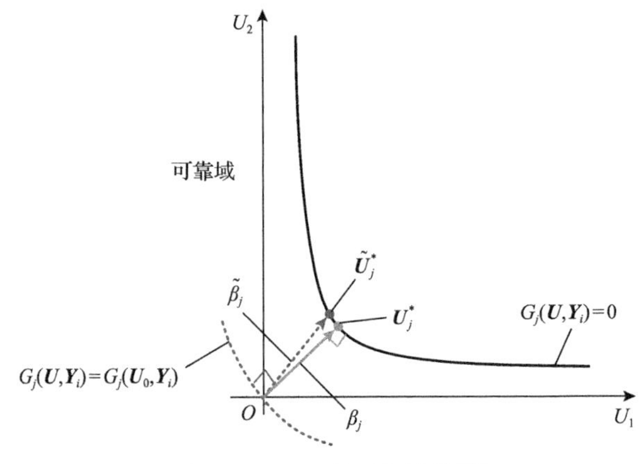

图 10.1　MPP 的近似计算[25]

对于任一确定的 $\boldsymbol{Y}_i$，式(10.11)为一非线性方程求根问题，仅含有未知变量 $\tilde{\beta}_j$，可通过牛顿迭代法[24]求解获得

$$\left(\tilde{\beta}_j\right)_{k+1}=\left(\tilde{\beta}_j\right)_k+\frac{\left\|\nabla G_j\left(\boldsymbol{U}_0,\boldsymbol{Y}_i\right)\right\|}{\nabla G_j\left(\boldsymbol{U}_0,\boldsymbol{Y}_i\right)}\frac{G_j\left(-\left(\tilde{\beta}_j\right)_k\dfrac{\nabla G_j\left(\boldsymbol{U}_0,\boldsymbol{Y}_i\right)}{\left\|\nabla G_j\left(\boldsymbol{U}_0,\boldsymbol{Y}_i\right)\right\|}\right)}{G_j'\left(-\left(\tilde{\beta}_j\right)_k\dfrac{\nabla G_j\left(\boldsymbol{U}_0,\boldsymbol{Y}_i\right)}{\left\|\nabla G_j\left(\boldsymbol{U}_0,\boldsymbol{Y}_i\right)\right\|}\right)}\tag{10.12}$$

其中，k 表示牛顿迭代步。通常情况下，牛顿迭代法只需少数几个迭代步及少数几次函数计算就能收敛到方程的根 $\tilde{\beta}_j^*$。

10.2.3　基于 ISV 策略的优化求解

基于 10.2.2 节介绍的近似可靠性分析，可以高效求解约束混合可靠性分析中的嵌套优化问题，提升了计算效率。但是从整个 HRBDO 求解过程来看，仍存在嵌套优化问题：外层为设计变量寻优，内层为混合可靠性分析。为进一步提升 HRBDO 嵌套优化问题求解的计算效率，下面将引入 ISV 策略[23]来构建一种高效的 HRBDO 解耦方法，从而将嵌套优化问题转换为确定性优化与混合可靠性分析的序列迭代过程。在该方法中，在设计优化阶段原不确定性约束被转换成等效的确定性约束，形成一个确定性优化问题，求解可得到新设计方案；在可靠性分析阶段，对新设计方案的可靠性进行评估，并为下一迭代中不确定性约束等效提供相应信息；设计优化和可靠性分析交替完成，直至收敛。

ISV 策略的核心问题是将如式(10.9)所示的概率约束近似等效成确定性约束，而等效过程的关键在于移动矢量的构建。为便于说明，假设第 j 个约束中

不存在 $\boldsymbol{d}$，仅存在 $\boldsymbol{X}$ 和 $\boldsymbol{P}$，二者组成的矢量 $\boldsymbol{Z}$ 含有两个随机变量。如图 10.2 所示，假如先不考虑随机变量的不确定性而用均值 $\boldsymbol{\mu_Z}$ 进行替代，其约束边界 $g_j\left(\boldsymbol{\mu_Z}\right)=0$ 将 $\boldsymbol{Z}$ 空间划分为两个区域：可靠域 $g_j\left(\boldsymbol{\mu_Z}\right)\geqslant 0$ 和失效域 $g_j\left(\boldsymbol{\mu_Z}\right)<0$。在考虑了不确定性后可靠域将变小，其概率约束边界 $\text{Prob}\left\{g_j\left(\boldsymbol{Z},\boldsymbol{Y}_j^*\right)\geqslant 0\right\}=R_j^{\text{t}}$ 必处在约束 $g_j\left(\boldsymbol{\mu_Z}\right)\geqslant 0$ 的可靠域内部。在 ISV 策略中，概率约束边界的近似等效约束是由原边界 $g_j\left(\boldsymbol{\mu_Z}\right)=0$ 向可靠域内部移动一个矢量 $\boldsymbol{S}_j$ 得到，记为 $g_j\left(\boldsymbol{\mu_Z}-\boldsymbol{S}_j\right)=0$。第 k 个迭代步移动矢量 $\boldsymbol{S}_j^{(k)}$ 的构造，是通过计算一个移动矢量增量 $\Delta\boldsymbol{S}_j^{(k)}$ 并与上一个迭代步的移动矢量 $\boldsymbol{S}_j^{(k-1)}$ 相结合得到：

$$\boldsymbol{S}_j^{(k)}=\boldsymbol{S}_j^{(k-1)}+\Delta\boldsymbol{S}_j^{(k)} \tag{10.13}$$

为此，在每个迭代步中移动矢量仅是对前迭代步移动矢量的调整，所以约束边界的移动是渐进式的。

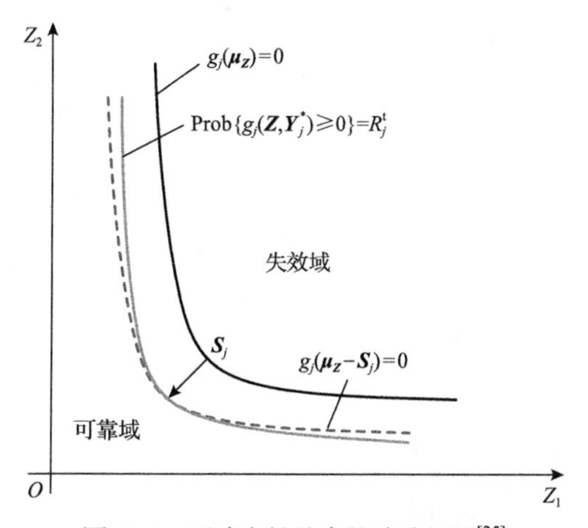

图 10.2　不确定性约束的移动矢量[25]

可用图 10.3 来说明移动矢量增量 $\Delta\boldsymbol{S}_j^{(k)}$ 的计算过程。整个分析过程在标准 $\boldsymbol{U}$ 空间中进行，$\boldsymbol{S}_{U,j}^{(k-1)}$ 表示 $\boldsymbol{U}$ 空间中的移动矢量，$G_j\left(\boldsymbol{U}-\boldsymbol{S}_{U,j}^{(k-1)},\boldsymbol{Y}_j^{*(k)}\right)=0$ 表示上一个迭代步的等效约束边界，其左侧为可靠域，并且当前设计方案落在可靠域内。需要指出的是，在迭代过程中原空间的均值点 $\boldsymbol{\mu}_{\boldsymbol{Z}}^{(k)}$ 有更新，因此约束 g_j 在 $\boldsymbol{U}$ 空间中对应的方程 G_j 也与 k 有关。如果考虑不确定性，设计方案的随机空间是以 $\boldsymbol{U}$ 空间原点为中心，目标可靠度指标 β_j^{t} 为半径的圆。假设此时约束

边界 $G_j\left(\boldsymbol{U}-\boldsymbol{S}_{\boldsymbol{U},j}^{(k-1)},\boldsymbol{Y}_j^{*(k)}\right)=0$ 穿过该区域，则当前设计方案的实际可靠度 $\beta_j^{*(k)}$ 小于目标可靠度 β_j^{t}，不满足可靠性要求，其间的差值为 $\Delta\beta_j^{(k)}=\beta_j^{\mathrm{t}}-\beta_j^{*(k)}$。为进一步提升设计点的可靠度，在当前迭代步中，需将约束边界进一步向可靠域方向微调。具体而言，是将等效约束边界在上一个迭代步的基础上，在 MPP 的梯度方向上平移 $\Delta\beta_j^{(k)}$。该平移矢量即所要计算的移动矢量增量，可表示为

$$\Delta\boldsymbol{S}_{\boldsymbol{U},j}^{(k)}=\left(\beta_j^{\mathrm{t}}-\beta_j^{*(k)}\right)\left(-\frac{\nabla G_j\left(\boldsymbol{U}_j^{*(k)},\boldsymbol{Y}_j^{*(k)}\right)}{\left\|\nabla G_j\left(\boldsymbol{U}_j^{*(k)},\boldsymbol{Y}_j^{*(k)}\right)\right\|}\right) \tag{10.14}$$

如前所述，通常情况下 $\boldsymbol{U}_0$ 和 $\boldsymbol{U}_j^{*(k)}$ 两点的梯度较为接近，故采用 $\boldsymbol{U}_0$ 点的梯度近似替代 $\boldsymbol{U}_j^{*(k)}$ 点的梯度，以减少计算量，则移动矢量增量可改写为

$$\Delta\boldsymbol{S}_{\boldsymbol{U},j}^{(k)}=\left(\beta_j^{\mathrm{t}}-\beta_j^{*(k)}\right)\left(-\frac{\nabla G_j\left(\boldsymbol{U}_0,\boldsymbol{Y}_j^{*(k)}\right)}{\left\|\nabla G_j\left(\boldsymbol{U}_0,\boldsymbol{Y}_j^{*(k)}\right)\right\|}\right) \tag{10.15}$$

在约束混合可靠性分析中，已经得到了式(10.15)中的 $\beta_j^{*(k)}$ 和 $\boldsymbol{Y}_j^{*(k)}$，可求得 $\Delta\boldsymbol{S}_{\boldsymbol{U},j}^{(k)}$，再将其转换到原空间，即得到所需的移动矢量增量 $\Delta\boldsymbol{S}_j^{(k)}$。

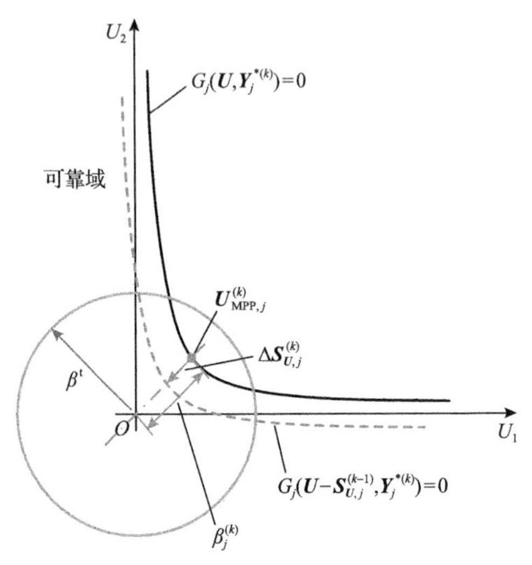

图 10.3　移动矢量增量的计算[25]

在第 k 迭代步，对每个约束逐一计算移动矢量增量以后，就可以对其失效边界设置移动矢量 $\boldsymbol{S}_j^{(k)}$，并进一步将式(10.6)中的混合不确定性约束转换成确定性约束，从而构建出如下的确定性优化问题：

$$\begin{cases}\min\limits_{\boldsymbol{d},\boldsymbol{\mu}_X} f\left(\boldsymbol{d},\boldsymbol{\mu}_X,\boldsymbol{\mu}_P\right)\\ \text{s.t.}\quad g_j\left(\boldsymbol{d},\boldsymbol{\mu}_Z-\boldsymbol{S}_j^{(k)}\right)\geqslant 0,\quad j=1,2,\cdots,n_g\\ \qquad \boldsymbol{\mu}_Z=\left[\boldsymbol{\mu}_X,\boldsymbol{\mu}_P\right],\boldsymbol{d}^{\mathrm{L}}\leqslant\boldsymbol{d}\leqslant\boldsymbol{d}^{\mathrm{R}},\boldsymbol{\mu}_X^{\mathrm{L}}\leqslant\boldsymbol{\mu}_X\leqslant\boldsymbol{\mu}_X^{\mathrm{R}}\end{cases}\tag{10.16}$$

约束混合可靠性分析和上述确定性优化求解交替进行，直到收敛。

10.2.4　算法流程

基于上述分析可发现，将 ISV 策略集成到 HRBDO 求解框架中，每一迭代步中的移动矢量保留了前迭代步中的移动矢量信息，可以视为对前迭代步中移动矢量的调整，故等效约束边界也是在上一迭代步的基础上进行微调，约束边界的移动是渐进式的。这种微调保证了两个连续迭代步之间的约束边界位置不会发生大幅度改变，可在很大程度上避免迭代过程中的数值振荡，同时又可以稳步提升设计方案的可靠度，从而确保求解过程的收敛性。

综上所述，本章提出的 HRBDO 算法流程如图 10.4 所示，具体步骤如下：

(1)求解确定性优化问题。在第 1 个迭代步($k=0$)，求解如下确定性优化问题作为第 1 个迭代步的初始解$\left[\boldsymbol{d}^{(0)},\boldsymbol{\mu}_X^{(0)}\right]$，并预设移动矢量 $\boldsymbol{S}_j^{(0)}=0$：

$$\begin{cases}\min\limits_{\boldsymbol{d},\boldsymbol{\mu}_X} f\left(\boldsymbol{d},\boldsymbol{\mu}_X,\boldsymbol{\mu}_P\right)\\ \text{s.t.}\quad g_j\left(\boldsymbol{d},\boldsymbol{\mu}_Z\right)\geqslant 0,\quad j=1,2,\cdots,n_g\\ \qquad \boldsymbol{\mu}_Z=\left[\boldsymbol{\mu}_X,\boldsymbol{\mu}_P\right],\boldsymbol{d}^{\mathrm{L}}\leqslant\boldsymbol{d}\leqslant\boldsymbol{d}^{\mathrm{R}},\boldsymbol{\mu}_X^{\mathrm{L}}\leqslant\boldsymbol{\mu}_X\leqslant\boldsymbol{\mu}_X^{\mathrm{R}}\end{cases}\tag{10.17}$$

(2)进行约束混合可靠性分析。令 $k=k+1$，采用式(10.8)基于上一迭代步得到的优化解对各约束逐一进行混合可靠性分析，得到最差情况下的区间变量边界组合 $\boldsymbol{Y}_j^{*(k)}$ 及实际可靠度指标 $\beta_j^{*(k)}$。

(3)计算移动矢量。对各约束逐一进行可靠性判断，如 $\beta_j^{*(k)}\geqslant\beta_j^{\mathrm{t}}$，则该约束的失效边界无须继续移动，即设置 $\Delta\boldsymbol{S}_j^{(k)}=0$；否则，采用式(10.15)计算移动矢量增量 $\Delta\boldsymbol{S}_j^{(k)}$，结合该约束上一迭代步的移动矢量 $\boldsymbol{S}_j^{(k-1)}$，构造新的移动矢量

$\boldsymbol{S}_j^{(k)} = \boldsymbol{S}_j^{(k-1)} + \Delta\boldsymbol{S}_j^{(k)}$。

(4)构造如式(10.16)所示的优化设计问题，并求解得到当前迭代步的优化解$\left[\boldsymbol{d}^{(k)}, \boldsymbol{\mu}_{\boldsymbol{X}}^{(k)}\right]$。

(5)判断收敛性。如果所有约束的移动矢量增量$\Delta\boldsymbol{S}_j^{(k)} = 0$且$\left|\dfrac{f\left(\boldsymbol{d}^{(k)}, \boldsymbol{\mu}_{\boldsymbol{X}}^{(k)}, \boldsymbol{\mu}_{\boldsymbol{P}}\right) - f\left(\boldsymbol{d}^{(k-1)}, \boldsymbol{\mu}_{\boldsymbol{X}}^{(k-1)}, \boldsymbol{\mu}_{\boldsymbol{P}}\right)}{f\left(\boldsymbol{d}^{(k)}, \boldsymbol{\mu}_{\boldsymbol{X}}^{(k)}, \boldsymbol{\mu}_{\boldsymbol{P}}\right)}\right| \leqslant \varepsilon$（$\varepsilon$为小的非负实数），则计算停止并得到最优解$\left[\boldsymbol{d}^*, \boldsymbol{\mu}_{\boldsymbol{X}}^*\right] = \left[\boldsymbol{d}^{(k)}, \boldsymbol{\mu}_{\boldsymbol{X}}^{(k)}\right]$；否则，转步骤(2)。

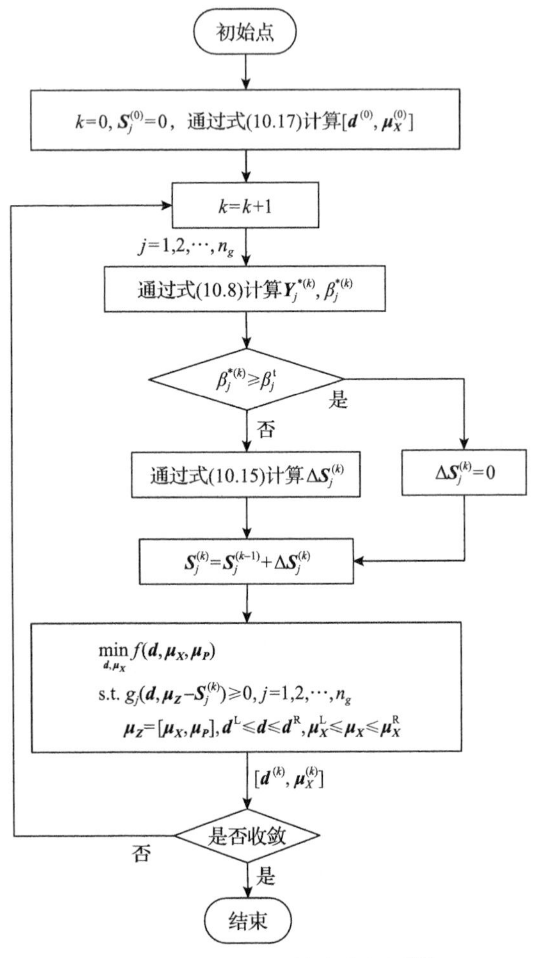

图 10.4　HRBDO 算法流程图[25]

10.3 数值算例与工程应用

例 10.1 悬臂梁结构设计。

考虑图 3.10 所示的悬臂梁结构，优化设计的目标为梁的截面积最小。梁的长度为 $L = 100\text{in}$，梁的截面宽度 b 和高度 h 为随机设计变量，梁的自由端所受水平载荷 P_x、垂直载荷 P_y、屈服强度 S 以及弹性模量 E 均为随机不确定性变量，变量的分布类型和参数如表 10.1 所示。考虑两个失效模式，一个是固定端的应力应小于屈服强度 S，另一个是自由端的位移应小于许用位移 $D = 2.5\text{in}$，则该 HRBDO 问题可建立如下：

$$\begin{cases} \min\limits_{\boldsymbol{\mu}_X} f(\boldsymbol{\mu}_X) = \mu_b \cdot \mu_h \\ \text{s.t. } R_j^{\mathrm{L}} = \operatorname{Prob}\left\{ g_j(\boldsymbol{X},\boldsymbol{P},\boldsymbol{Y}) \geqslant 0 \right\} \geqslant \Phi\left(-\beta_j^{\mathrm{t}}\right),\ \beta_j^{\mathrm{t}} = 3.0,\ j = 1,2 \\ \qquad g_1(\boldsymbol{X},\boldsymbol{P},\boldsymbol{Y}) = S - \left(\dfrac{6L}{b^2 h} P_x + \dfrac{6L}{b h^2} P_y \right) \\ \qquad g_2(\boldsymbol{X},\boldsymbol{P},\boldsymbol{Y}) = D - \dfrac{4L^3}{Ebh} \sqrt{\left(\dfrac{P_y}{h^2}\right)^2 + \left(\dfrac{P_x}{b^2}\right)^2} \\ \qquad \boldsymbol{X} = (b,h)^{\mathrm{T}} \\ \qquad \boldsymbol{P} = \left(P_x, P_y, S, E\right)^{\mathrm{T}} \\ \qquad \boldsymbol{Y} = \left(\sigma_b, \sigma_h, \mu_{P_x}, \mu_{P_y}, \sigma_S, \sigma_E\right)^{\mathrm{T}} \\ \qquad 0\text{in} < \mu_b < 5.0\text{in},\ 0\text{in} < \mu_h < 5.0\text{in} \end{cases} \tag{10.18}$$

表 10.1 不确定性变量分布类型和参数(10.3 节悬臂梁结构)[25]

随机变量	参数 1	参数 2	分布类型
$b(\text{in})$	μ_b	$\sigma_b \in [0.05, 0.07]$	正态分布
$h(\text{in})$	μ_h	$\sigma_h \in [0.05, 0.07]$	正态分布
P_x (lbf)	$\mu_{P_x} \in [475, 520]$	$\sigma_{P_x} = 50$	正态分布
P_y (lbf)	$\mu_{P_y} \in [950, 1050]$	$\sigma_{P_y} = 100$	正态分布
S (psi)	$\mu_S = 40000$	$\sigma_S \in [1800, 2200]$	正态分布
E (psi)	$\mu_E = 29000000$	$\sigma_E \in [1305000, 1595000]$	正态分布

注：1lbf=4.4482N；1psi=0.006895MPa。

为验证所提出方法的有效性，本算例基于 ISV 策略求解框架构造了两种 HRBDO 算法，分别称为 HRBDO_Ⅰ和 HRBDO_Ⅱ，其仅有的区别在于：HRBDO_Ⅰ在每一迭代步采用如式(10.11)所示近似方法进行可靠性计算，而 HRBDO_Ⅱ则采用如式(10.10)所示的常规可靠性分析方法。为验证算法的精度，本算例通过直接进行嵌套优化求解(Double-Loop)得到参考解，其中外层设计优化采用序列二次规划(sequential quadratic programming, SQP)[26]，内层则采用随机-区间混合可靠性分析。此外，为表明 HRBDO 的必要性，采用经典的 SORA 方法[1]进行传统 RBDO 分析，其中随机变量分布参数的区间不确定性被忽略，而采用其中点值替代。以上四个求解过程均选取 $\boldsymbol{\mu}_{\boldsymbol{X}}^{(0)}=(2.047\text{in},3.746\text{in})^{\text{T}}$ 作为初始点，计算结果与迭代过程分别如表 10.2 和图 10.5 所示。首先，可以发现 HRBDO_Ⅰ和 HRBDO_Ⅱ均在少数几次迭代后收敛到稳定的解，二者均非常接近由 Double-Loop 得到的参考解，并且两种算法的效率均远优于 Double-Loop。其次，通过比较 HRBDO_Ⅰ和 HRBDO_Ⅱ结果表明，近似可靠性分析的引入不会对整个求解结果造成明显误差，且能大幅提升优化效率。HRBDO_Ⅰ的功能函数调用次数为 2084 次，其仅约为 HRBDO_Ⅱ调用次数(10384 次)的 1/5。

表 10.2　可靠性优化设计结果(10.3 节悬臂梁结构设计)[25]

计算结果	参数	HRBDO 方法			RBDO 方法(SORA)
		Double-Loop 参考解	HRBDO_Ⅰ	HRBDO_Ⅱ	
优化设计解(in)	$\boldsymbol{\mu}_{\boldsymbol{X}}$	2.301; 4.213	2.299; 4.214	2.327; 4.164	2.251; 4.125
目标函数(in²)	f	9.693	9.682	9.689	9.285
最小可靠度指标	$\boldsymbol{\beta}^{*}$	3.0; 3.4	3.0; 3.3	3.0; 3.4	2.5; 2.7
功能函数调用次数	N	423840	2084	10384	465

另外，通过比较 HRBDO_Ⅰ与 SORA 方法的结果，发现二者之间存在显著差异。假如考虑分布参数的区间不确定性，并对 SORA 方法的优化解进行约束混合可靠性分析，可以得到 2 个约束的可靠度指标区间分别为 $[2.5,3.1]$ 和 $[2.7,3.3]$。可以发现，最小可靠度指标 $\beta_1^*=2.5$ 和 $\beta_2^*=2.7$ 均违反了目标可靠度指标 $\beta_1^{\text{t}}=\beta_2^{\text{t}}=3.0$。这表明，假如直接采用确定值替代区间分布参数，并将实际问题处理成传统 RBDO 问题，则有可能得到不可靠的优化结果。

例 10.2　在汽车耐撞性设计中的应用。

本算例中将所提出的 HRBDO 方法应用于图 6.5 所示的汽车耐撞性分析中，以在保证可靠性的同时实现关键部件的轻量化，仍然考虑 15km/h 低速偏置碰

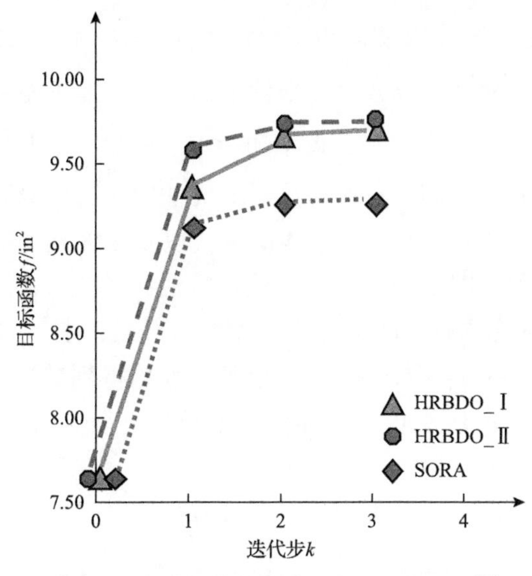

图 10.5　悬臂梁结构设计的求解迭代过程[25]

撞和 56km/h 高速正面碰撞两种工况。结合高速和低速耐撞性的特点，低速偏置碰撞中前纵梁内、外板吸收总能量 $\hat{E}$ 应小于额定值 $\hat{E}_0 = 300\text{J}$，高速正面碰撞时车体后排左侧座椅点加速度积分均值 $\bar{a}$ 和发动机上下两个标记点的侵入量 I^{H}、I^{L} 作为衡量车身安全性的指标分别应小于给定的额定值 $\bar{a}_0 = 40g$、$I_0^{\text{H}} = 350\text{mm}$ 和 $I_0^{\text{L}} = 200\text{mm}$；4 个约束目标可靠度指标均设为 $\beta_j^{\text{t}} = 2.0(j = 1,2,3,4)$。将前保险杠厚度，吸能盒内、外板厚度以及前纵梁内、外板厚度 $X_i(i=1,2,\cdots,5)$ 处理为随机变量，因实验样本缺乏，所有随机变量的标准差仅能给定区间，其具体参数信息如表 10.3 所示。综上，该 HRBDO 问题可建立如下：

$$\begin{cases}\min\limits_{\boldsymbol{\mu}_X} f\left(\boldsymbol{\mu}_X\right) = 2.088\mu_{X_1} + 0.404\mu_{X_2} + 0.22\mu_{X_3} + 1.2\mu_{X_4} + 0.887\mu_{X_5} \\ \text{s.t.}\ \ R_j^{\text{L}} = \text{Prob}\left(g_j\left(\boldsymbol{X},\boldsymbol{Y}\right) \geqslant 0\right) \geqslant \Phi\left(-\beta_j^{\text{t}}\right),\ \beta_j^{\text{t}} = 2.0,\ \ j = 1, 2, 3, 4 \\ \qquad g_1 = \hat{E}_0 - \hat{E}\left(\boldsymbol{X},\boldsymbol{Y}\right),\ g_2 = \bar{a}_0 - \bar{a}\left(\boldsymbol{X},\boldsymbol{Y}\right) \\ \qquad g_3 = I_0^{\text{H}} - I^{\text{H}}\left(\boldsymbol{X},\boldsymbol{Y}\right),\ g_4 = I_0^{\text{L}} - I^{\text{L}}\left(\boldsymbol{X},\boldsymbol{Y}\right) \\ \qquad \boldsymbol{X} = \left(X_1, X_2, X_3, X_4, X_5\right)^{\text{T}},\ \boldsymbol{Y} = \left(\sigma_{X_1}, \sigma_{X_2}, \sigma_{X_3}, \sigma_{X_4}, \sigma_{X_5}\right)^{\text{T}} \\ \qquad 2.0\text{mm} \leqslant \mu_{X_1} \leqslant 3.0\text{mm},\ 1.0\text{mm} \leqslant \mu_{X_2} \leqslant 3.0\text{mm},\ 1.0\text{mm} \leqslant \mu_{X_3} \leqslant 2.5\text{mm} \\ \qquad 1.5\text{mm} \leqslant \mu_{X_4} \leqslant 3.0\text{mm},\ 1.0\text{mm} \leqslant \mu_{X_5} \leqslant 3.0\text{mm}\end{cases} \tag{10.19}$$

为提升计算效率，对低速偏置碰撞和高速正面碰撞两种情况的有限元模型分别采样 65 次，在此基础上逐一构建约束功能函数的二阶多项式响应面模型，如表

10.4 所示。根据工程经验，初始设计方案给定为 $\boldsymbol{\mu}_{\boldsymbol{X}}^{(0)}=(2.40\text{mm}, 2.40\text{mm}, 2.40\text{mm}, 2.40\text{mm}, 2.40\text{mm})^{\mathrm{T}}$。对于初始点，4 个约束的最小可靠度指标向量 $\boldsymbol{\beta}^{*(0)}=(0.0, 6.7, 0.0, 6.0)^{\mathrm{T}}$，显然已经违反了约束 1 和约束 3 条件，即低速偏置碰撞有可能对车体造成较大损伤，而高速正面碰撞时又无法完全保障乘员的生命安全。采用本章方法进行 HRBDO 分析，经过 4 次迭代以及 848 次功能函数调用后收敛到最优解，迭代过程如图 10.6 所示。为验证方法的精度，本算例中同样给出了 Double-Loop 方法的参考解，两种方法的优化结果列于表 10.5。计算结果表明，通过优化 5 个部件的材料厚度，所有约束可靠性均得到满足，而这些部件的总质量从 11.52kg 下降至 10.57kg，即在保障了乘员安全性和车身安全性的同时，实现了轻量化设计目标。同时，所提出 HRBDO 方法在保证分析精度的同时相比常规的 Double-Loop 方法也大幅提升了计算效率。

表 10.3　不确定性变量分布类型和参数(汽车耐撞性设计)[25]

随机变量	参数 1	参数 2	分布类型
X_1(mm)	μ_{X_1}	$\sigma_{X_1}\in[0.04, 0.06]$	正态分布
X_2(mm)	μ_{X_2}	$\sigma_{X_2}\in[0.04, 0.06]$	正态分布
X_3(mm)	μ_{X_3}	$\sigma_{X_3}\in[0.04, 0.06]$	正态分布
X_4(mm)	μ_{X_4}	$\sigma_{X_4}\in[0.04, 0.06]$	正态分布
X_5(mm)	μ_{X_5}	$\sigma_{X_5}\in[0.04, 0.06]$	正态分布

表 10.4　约束功能函数响应面模型(汽车耐撞性设计)[25]

功能函数	响应面模型
$g_1=\hat{E}_0-\hat{E}(\boldsymbol{X})$	$\hat{E}(\boldsymbol{X})=109.428X_1+446.816X_2+292.161X_3-783.119X_4-1455.022X_5$ $-78.912X_1X_2-179.822X_1X_3+55.735X_1X_4+68.927X_2X_3+97.546X_1X_5$ $-99.046X_2X_4-88.414X_2X_5-35.461X_3X_4+52.259X_3X_5+185.717X_4X_5$ $+14.85X_2^2+134.994X_4^2+275.308X_5^2+12779.336$
$g_2=\bar{a}_0-\bar{a}(\boldsymbol{X})$	$\bar{a}(\boldsymbol{X})=9.449X_2-1.832X_1+11.69X_3+10.636X_4+6.679X_5-1.232X_1X_2$ $-1.329X_1X_4+1.106X_2X_3-0.914X_1X_5-1.313X_2X_5-3.759X_3X_4$ $-1.1978X_3X_5+1.225X_1^2-2.366X_2^2-1.353X_3^2-0.906X_4^2+16.596$
$g_3=I_0^{\mathrm{H}}-I^{\mathrm{H}}(\boldsymbol{X})$	$I^{\mathrm{H}}(\boldsymbol{X})=37.824X_1^2+12.634X_1X_2-21.495X_1X_3-20.773X_1X_5-135.479X_1$ $+25.779X_2^2-15.08X_2X_4+8.781X_2X_5-123.145X_2+29.194X_3^2$ $+7.606X_3X_4-65.554X_3+31.565X_4^2-15.874X_4X_5-93.243X_4$ $-14.968X_5^2+106.945X_5+643.436$

续表

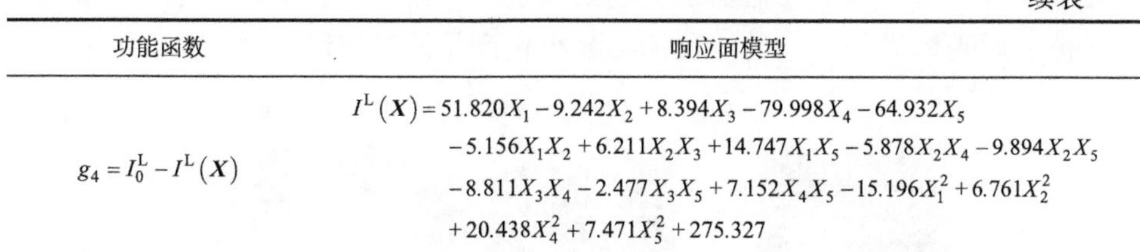

功能函数	响应面模型
$g_4 = I_0^{\mathrm{L}} - I^{\mathrm{L}}(\boldsymbol{X})$	$I^{\mathrm{L}}(\boldsymbol{X}) = 51.820X_1 - 9.242X_2 + 8.394X_3 - 79.998X_4 - 64.932X_5 - 5.156X_1X_2 + 6.211X_2X_3 + 14.747X_1X_5 - 5.878X_2X_4 - 9.894X_2X_5 - 8.811X_3X_4 - 2.477X_3X_5 + 7.152X_4X_5 - 15.196X_1^2 + 6.761X_2^2 + 20.438X_4^2 + 7.471X_5^2 + 275.327$

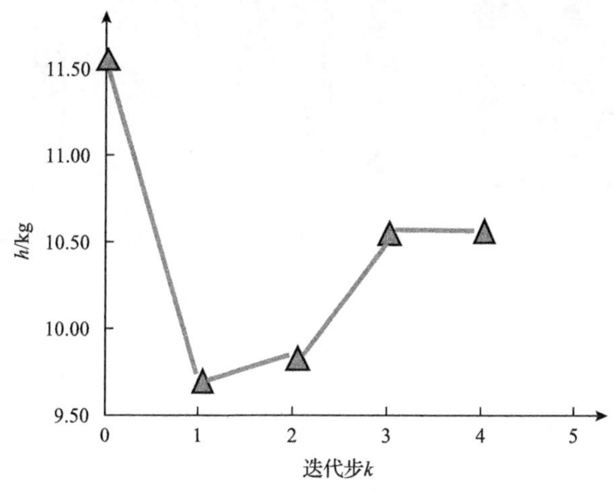

图 10.6　汽车耐撞性设计的求解迭代过程[25]

表 10.5　可靠性优化设计结果(汽车耐撞性设计)[25]

计算结果	参数	初始点	Double-Loop 参考解	HRBDO_Ⅰ
优化设计解(mm)	$\boldsymbol{\mu}_X$	2.40; 2.40; 2.40; 2.40; 2.40	2.43; 2.16; 1.73; 2.13; 2.05	2.35; 2.15; 1.66; 2.15; 2.08
目标函数(kg)	f	11.52	10.71	10.57
最小可靠度指标	$\boldsymbol{\beta}^*$	0; 6.7; 0; 6.0	2.3; 5.2; 2.0; 6.5	2.0; 5.5; 2.0; 6.0
功能函数调用次数	N	—	22948	848

例 10.3　在平板电脑结构设计中的应用。

当前，电子设备的器件集成度高且功耗密度大，对其进行封装设计需要兼顾各方面的设计要求，如外观设计、便携性设计、散热设计、抗冲击设计等[27,28]。平板电脑是一种典型的消费类电子设备，通常需要优先考虑产品外观设计，如最小化产品外形尺寸，以满足便携性设计需求。当对平板电脑进行封装设计时，通常还会考虑高温环境、意外跌落和操作安全性等设计要求。优良的电子封装设计可以保证平板电脑在各种工况下稳定可靠工作。由此，封装设计对其整体产品性能有非常重要的影响。如图 10.7 所示，本算例中将考虑一个 7in 平板电脑封装设计问题，该平板电脑主要包括触摸屏、显示屏、电池、主板、支架、前壳体、后壳体等部件，设计目标是最小化产品的整体厚度。

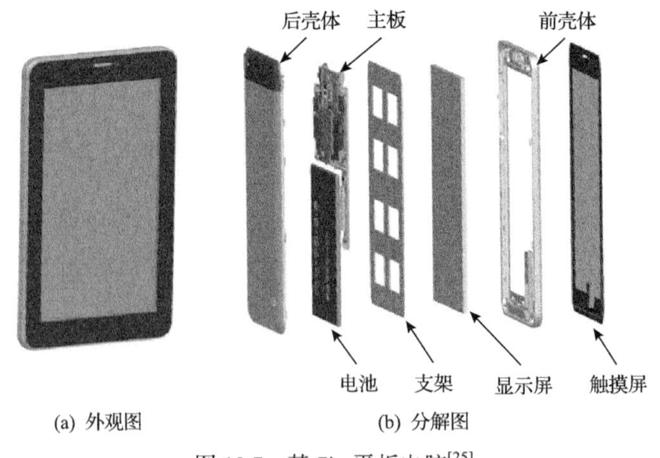

(a) 外观图　(b) 分解图

图 10.7　某 7in 平板电脑[25]

设计要求考虑高温、室温、环境温度变化以及自由跌落四种工况，具体如下。

工况 1：在高温环境下，设备的工作温度设定在 45℃；主板上的某一芯片的温度 T^{CH} 应小于其额定的工作温度 $T_0^{CH}=65℃$ 。

工况 2：在室温环境(25℃)下，平板电脑满载连续工作 1h，壳体表面温度 T^{SH} 应小于 $T_0^{SH}=40℃$ ，以保证用户的日常使用舒适度。

工况 3：在环境温度变化过程(0～40℃)中，因各种材料热膨胀系数不一致而引起的热应力可能造成电子元器件失效，考虑电池的最大热应力 S^{BA} 应小于其额定值 S_0^{BA}=24MPa ，以保证电池在使用过程中的安全性。

工况 4：平板电脑在自由跌落的撞击过程中，触摸屏上的最大应力 S^{TS} 应小于其材料的强度 $S_0^{TS}=100\text{MPa}$ ，自由跌落的高度设定为 0.5m，平板电脑正面向下进行撞击。

该算例的设计变量包括前壳体厚度 X_1 ，显示屏厚度 X_2 ，支架厚度 X_3 ，后壳体厚度 X_4 ；相关参数为显示屏的弹性模量 P_1 和热膨胀系数 P_3 ，电池的弹性模量 P_2 和热膨胀系数 P_4 ，以及主板和显示屏的功耗 P_5 、 P_6 。以上 4 个设计变量和 6 个参数均为随机变量，其中有些分布参数可以给定精确值，而有些分布参数仅能给定变化区间，变量的分布类型和参数如表 10.6 所示。对于均匀分布，参数 1 和参数 2 分别表示均值 $\mu=(a+b)/2$ 和标准差 $\sigma=(b-a)/2\sqrt{3}$ ，其中 a 、b 为其累积分布函数中的分布参数。约束的目标可靠度指标设为 $\beta_j^t=2.0$ $(j=1,2,3,4)$ 。

表 10.6　不确定性变量分布类型和参数(平板电脑结构设计)[25]

随机变量	参数 1	参数 2	分布类型
X_1(mm)	μ_{X_1}	$\sigma_{X_1}=0.03$	均匀分布
X_2(mm)	μ_{X_2}	$\sigma_{X_2}=0.03$	均匀分布
X_3(mm)	μ_{X_3}	$\sigma_{X_3}=0.03$	均匀分布
X_4(mm)	μ_{X_4}	$\sigma_{X_4}=0.03$	均匀分布
P_1(MPa)	$\mu_{P_1}=23000$	$\sigma_{P_1}\in[900,\ 1100]$	正态分布
P_2(MPa)	$\mu_{P_2}=2480$	$\sigma_{P_2}\in[60,\ 70]$	正态分布
P_3(℃$^{-1}$)	$\mu_{P_3}=0.012\%$	$\sigma_{P_3}\in[0.0010\%,\ 0.0014\%]$	正态分布
P_4(℃$^{-1}$)	$\mu_{P_4}=0.064\%$	$\sigma_{P_4}\in[0.0060\%,\ 0.0068\%]$	正态分布
P_5(W)	$\mu_{P_5}=2.0$	$\sigma_{P_5}\in[0.1,0.2]$	均匀分布
P_6(W)	$\mu_{P_6}=2.0$	$\sigma_{P_6}\in[0.1,0.2]$	均匀分布

综上，该 HRBDO 问题可建立如下：

$$\begin{cases}\min\limits_{\boldsymbol{\mu}_X} f\left(\boldsymbol{\mu}_X\right)=\mu_{X_1}+\mu_{X_2}+\mu_{X_3}+\mu_{X_4}\\ \text{s.t. } R_j^{\mathrm{L}}=\operatorname{Prob}\left(g_j\left(\boldsymbol{X},\boldsymbol{P},\boldsymbol{Y}\right)\geqslant 0\right)\geqslant\Phi\left(-\beta_j^{\mathrm{t}}\right),\ \beta_j^{\mathrm{t}}=2.0,\ j=1,2,3,4\\ \quad g_1=T_0^{\mathrm{CH}}-T^{\mathrm{CH}}\left(\boldsymbol{X},\boldsymbol{P},\boldsymbol{Y}\right),\ g_2=T_0^{\mathrm{SH}}-T^{\mathrm{SH}}\left(\boldsymbol{X},\boldsymbol{P},\boldsymbol{Y}\right)\\ \quad g_3=S_0^{\mathrm{BA}}-S^{\mathrm{BA}}\left(\boldsymbol{X},\boldsymbol{P},\boldsymbol{Y}\right),\ g_4=S_0^{\mathrm{TS}}-S^{\mathrm{TS}}\left(\boldsymbol{X},\boldsymbol{P},\boldsymbol{Y}\right)\\ \quad \boldsymbol{X}=\left(X_1,X_2,X_3,X_4\right)^{\mathrm{T}},\ \boldsymbol{P}=\left(P_1,P_2,P_3,P_4,P_5,P_6\right)^{\mathrm{T}}\\ \quad \boldsymbol{Y}=\left(\sigma_{P_1},\sigma_{P_2},\sigma_{P_3},\sigma_{P_4},\sigma_{P_5},\sigma_{P_6}\right)^{\mathrm{T}}\\ \quad 4.00\mathrm{mm}\leqslant\mu_{X_1}\leqslant 6.00\mathrm{mm},\ 0.50\mathrm{mm}\leqslant\mu_{X_2}\leqslant 2.00\mathrm{mm}\\ \quad 0.50\mathrm{mm}\leqslant\mu_{X_3}\leqslant 2.00\mathrm{mm},\ 0.50\mathrm{mm}\leqslant\mu_{X_4}\leqslant 2.00\mathrm{mm}\end{cases}\tag{10.20}$$

对以上四种情况分别建立如图 10.8 所示的有限元模型，模型信息及其对应的约束在表 10.7 中给出。为提升计算效率，对各仿真模型分别采样 65 次并构造各功能函数的二阶响应面，其解析表达式在表 10.8 中给出。采用本章方法对该 HRBDO 问题进行求解，选取 $\boldsymbol{\mu}_X^{(0)}=\left(6.00\mathrm{mm},1.20\mathrm{mm},1.20\mathrm{mm},1.00\mathrm{mm}\right)^{\mathrm{T}}$ 作为初始点。对该点进行约束混合可靠性分析，可以得到最小可靠度指标向量 $\boldsymbol{\beta}^{*(0)}=\left(0.0,\ 2.9,\ 0.0,\ 6.8\right)^{\mathrm{T}}$，显然违反了约束 1 和约束 3 的可靠性要求。换言之，平板电脑的高温工作性能和电池日常使用的安全性均无法得到保证，这两种情况均有可能导致平板电脑完全失效，甚至危害到使用者的人身安全。通过对 HRBDO 问题进行迭代求解，HRBDO_Ⅰ得到的优化解与 Double-Loop 方法得到的参考解如表 10.9 所示，算法的迭代过程如图 10.9 所示。首先，由结果可知，本章提出的 HRBDO 方法只需三次迭代即找到最优解，表明它具有较好的收敛性能。其次，在目标函数值上 HRBDO_Ⅰ的优化解与参考解之间仅存在 2%的微小差异，表明它具有较好的计算精度。再次，优化后的平板电脑厚度为 $f\left(\boldsymbol{\mu}_{\boldsymbol{X}}^{*}\right)=6.39\mathrm{mm}$，与初始方案 $f\left(\boldsymbol{\mu}_{\boldsymbol{X}}^{(0)}\right)=9.40\mathrm{mm}$ 相比减小了 32.0%，更符合使用者对外观设计和便携性设计的期望。最后，在最优解处约束的最小可靠度指标向量为 $\boldsymbol{\beta}^{*}=(2.0,\ 2.0,\ 2.2,\ 7.2)^{\mathrm{T}}$，均可以满足目标可靠性要求。

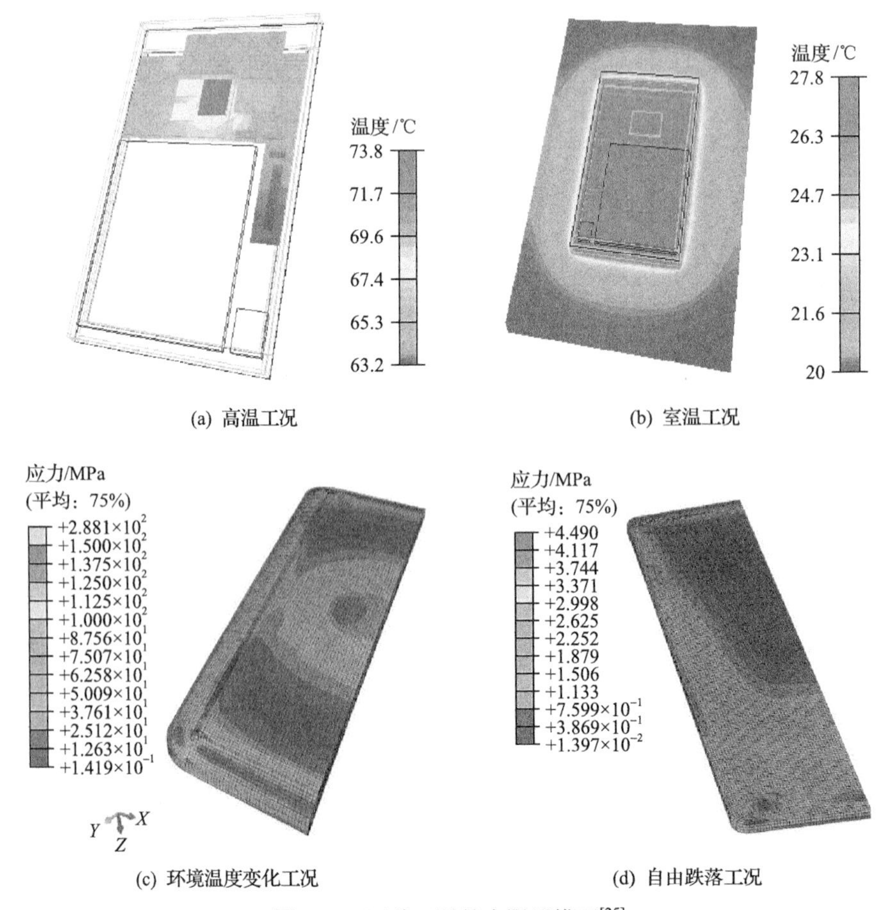

图 10.8　四种工况的有限元模型[25]

表 10.7　有限元模型信息(平板电脑结构设计)[25]

工况编号	工况	单元数	对应约束
(a)	高温，45℃	133764	$g_1 = T_0^{CH} - T^{CH} \geqslant 0$
(b)	室温，25℃	133764	$g_2 = T_0^{SH} - T^{SH} \geqslant 0$
(c)	环境温度变化，0～40℃	133764	$g_3 = S_0^{BA} - S^{BA} \geqslant 0$
(d)	自由跌落，高 0.5m	152613	$g_4 = S_0^{TS} - S^{TS} \geqslant 0$

表 10.8　约束功能函数响应面模型(平板电脑结构设计)[25]

功能函数	响应面模型
$g_1 = T_0^{CH} - T^{CH}$	$T^{CH} = -0.6330P_5^2 + 0.02776P_5P_6 - 0.2823P_5X_2 + 7.119P_5 + 0.6486P_6^2 - 0.1774X_1^2 + 1.767X_1 - 0.03070X_2^2 - 0.2237X_3^2 - 0.1057X_4^2 + 44.18$
$g_2 = T_0^{SH} - T^{SH}$	$T^{SH} = -0.4823P_5^2 + 0.08551P_5P_6 + 0.02609P_5X_2 + 5.1409P_5 + 0.5292P_6^2 - 0.1567X_1^2 + 1.5762X_1 - 0.04655X_2^2 - 0.1078X_3^2 - 0.08632X_4^2 + 23.28$
$g_3 = S_0^{BA} - S^{BA}$	$S^{BA} = 10^{10}\left(-1.612P_3^2 + 0.3459P_3P_4 - 0.1393P_4^2\right) + 10^5\left(0.4898P_3X_2 + 2.4333P_4\right) + 0.3593X_1^2 - 2.045X_1 - 0.1874X_2^2 - 0.1274X_3^2 + 0.3632X_4^2 + 14.01$
$g_4 = S_0^{TS} - S^{TS}$	$S^{TS} = 10^{-6}\left(0.5571P_1^2 + 0.01029P_1P_2 + 114.7P_2^2\right) + 10^{-3}\left(28.69P_1 - 569.4P_2 - 0.4503P_1X_2\right) - 18.03X_1^2 + 178.6X_1 + 6.538X_2^2 + 0.02344X_3^2 + 4.067X_4^2 - 5.98$

表 10.9　可靠性优化设计结果(平板电脑结构设计)[25]

计算结果	参数	初始点	Double-Loop 参考解	HRBDO_Ⅰ
优化设计解(mm)	$\boldsymbol{\mu}_X$	6.00; 1.20; 1.20; 1.00	3.91; 0.50; 1.38; 0.47	4.00; 0.52; 1.37; 0.50
目标函数(mm)	f	9.40	6.26	6.39
最小可靠度指标	$\boldsymbol{\beta}^*$	0; 2.9; 0; 6.8	2.0; 2.2; 2.4; 6.8	2.0; 2.0; 2.2; 7.2
功能函数调用次数	N	—	29724	1116

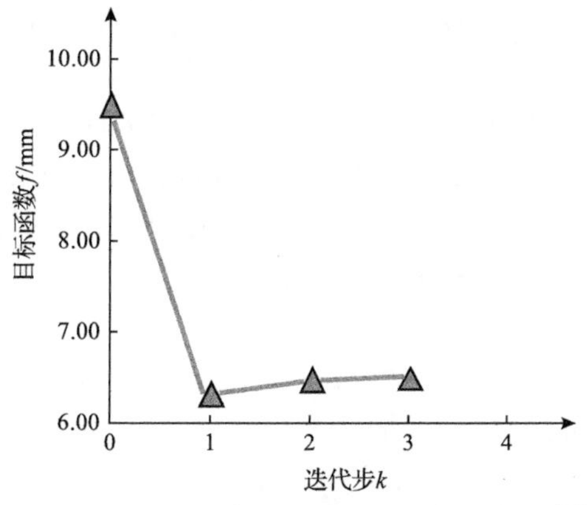

图 10.9　平板电脑结构设计的求解迭代过程[25]

10.4 本章小结

本章针对Ⅰ型混合不确定性问题,建立了随机-区间混合可靠性优化设计模型,并提出了一种HRBDO解耦方法来实现多层嵌套优化问题的高效求解,从而为未来复杂结构的可靠性设计提供了一种新的计算工具。在该方法中,通过近似混合可靠性分析避免了原可靠性分析的多变量寻优,实现了混合可靠性分析的高效求解;采用ISV策略将混合可靠性分析从设计优化中解耦出来,将嵌套优化问题转换为确定性优化设计与混合可靠性分析的序列迭代过程,有效提高了优化的收敛性和计算效率。通过数值算例分析可以发现,该方法具有较理想的计算效率和收敛性。未来该方法还可进一步拓展至多学科可靠性优化设计、多目标可靠性优化设计等相关问题中。

参考文献

[1] Du X P, Chen W. Sequential optimization and reliability assessment method for efficient probabilistic design. Journal of Mechanical Design, 2004, 126(2): 225-233.

[2] Liang J, Mourelatos Z P, Tu J. A single-loop method for reliability-based design optimisation. International Journal of Product Development, 2008, 5(1-2): 76-92.

[3] Cheng G, Xu L, Jiang L. A sequential approximate programming strategy for reliability-based structural optimization. Computers & Structures, 2006, 84(21): 1353-1367.

[4] Shan S, Wang G G. Reliable design space and complete single-loop reliability-based design optimization. Reliability Engineering & System Safety, 2008, 93(8): 1218-1230.

[5] Chen Z, Qiu H, Gao L, et al. An optimal shifting vector approach for efficient probabilistic design. Structural and Multidisciplinary Optimization, 2013, 47(6): 905-920.

[6] Youn B D, Choi K K. A new response surface methodology for reliability-based design optimization. Computers & Structures, 2004, 82(2-3): 241-256.

[7] Kim C, Choi K K. Reliability-based design optimization using response surface method with prediction interval estimation. Journal of Mechanical Design, 2008, 130(12): 121401.

[8] Shan S Q, Gary W G. Reliable space pursuing for reliability-based design optimization with black-box performance functions. Chinese Journal of Mechanical Engineering, 2009, 22(1): 27-35.

[9] Zhuang X T, Pan R. A sequential sampling strategy to improve reliability-based design optimization with implicit constraint functions. Journal of Mechanical Design, 2012, 134(2): 021002.

[10] Du X P, Sudjianto A, Huang B Q. Reliability-based design with the mixture of random and

interval variables. Journal of Mechanical Design, 2005, 127(6): 1068-1076.

[11] Du X P. Reliability-based design optimization with dependent interval variables. International Journal for Numerical Methods in Engineering, 2012, 91(2): 218-228.

[12] Kang Z, Luo Y. Reliability-based structural optimization with probability and convex set hybrid models. Structural and Multidisciplinary Optimization, 2009, 42(1): 89-102.

[13] Hasofer A M, Lind N C. Exact and invariant second-moment code format. Journal of the Engineering Mechanics Division, 1974, 100(1): 111-121.

[14] Rackwitz R, Flessler B. Structural reliability under combined random load sequences. Computers & Structures, 1978, 9(5): 489-494.

[15] Hohenbichler M, Rackwitz R. Non-normal dependent vectors in structural safety. Journal of the Engineering Mechanics Division, 1981, 107(6): 1227-1238.

[16] Hohenbichler M, Rackwitz R. First-order concepts in system reliability. Structural Safety, 1982, 1(3): 177-188.

[17] Reddy M V, Grandhi R V, Hopkins D A. Reliability based structural optimization: A simplified safety index approach. Computers & Structures, 1994, 53(6): 1407-1418.

[18] Yu X, Chang K H, Choi K K. Probabilistic structural durability prediction. AIAA Journal, 1998, 36(4): 628-637.

[19] Youn B D, Choi K K, Du L. Enriched performance measure approach for reliability-based design optimization. AIAA Journal, 2005, 43(4): 874-884.

[20] Keshtegar B, Lee I. Relaxed performance measure approach for reliability-based design optimization. Structural and Multidisciplinary Optimization, 2016, 54(6): 1439-1454.

[21] Du X P. Interval reliability analysis. International Design Engineering Technical Conference & Computers and Information in Engineering Conference, Las Vegas, 2007.

[22] Jiang C, Li W X, Han X, et al. Structural reliability analysis based on random distributions with interval parameters. Computers & Structures, 2011, 89(23-24): 2292-2302.

[23] Huang Z L, Jiang C, Zhou Y S, et al. An incremental shifting vector approach for reliability-based design optimization. Structural and Multidisciplinary Optimization, 2016, 53(3): 523-543.

[24] Burden R L, Faires J D, Burden A M. Numerical Analysis. Boston: Cengage Learning, 2015.

[25] Huang Z L, Jiang C, Zhou Y S, et al. Reliability-based design optimization for problems with interval distribution parameters. Structural and Multidisciplinary Optimization, 2017, 55(2): 513-528.

[26] Nocedal J, Wright S. Numerical Optimization. New York: Springer Science & Business Media, 2006.

[27] Hirohata K, Hisano K, Takahashi H, et al. Reliability design method for solder joints based on

coupled thermal-stress analysis of electronics packaging structure. Journal of The Japan Institute of Electronics Packaging, 2006, 9(5): 405-412.

[28] Hadim H, Suwa T. Multidisciplinary design and optimization methodologies in electronics packaging: State-of-the-art review. Journal of Electronic Packaging, 2008, 130(3): 034001.

第 11 章　结构-材料一体化鲁棒性拓扑优化设计

拓扑优化(topology optimization)[1-4]是一种根据给定的负载情况、约束条件和性能指标，在给定的区域内对材料分布进行优化的数学方法，属于结构优化的一种，目前已广泛应用于各个工程领域。为使得优化结果具有更高的可靠性或鲁棒性，考虑材料、载荷、几何等各类参数不确定性的拓扑优化逐渐成为该领域的一个重要研究方向。目前，考虑参数不确定性的拓扑优化方法主要分为两类，即基于可靠性的拓扑优化(reliability-based topology optimization, RBTO)和鲁棒性拓扑优化(robust topology optimization, RTO)[5]，并且近年来两类方法都有一系列研究工作出现，例如，在 RBTO 方面有文献[6]～[10]，在 RTO 方面有文献[11]～[15]。另外，为了制造出性能更优、质量更轻的结构，拓扑优化逐渐从连续体设计发展到结构-材料一体化拓扑优化设计，即同时在宏观尺度上优化材料布局形式和在微观尺度上优化材料性能。结构-材料一体化拓扑优化设计给结构优化设计提供了新的思路，以满足结构多功能要求和更大程度上提升结构性能[16-19]。如何在结构-材料一体化拓扑优化设计中考虑不确定性影响并构建相应的求解方法，也已成为该领域关注的问题。

针对Ⅱ型混合不确定性问题，本章构建结构-材料一体化鲁棒性拓扑优化模型，并给出其高效求解方法。本章首先介绍常规的确定性结构-材料一体化拓扑优化基本模型及求解方法，包括微结构均匀化弹性矩阵计算及宏微观拓扑设计变量灵敏度分析；其次构建一种考虑随机-区间混合不确定性的鲁棒性拓扑优化设计方法，提出一种单变量混合降维(hybrid univariate dimension reduction, HUDR)策略求解鲁棒性目标函数，并基于该方法实现鲁棒性目标函数对设计变量的灵敏度分析与优化求解；最后通过多个数值算例验证了本章方法的有效性。需要指出的是，本章方法也可类似拓展至Ⅰ型混合不确定性问题，本书不再赘述。

11.1　结构-材料一体化拓扑优化

11.1.1　基于数值均匀化的材料性能计算

不同于具有特定性能的固体材料，周期性复合材料的材料性能由微结构

(或称为单胞)决定，而单胞内的任意拓扑变化使得其对应的周期性复合材料在宏观尺度上呈现不同的等效材料特性。若宏观结构由周期性微结构组成[16]，则问题中涉及两种材料：一种是结构本身使用的实体材料；另一种是微结构复合材料。微结构由实体材料构成，宏观结构则由微结构复合材料构成。图 11.1 为结构-材料一体化设计示意图，图中有两个坐标系，一个是宏观全局坐标系，另一个是微观局部坐标系。宏观结构 A 的材料是由微结构 C 周期性排列构成的，假设微结构的尺寸远小于宏观结构的尺寸，且微结构具有周期性，则可采用数值均匀化方法求解微结构在宏观尺度上的材料特性[20-23]。数值均匀化理论基于周期性假设及小参数渐近展开理论推导而来，是一种有效求解微结构材料等效性能的方法，下面简要介绍均匀化弹性矩阵的推导过程。

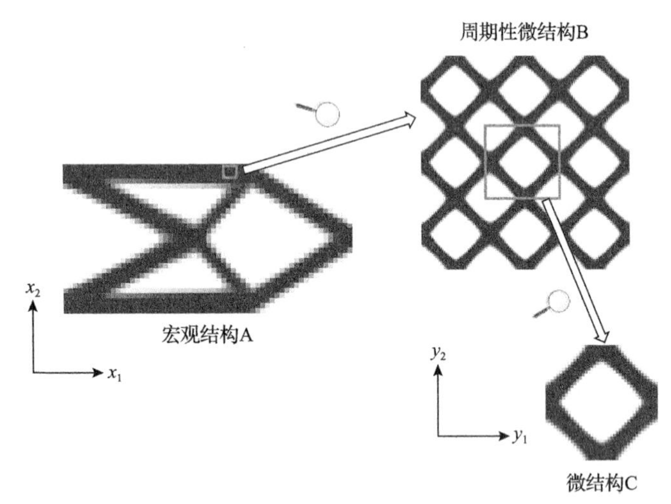

图 11.1　结构-材料一体化设计示意图[24]

宏观尺度坐标 $\boldsymbol{x}$ 与微观尺度坐标 $\boldsymbol{y}$ 的关系可表示为

$$\boldsymbol{y} = \frac{\boldsymbol{x}}{\varepsilon} \tag{11.1}$$

其中，ε 表示一个相对于宏观结构尺寸极小的正数。基于该尺度关系，对周期性微结构的位移场 $\boldsymbol{u}^{\varepsilon}$ 进行一阶渐近展开[20]：

$$\boldsymbol{u}^{\varepsilon} = \boldsymbol{u}(\boldsymbol{x}, \boldsymbol{y}) \approx \boldsymbol{u}_0(\boldsymbol{x}) + \varepsilon \boldsymbol{u}_1(\boldsymbol{x}, \boldsymbol{y}) \tag{11.2}$$

其中，$\boldsymbol{u}_0$ 表示微结构的平均位移场；$\boldsymbol{u}_1$ 表示一阶平均位移场。类似地，应变场可近似表示为

$$\boldsymbol{\varepsilon}\left(\boldsymbol{u}^{\varepsilon}\right)=\partial_{\boldsymbol{x}}\left(\boldsymbol{u}^{\varepsilon}\right)\approx\partial_{\boldsymbol{x}}\left(\boldsymbol{u}_0\right)+\partial_{\boldsymbol{y}}\left(\boldsymbol{u}_1\right)=\boldsymbol{\varepsilon}_0+\boldsymbol{\varepsilon}_1 \tag{11.3}$$

其中，$\boldsymbol{\varepsilon}_0$ 表示对应于平均位移场的应变场；$\boldsymbol{\varepsilon}_1$ 表示对应于一阶平均位移场的应变场；$\partial_{\boldsymbol{x}}$ 和 $\partial_{\boldsymbol{y}}$ 表示如下微分算子：

$$\partial_{\boldsymbol{x}}=\begin{bmatrix}\partial/\partial x_1 & 0\\ 0 & \partial/\partial x_2\\ \partial/\partial x_2 & \partial/\partial x_1\end{bmatrix},\quad \partial_{\boldsymbol{y}}=\begin{bmatrix}\partial/\partial y_1 & 0\\ 0 & \partial/\partial y_2\\ \partial/\partial y_2 & \partial/\partial y_1\end{bmatrix} \tag{11.4}$$

故应力可表示为

$$\boldsymbol{\sigma}\left(\boldsymbol{u}^{\varepsilon}\right)=\boldsymbol{D}(\boldsymbol{x},\boldsymbol{y})\boldsymbol{\varepsilon}\left(\boldsymbol{u}^{\varepsilon}\right)=\boldsymbol{D}(\boldsymbol{x},\boldsymbol{y})\left[\partial_{\boldsymbol{x}}\left(\boldsymbol{u}_0\right)+\partial_{\boldsymbol{y}}\left(\boldsymbol{u}_1\right)\right] \tag{11.5}$$

其中，$\boldsymbol{D}$ 表示材料的弹性矩阵。一阶平均位移场 $\boldsymbol{u}_1$ 可近似表示为平均应变场 $\boldsymbol{\varepsilon}_0$ 的比例项：

$$\boldsymbol{u}_1=-\boldsymbol{\chi}(\boldsymbol{y})\boldsymbol{\varepsilon}_0(\boldsymbol{x})=-\boldsymbol{\chi}(\boldsymbol{y})\partial_{\boldsymbol{x}}\left(\boldsymbol{u}_0\right) \tag{11.6}$$

其中，$\boldsymbol{\chi}$ 表示特征位移场。由式(11.3)、式(11.5)以及式(11.6)可知，微结构的总应变能 $f\left(\boldsymbol{u}^{\varepsilon}\right)$ 可表示为

$$f\left(\boldsymbol{u}^{\varepsilon}\right)=\frac{1}{2}\int_{\Omega^{\varepsilon}}\left[\partial_{\boldsymbol{x}}\left(\boldsymbol{u}_0\right)\right]^{\mathrm{T}}\left(\boldsymbol{I}-\partial_{\boldsymbol{y}}\boldsymbol{\chi}\right)^{\mathrm{T}}\boldsymbol{D}(\boldsymbol{x},\boldsymbol{y})\left(\boldsymbol{I}-\partial_{\boldsymbol{y}}\boldsymbol{\chi}\right)\left[\partial_{\boldsymbol{x}}\left(\boldsymbol{u}_0\right)\right]\mathrm{d}\Omega^{\varepsilon} \tag{11.7}$$

对于周期性函数 $\boldsymbol{H}(\boldsymbol{y})$，当 $\varepsilon\to 0$ 时，有如下转换关系：

$$\lim_{\varepsilon\to 0}\int_{\Omega^{\varepsilon}}\boldsymbol{H}\left(\frac{\boldsymbol{y}}{\boldsymbol{\varepsilon}}\right)\mathrm{d}\Omega^{\varepsilon}=\int_{\Omega}\left[\frac{1}{|V|}\int_{Y}\boldsymbol{H}(\boldsymbol{y})\mathrm{d}V\right]\mathrm{d}\Omega \tag{11.8}$$

故式(11.7)可以改写为

$$f\left(\boldsymbol{u}^{\varepsilon}\right)=\frac{1}{2}\int_{\Omega}\left[\partial_{\boldsymbol{x}}\left(\boldsymbol{u}_0\right)\right]^{\mathrm{T}}\frac{1}{|V|}\int_{Y}\left(\boldsymbol{I}-\partial_{\boldsymbol{y}}\boldsymbol{\chi}\right)^{\mathrm{T}}\boldsymbol{D}(\boldsymbol{x},\boldsymbol{y})\left(\boldsymbol{I}-\partial_{\boldsymbol{y}}\boldsymbol{\chi}\right)\mathrm{d}V\left[\partial_{\boldsymbol{x}}\left(\boldsymbol{u}_0\right)\right]\mathrm{d}\Omega \tag{11.9}$$

定义均匀化弹性矩阵：

$$\boldsymbol{D}^{\mathrm{H}}=\frac{1}{|V|}\int_{V}\left(\boldsymbol{I}-\partial_{\boldsymbol{y}}\boldsymbol{\chi}\right)^{\mathrm{T}}\boldsymbol{D}(\boldsymbol{x},\boldsymbol{y})\left(\boldsymbol{I}-\partial_{\boldsymbol{y}}\boldsymbol{\chi}\right)\mathrm{d}V \tag{11.10}$$

其中，$\boldsymbol{I}$ 表示单位矩阵，对应于施加的单位应变场，包括水平单位应变场、垂

直单位应变场以及剪切单位应变场；$|V|$表示微结构的体积。基于有限元方法，均匀化弹性矩阵 $\boldsymbol{D}^{\mathrm{H}}$ 可进一步表示为[21,25,26]

$$\boldsymbol{D}^{\mathrm{H}}=\frac{1}{|V|}\int_{V}\left(\boldsymbol{I}-\boldsymbol{b}\boldsymbol{\chi}^{*}\right)^{\mathrm{T}}\boldsymbol{D}\left(\boldsymbol{I}-\boldsymbol{b}\boldsymbol{\chi}^{*}\right)\mathrm{d}V \tag{11.11}$$

其中，$\boldsymbol{b}$ 表示应变-位移矩阵；$\boldsymbol{D}$ 表示微结构组分材料的实际弹性矩阵；$\boldsymbol{\chi}^{*}$ 为施加单位应变场后微结构的节点位移场，通过如下有限元平衡方程计算：

$$\boldsymbol{k}\boldsymbol{\chi}^{*}=\boldsymbol{f} \tag{11.12}$$

$$\boldsymbol{k}=\int_{V}\boldsymbol{b}^{\mathrm{T}}\boldsymbol{D}\boldsymbol{b}\mathrm{d}V \tag{11.13}$$

$$\boldsymbol{f}=\int_{V}\boldsymbol{b}^{\mathrm{T}}\boldsymbol{D}\mathrm{d}V \tag{11.14}$$

通过式(11.12)获得微结构的节点位移场 $\boldsymbol{\chi}^{*}$ 后，即可由式(11.11)计算均匀化弹性矩阵 $\boldsymbol{D}^{\mathrm{H}}$。

11.1.2　拓扑优化模型构建

结构-材料一体化拓扑优化旨在同时优化结构的宏观结构和微结构拓扑，使得结构在满足约束条件下达到最优目标性能。多尺度拓扑优化设计是一个双层嵌套的过程：外层通过宏观结构拓扑优化得到最佳宏观结构的材料布局，内层优化微结构构型并求解其均匀化弹性矩阵。该优化问题包含两个尺度的设计变量，宏观尺度上的设计变量是宏观设计域的单元相对密度，微观尺度上的设计变量是微结构的单元相对密度，故拓扑优化模型构建如下：

$$\begin{cases}\min\limits_{\alpha_i,\rho_e} C(\alpha_i,\rho_e)=\boldsymbol{U}(\alpha_i,\rho_e)^{\mathrm{T}}\boldsymbol{K}(\alpha_i,\rho_e)\boldsymbol{U}(\alpha_i,\rho_e)=\sum\limits_{i=1}^{M}(\alpha_i)^{p}\boldsymbol{U}_i^{\mathrm{T}}\boldsymbol{K}^{\mathrm{H}}(\rho_e)\boldsymbol{U}_i\\ \text{s.t. } \boldsymbol{K}(\alpha_i,\rho_e)\boldsymbol{U}(\alpha_i,\rho_e)=\boldsymbol{F}\\ \quad\sum\limits_{i=1}^{M}\alpha_i V_i\leqslant f_1 V_0,\ \sum\limits_{e=1}^{N}\rho_e V_e^{i}\leqslant f_2 V_i,\ \alpha_{\min}\leqslant\alpha_i\leqslant 1,\ \rho_{\min}\leqslant\rho_e\leqslant 1\\ \quad i=1,2,\cdots,M,\ e=1,2,\cdots,N\end{cases} \tag{11.15}$$

其中，C 表示宏观结构的柔顺度；α_i 和 ρ_e 分别表示宏观结构和微结构第 i 个单元和第 e 个单元的拓扑设计变量；M 和 N 分别表示宏观有限单元和微观有限单元的数量；p 表示惩罚因子；$\boldsymbol{U}$ 和 $\boldsymbol{U}_i$ 分别表示宏观结构的整体位移矩阵和单元位移矩阵；$\boldsymbol{K}$ 表示整体刚度矩阵；$\boldsymbol{K}^{\mathrm{H}}$ 表示宏观尺度上单元密度为 1 的单元刚度矩阵；$\boldsymbol{F}$ 表示结构的外载荷；V_0 和 V_i 分别表示宏观结构和宏观有限单元的体积；V_e^i 表示单胞的有限单元体积；f_1 和 f_2 分别表示宏观尺度和微观尺度的体积约束分数；为避免数值奇异性，$\alpha_{\min}$ 表示宏观单元相对密度的最小取值，$\rho_{\min}$ 表示微观单元相对密度的最小取值。

11.1.3　灵敏度分析与求解

式(11.15)是一个多尺度拓扑优化问题，可以看出其目标函数既依赖宏观设计变量，也依赖微观设计变量。在微观尺度上，单元的弹性矩阵可表示为

$$\boldsymbol{D}(\rho_e)=(\rho_e)^p\,\boldsymbol{D}^0 \tag{11.16}$$

其中，$\boldsymbol{D}^0$ 表示材料的弹性矩阵。在宏观尺度下，单元的弹性矩阵 $\boldsymbol{D}^{\mathrm{M}}$ 为

$$\boldsymbol{D}^{\mathrm{M}}(\alpha_i,\rho_e)=(\alpha_i)^p\,\boldsymbol{D}^{\mathrm{H}}(\rho_e) \tag{11.17}$$

为了得到目标函数值，需在宏观尺度上进行有限元分析，得到位移场 $\boldsymbol{U}$。结构的整体刚度矩阵 $\boldsymbol{K}$ 可通过如下单元刚度矩阵 $\boldsymbol{K}_i$ 组装得到：

$$\boldsymbol{K}_i(\alpha_i,\rho_e)=\int_{V_i}\boldsymbol{B}\boldsymbol{D}^{\mathrm{M}}(\alpha_i,\rho_e)\boldsymbol{B}\mathrm{d}V_i=(\alpha_i)^p\,\boldsymbol{K}^{\mathrm{H}}(\rho_e) \tag{11.18}$$

$$\boldsymbol{K}^{\mathrm{H}}(\rho_e)=\int_{V_i}\boldsymbol{B}\boldsymbol{D}^{\mathrm{H}}(\rho_e)\boldsymbol{B}\mathrm{d}V_i \tag{11.19}$$

其中，$\boldsymbol{B}$ 表示应变-位移矩阵。对于第 i 个微结构，考虑微观尺度上的单元相对密度，均匀化弹性矩阵可表示为

$$\boldsymbol{D}^{\mathrm{H}}(\rho_e)=\frac{1}{|V_i|}\int_{V_i}\left(\boldsymbol{I}-\boldsymbol{b}\boldsymbol{\chi}^*\right)^{\mathrm{T}}\boldsymbol{D}(\rho_e)\left(\boldsymbol{I}-\boldsymbol{b}\boldsymbol{\chi}^*\right)\mathrm{d}V_i \tag{11.20}$$

其中，$\boldsymbol{\chi}^*$ 通过求解式(11.12)获得。

由于拓扑设计变量维度较高，一般可采用基于梯度的优化方法如最优准则(optimality criteria, OC)方法[27,28]和移动渐近线方法(method of moving asymptotes, MMA)[29]进行求解，因此需要求解目标函数对设计变量的灵敏度。本章采用 OC 方法构造迭代准则来更新宏微观尺度的设计变量，在宏观尺度上目标函数对宏观设计变量 α_i 的灵敏度可用伴随变量法得到[30]。

$$\frac{\partial C}{\partial \alpha_i}=-\boldsymbol{U}^{\mathrm{T}}\frac{\partial \boldsymbol{K}(\alpha_i,\rho_e)}{\partial \alpha_i}\boldsymbol{U}=-p(\alpha_i)^{p-1}\boldsymbol{U}_i^{\mathrm{T}}\boldsymbol{K}^{\mathrm{H}}(\rho_e)\boldsymbol{U}_i \tag{11.21}$$

在微观尺度上目标函数对微观设计变量 ρ_e 的灵敏度为

$$\begin{aligned}\frac{\partial C}{\partial \rho_e}&=-\boldsymbol{U}^{\mathrm{T}}\frac{\partial \boldsymbol{K}(\alpha_i,\rho_e)}{\partial \rho_e}\boldsymbol{U}\\&=-\sum_{i=1}^{M}(\alpha_i)^p\boldsymbol{U}_i^{\mathrm{T}}\left[\int_{V_i}\boldsymbol{B}^{\mathrm{T}}\frac{\partial \boldsymbol{D}^{\mathrm{H}}(\rho_e)}{\partial \rho_e}\boldsymbol{B}\mathrm{d}V_i\right]\boldsymbol{U}_i\end{aligned} \tag{11.22}$$

基于式(11.11)，$\boldsymbol{D}^{\mathrm{H}}$ 对 ρ_e 的灵敏度为

$$\begin{aligned}\frac{\partial \boldsymbol{D}^{\mathrm{H}}(\rho_e)}{\partial \rho_e}&=\frac{1}{|V_i|}\int_{V_i}\left(\boldsymbol{I}-\boldsymbol{b}\boldsymbol{\chi}^*\right)^{\mathrm{T}}\frac{\partial \boldsymbol{D}(\rho_e)}{\partial \rho_e}\left(\boldsymbol{I}-\boldsymbol{b}\boldsymbol{\chi}^*\right)\mathrm{d}V_i\\&=\frac{1}{|V_i|}\int_{V_i}\left(\boldsymbol{I}-\boldsymbol{b}\boldsymbol{\chi}^*\right)^{\mathrm{T}}\left[p(\rho_e)^{p-1}\boldsymbol{D}^0\right]\left(\boldsymbol{I}-\boldsymbol{b}\boldsymbol{\chi}^*\right)\mathrm{d}V_i\end{aligned} \tag{11.23}$$

于是，可以求得目标函数对 ρ_e 的灵敏度：

$$\begin{aligned}\frac{\partial C}{\partial \rho_e}&=-\boldsymbol{U}^{\mathrm{T}}\frac{\partial \boldsymbol{K}(\alpha_i,\rho_e)}{\partial \rho_e}\boldsymbol{U}\\&=-\frac{1}{|V_i|}\sum_{i=1}^{M}(\alpha_i)^p\boldsymbol{U}_i^{\mathrm{T}}\left\{\int_{V_i}\boldsymbol{B}^{\mathrm{T}}\left\{\int_{V_i}\left(\boldsymbol{I}-\boldsymbol{b}\boldsymbol{\chi}^*\right)^{\mathrm{T}}\left[p(\rho_e)^{p-1}\boldsymbol{D}^0\right]\left(\boldsymbol{I}-\boldsymbol{b}\boldsymbol{\chi}^*\right)\mathrm{d}V_i\right\}\boldsymbol{B}\mathrm{d}V_i\right\}\boldsymbol{U}_i\end{aligned} \tag{11.24}$$

可见，微观设计变量的灵敏度求解需要用到宏观结构的位移场，而宏观结构的等效材料特性则需要通过求解微观尺度上的均匀化弹性矩阵获得，宏观和微观两个尺度上的设计过程是相互耦合的。

11.2 基于 HUDR 的结构-材料一体化鲁棒性拓扑优化

11.2.1 鲁棒性拓扑优化模型构建

考虑随机向量 $\boldsymbol{X}=(X_1,X_2,\cdots,X_n)^{\mathrm{T}}$ 和区间向量 $\boldsymbol{Y}=(Y_1,Y_2,\cdots,Y_m)^{\mathrm{T}}$ 的结构-材料一体化拓扑优化模型可表示为[24]

$$\begin{cases} \min\limits_{\alpha_i,\rho_e} C(\boldsymbol{X},\boldsymbol{Y}) = \boldsymbol{U}^{\mathrm{T}}\boldsymbol{K}\boldsymbol{U} = \sum\limits_{i=1}^{M}(\alpha_i)^p \boldsymbol{U}_i^{\mathrm{T}}(\boldsymbol{X},\boldsymbol{Y})\boldsymbol{K}^{\mathrm{H}}\boldsymbol{U}_i(\boldsymbol{X},\boldsymbol{Y}) \\ \text{s.t.}\ \ \boldsymbol{K}(\boldsymbol{X},\boldsymbol{Y})\boldsymbol{U}(\boldsymbol{X},\boldsymbol{Y}) = \boldsymbol{F}(\boldsymbol{X},\boldsymbol{Y}) \\ \qquad \sum\limits_{i=1}^{M}\alpha_i V_i \leqslant f_1 V,\ \sum\limits_{e=1}^{N}\rho_e V_e^i \leqslant f_2 V_i,\ \alpha_{\min} \leqslant \alpha_i \leqslant 1,\ \rho_{\min} \leqslant \rho_e \leqslant 1 \end{cases} \tag{11.25}$$

区间参数的存在，使得结构柔顺度 $C(\boldsymbol{X},\boldsymbol{Y})$ 的均值和标准差均不再是常数，因此将鲁棒性目标函数定义为柔顺度均值和标准差加权和的最大值(也称为柔顺度均值和标准差加权和的最坏情况)，则可建立如下鲁棒性拓扑优化问题：

$$\begin{cases} \min\limits_{\alpha_i,\rho_e}\ g = \max\limits_{\boldsymbol{Y}}\left(\mu(C) + w\sigma(C)\right) \\ \text{s.t.}\ \ \boldsymbol{K}(\boldsymbol{X},\boldsymbol{Y})\boldsymbol{U}(\boldsymbol{X},\boldsymbol{Y}) = \boldsymbol{F}(\boldsymbol{X},\boldsymbol{Y}) \\ \qquad \sum\limits_{i=1}^{M}\alpha_i V_i \leqslant f_1 V,\ \sum\limits_{e=1}^{N}\rho_e V_e^i \leqslant f_2 V_i,\ \alpha_{\min} \leqslant \alpha_i \leqslant 1,\ \rho_{\min} \leqslant \rho_e \leqslant 1 \end{cases} \tag{11.26}$$

其中，$\mu(C) = E(C)$ 表示结构柔顺度的均值；$\sigma(C) = \left(E\left(C^2\right) - E^2(C)\right)^{1/2}$ 表示结构柔顺度的标准差；$E(C)$ 和 $E\left(C^2\right)$ 分别表示结构柔顺度的一阶和二阶原点矩；w 表示给定权重值。

11.2.2　鲁棒性拓扑优化目标函数求解

在式(11.26)中，需要求解鲁棒性目标函数 g 的值，即需要求解结构柔顺度均值和标准差加权和的最大值。针对该混合不确定性分析问题，本章基于单变量降维策略[31,32]给出了一种 HUDR 方法，通过将多维问题转换为一系列单维问题来高效地求解混合不确定性下的结构响应特性。对于包含 n 个独立随机变量和 m 个独立区间变量的问题，结构柔顺度的第 k 阶原点矩可表示为

$$\begin{aligned} E\left(C^k\right) &= E\left(C^k(\boldsymbol{X},\boldsymbol{Y})\right) = \int_{-\infty}^{\infty}\int_{-\infty}^{\infty}\cdots\int_{-\infty}^{\infty} C^k(\boldsymbol{X},\boldsymbol{Y}) f_{\boldsymbol{X}}(X_1,X_2,\cdots,X_n)\,\mathrm{d}X_1\mathrm{d}X_2\cdots\mathrm{d}X_n \\ &= \int_{-\infty}^{\infty}\int_{-\infty}^{\infty}\cdots\int_{-\infty}^{\infty} C^k(\boldsymbol{X},\boldsymbol{Y}) f_{X_1}(X_1) f_{X_2}(X_2)\cdots f_{X_n}(X_n)\,\mathrm{d}X_1\mathrm{d}X_2\cdots\mathrm{d}X_n \end{aligned} \tag{11.27}$$

其中，$f_{\boldsymbol{X}}(X_1,X_2,\cdots,X_n)$ 表示随机变量的联合概率密度函数。

混合不确定性分析的过程分两步进行。首先，在第一步计算中固定区间变

量，式(11.27)则转换为一个考虑随机不确定性的多维积分问题。采用单变量降维方法[31]，结构柔顺度 C 可近似表示为

$$C(\boldsymbol{X},\boldsymbol{Y}) \cong \sum_{j=1}^{n} \hat{C}_j(\boldsymbol{X},\boldsymbol{Y}) - (n-1)C\left(\mu_{X_1},\mu_{X_2},\cdots,\mu_{X_n}\right) \tag{11.28}$$

其中，$\hat{C}_j(\boldsymbol{X},\boldsymbol{Y}) = C\left(\mu_{X_1},\mu_{X_2},\cdots,\mu_{X_{j-1}},X_j,\mu_{X_{j+1}},\mu_{X_{j+2}},\cdots,\mu_{X_n}\right)$，$\mu_{X_j}$ 表示 X_j 的均值。结构柔顺度的第 k 阶原点矩为

$$E\left(C^k\right) = E\left[\left(\sum_{j=1}^{n} \hat{C}_j(\boldsymbol{X},\boldsymbol{Y}) - (n-1)C\left(\mu_{X_1},\mu_{X_2},\cdots,\mu_{X_n}\right)\right)^k\right] \tag{11.29}$$

根据二项式定理，可知

$$E\left(C^k\right) = \sum_{i=0}^{k} \binom{k}{i} E\left[\left(\sum_{i=1}^{n} \hat{C}_j(\boldsymbol{X},\boldsymbol{Y})\right)^i\right]\left[-(n-1)C\left(\mu_{X_1},\mu_{X_2},\cdots,\mu_{X_n}\right)\right]^{k-i} \tag{11.30}$$

其中，$\binom{k}{i} = \dfrac{k!}{i!(k-i)!}$ 为二项式展开系数。定义

$$S_j^i = E\left[\left(\sum_{i=1}^{j} \hat{C}_j(\boldsymbol{X},\boldsymbol{Y})\right)^i\right] \tag{11.31}$$

$S_j^i(j=1,2,\cdots,n;\ i=1,2,\cdots,k)$ 可由以下递归公式计算[31]：

$$\begin{aligned}
&S_1^i = E\left[\left(\hat{C}_1(\boldsymbol{X},\boldsymbol{Y})\right)^i\right], \quad i=1,2,\cdots,k \\
&S_2^i = \sum_{l=0}^{i} \binom{i}{l} S_1^l E\left[\left(\hat{C}_2(\boldsymbol{X},\boldsymbol{Y})\right)^{i-l}\right], \quad i=1,2,\cdots,k \\
&\vdots \\
&S_j^i = \sum_{l=0}^{i} \binom{i}{l} S_{j-1}^l E\left[\left(\hat{C}_j(\boldsymbol{X},\boldsymbol{Y})\right)^{i-l}\right], \quad i=1,2,\cdots,k \\
&\vdots \\
&S_n^i = \sum_{l=0}^{i} \binom{i}{l} S_{n-1}^l E\left[\left(\hat{C}_n(\boldsymbol{X},\boldsymbol{Y})\right)^{i-l}\right], \quad i=1,2,\cdots,k
\end{aligned} \tag{11.32}$$

故可以求得

$$E\left(C^k\left(\boldsymbol{Y}\right)\right)=\sum_{i=0}^{k}\binom{k}{i}S_n^i\left[-\left(n-1\right)C\left(\mu_{X_1},\mu_{X_2},\cdots,\mu_{X_n}\right)\right]^{k-i} \tag{11.33}$$

由此可知，结构柔顺度的原点矩可近似表示为一系列单变量函数 $\hat{C}_j\left(\boldsymbol{X},\boldsymbol{Y}\right)$ 原点矩的组合，因此多维高斯积分的求解转换为一系列单维高斯积分的求解。对于正态分布随机变量，可直接采用高斯-埃尔米特数值积分得到单变量函数的一阶矩和二阶矩。对于其他分布类型的随机变量，可以先通过等概率变换[33]转换为正态分布变量，然后利用高斯-埃尔米特数值积分进行求解。在本章中，为分析方便，假设随机变量均服从正态分布。

在第二步计算中，考虑区间变量的影响，则由式(11.33)得到的第 k 阶原点矩将属于一个区间：

$$E\left(C^k\left(\boldsymbol{Y}\right)\right)\in\left\{\min_{\boldsymbol{Y}}E\left(C^k\left(\boldsymbol{Y}\right)\right),\max_{\boldsymbol{Y}}E\left(C^k\left(\boldsymbol{Y}\right)\right)\right\} \tag{11.34}$$

故结构柔顺度的均值和标准差也属于一个区间。同样采用降维策略[32]，鲁棒性目标函数可近似表示为

$$\begin{aligned}
g&=\max_{\boldsymbol{Y}}\left\{\mu\left[C\left(Y_1,Y_2,\cdots,Y_m\right)\right]+w\sigma\left[C\left(Y_1,Y_2,\cdots,Y_m\right)\right]\right\}\\
&\approx\max_{\boldsymbol{Y}}\left\{\mu\left[C\left(Y_1,Y_2^{\mathrm{C}},\cdots,Y_m^{\mathrm{C}}\right)\right]+\mu\left[C\left(Y_1^{\mathrm{C}},Y_2,\cdots,Y_m^{\mathrm{C}}\right)\right]+\cdots+\mu\left[C\left(Y_1^{\mathrm{C}},Y_2^{\mathrm{C}},\cdots,Y_m\right)\right]\right.\\
&\quad-\left(m-1\right)\mu\left[C\left(Y_1^{\mathrm{C}},Y_2^{\mathrm{C}},\cdots,Y_m^{\mathrm{C}}\right)\right]+w\sigma\left[C\left(Y_1,Y_2^{\mathrm{C}},\cdots,Y_m^{\mathrm{C}}\right)\right]+w\sigma\left[C\left(Y_1^{\mathrm{C}},Y_2,\cdots,Y_m^{\mathrm{C}}\right)\right]\\
&\quad\left.+\cdots+w\sigma\left[C\left(Y_1^{\mathrm{C}},Y_2^{\mathrm{C}},\cdots,Y_m\right)\right]-\left(m-1\right)w\sigma\left[C\left(Y_1^{\mathrm{C}},Y_2^{\mathrm{C}},\cdots,Y_m^{\mathrm{C}}\right)\right]\right\}\\
&=\max_{\boldsymbol{Y}}\left[d_1\left(Y_1\right)+d_2\left(Y_2\right)+\cdots+d_h\left(Y_m\right)-d_{\mathrm{C}}\right]
\end{aligned} \tag{11.35}$$

其中，

$$d_i\left(Y_i\right)=\mu\left[C\left(Y_1^{\mathrm{C}},Y_2^{\mathrm{C}},\cdots,Y_i,\cdots,Y_m^{\mathrm{C}}\right)\right]+w\sigma\left[C\left(Y_1^{\mathrm{C}},Y_2^{\mathrm{C}},\cdots,Y_i,\cdots,Y_m^{\mathrm{C}}\right)\right],\ i=1,2,\cdots,m \tag{11.36}$$

$$d_{\mathrm{C}}=\left(m-1\right)\mu\left[C\left(Y_1^{\mathrm{C}},Y_2^{\mathrm{C}},\cdots,Y_m^{\mathrm{C}}\right)\right]+\left(m-1\right)w\sigma\left[C\left(Y_1^{\mathrm{C}},Y_2^{\mathrm{C}},\cdots,Y_m^{\mathrm{C}}\right)\right] \tag{11.37}$$

从式(11.36)和式(11.37)可见，$d_i(Y_i)$ 是区间变量 Y_i 的函数，d_{C} 是常数。基于一阶泰勒展开，有

$$d_i(Y_i) \approx d_i(Y_i^{\mathrm{C}}) + \nabla d_i(Y_i - Y_i^{\mathrm{C}}) \tag{11.38}$$

其中，∇d_i 为 d_i 对区间变量 Y_i 的灵敏度。为了得到 d_i 的最大值，根据灵敏度 d_i 的符号选择相应的区间变量值：如果 $\nabla d_i \geqslant 0$，则 $Y_i = Y_i^{\mathrm{R}}$，如果 $\nabla d_i < 0$，则 $Y_i = Y_i^{\mathrm{L}}$。最终可以得到鲁棒性目标函数的值 $g = \max[\mu(C) + w\sigma(C)]$。

对于包含 n 个随机变量和 m 个区间变量的问题，若在单变量函数的积分求解中采用 3 个积分点，则采用 HUDR 方法求解鲁棒性目标函数只需要 $(3n+1)(2m+1)$ 次有限元调用，从而为开展高效的灵敏度分析和优化求解奠定了基础。

11.2.3 鲁棒性拓扑优化目标函数灵敏度分析与求解

在鲁棒性拓扑优化设计中，本章采用 OC 方法[27,28]来更新宏观和微观设计变量。鲁棒性目标函数对宏观设计变量的灵敏度可以由式(11.39)求得：

$$\frac{\partial[\mu(C) + w\sigma(C)]}{\partial \alpha_i} = \frac{\partial \mu(C)}{\partial \alpha_i} + w\frac{\partial \sigma(C)}{\partial \alpha_i} \tag{11.39}$$

根据复合函数求导定律，有

$$\frac{\partial \sigma^2(C)}{\partial \alpha_i} = 2\sigma(C)\frac{\partial \sigma(C)}{\partial \alpha_i} \tag{11.40}$$

故式(11.39)可转换为

$$\begin{aligned}
\frac{\partial[\mu(C) + w\sigma(C)]}{\partial \alpha_i} &= \frac{\partial\left(\sum_{l=1}^{L} C_l \Big/ L\right)}{\partial \alpha_i} + w\frac{\partial\left(\sum_{l=1}^{L}[C_l - \mu(C)]^2 \Big/ L\right)}{2\sigma(C)\partial \alpha_i} \\
&= \frac{1}{L}\sum_{l=1}^{L}\frac{\partial C_l}{\partial \alpha_i} + \frac{2w}{L}\sum_{l=1}^{L}|C_l - \mu(C)|\frac{\partial[C_l - \mu(C)]}{2\sigma(C)\partial \alpha_i} \\
&= \frac{1}{L}\sum_{l=1}^{L}\frac{\partial C_l}{\partial \alpha_i} + \frac{w}{L\sigma(C)}\left[\sum_{l=1}^{L}|C_l - \mu(C)|\frac{\partial C_l}{\partial \alpha_i}\right]
\end{aligned} \tag{11.41}$$

其中，C_l 表示结构柔顺度 L 个样本的第 l 个值；$\frac{1}{L}\sum_{l=1}^{L}\frac{\partial C_l}{\partial \alpha_i}$ 表示函数 $\frac{\partial C}{\partial \alpha_i}$ 的均值；$\frac{1}{L}\left[\sum_{l=1}^{L}|C_l - \mu(C)|\frac{\partial C_l}{\partial \alpha_i}\right]$ 表示函数 $|C - \mu(C)|\frac{\partial C}{\partial \alpha_i}$ 的均值。由式(11.21)可以得到 $\frac{\partial C}{\partial \alpha_i}$

和$\left|C-\mu(C)\right|\frac{\partial C}{\partial \alpha_i}$的显式表达式，再采用 HUDR 方法，即式(11.33)可获得均值$E\left(\frac{\partial C}{\partial \alpha_i}\right)$和$E\left(\left|C-\mu(C)\right|\frac{\partial C}{\partial \alpha_i}\right)$。

类似地，鲁棒性目标函数对微观设计变量的灵敏度为

$$\frac{\partial\left[\mu(C)+w\sigma(C)\right]}{\partial \rho_e}=\frac{\partial \mu(C)}{\partial \rho_e}+w\frac{\partial \sigma(C)}{\partial \rho_e} \tag{11.42}$$

式(11.42)可进一步表示为

$$\frac{\partial\left[\mu(C)+w\sigma(C)\right]}{\partial \rho_e}=\frac{1}{L}\sum_{l=1}^{L}\frac{\partial C_l}{\partial \rho_e}+\frac{w}{L\sigma(C)}\sum_{l=1}^{L}\left|C_l-\mu(C)\right|\frac{\partial C_l}{\partial \rho_e} \tag{11.43}$$

同理，结合微观确定性灵敏度函数(11.24)和 HUDR 方法即可求得式(11.43)中鲁棒性目标函数的灵敏度。

11.3　数值算例与工程应用

本节将分析三个数值算例，算例中宏观结构和微结构均采用四节点的四边形单元进行离散，宏观结构单元密度的初始值设置为 0.5。均匀初始结构的材料设计问题难以用数值均匀化方法进行求解，因此将微结构的初始设计设置为中心有孔的结构，如图 11.2 所示，其中黑色表示人工密度为 1 的固体材料，白色表示人工密度为 0.001 的弱材料。三个算例中都假定结构性能响应的平均值与标准差同等重要，故鲁棒性目标函数中权值 w 都设置为 1。另外，本章也将随机变量和区间变量分别给定为其均值和中心点值，进行相应的确定性拓扑优化设计，并与鲁棒性优化设计结果进行对比分析。

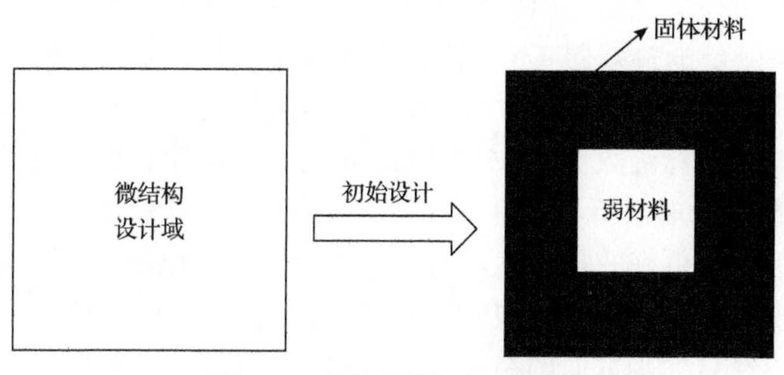

图 11.2　微结构的初始设计[24]

例 11.1 悬臂梁结构设计。

考虑一长宽比为 2∶1 的悬臂梁结构(图 11.3)，在梁下界的中点和右下角分别施加两个载荷，将载荷 F_1 和 F_2 处理为随机变量，载荷方向 θ_1 和 θ_2 处理为区间变量，变量类型和参数如表 11.1 所示。该结构材料的弹性模量 E 为1，泊松比 ν 为 0.3。需要指出的是，弹性模量和载荷大小均以单位数值形式给出，不考虑其实际单位。宏观结构采用 80×40 个单元划分，微结构采用 40×40 个单元划分。

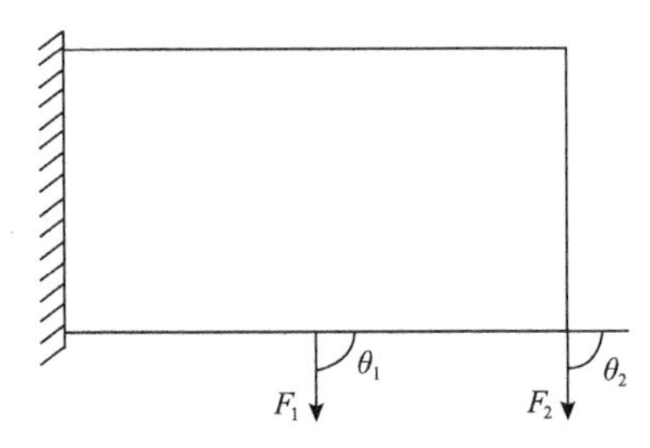

图 11.3 悬臂梁结构[24]

表 11.1 不确定性变量类型和参数(悬臂梁结构设计)[24]

不确定性变量	参数 1	参数 2	变量类型	分布类型
F_1	1	0.1	随机变量	正态分布
F_2	1	0.1	随机变量	正态分布
θ_1(°)	80	100	区间变量	—
θ_2(°)	80	100	区间变量	—

分别采用确定性拓扑优化方法和本章所提出的鲁棒性拓扑优化方法对该悬臂梁结构进行求解，优化结果与迭代过程如图 11.4 和图 11.5 所示。由图可见，所提出的鲁棒性拓扑优化方法可稳定收敛，且在宏观和微观两个尺度上，鲁棒性设计的优化拓扑构型均不同于确定性设计的优化拓扑构型。因此对于该问题，参数的混合不确定性对结构-材料一体化拓扑优化结果有较显著的影响。为对比确定性拓扑优化和鲁棒性拓扑优化的结果，将两者置于同样的混合不确定性载荷工况下，通过双层 MCS 方法求解各自优化解处的鲁棒性目标函数值(即结构柔顺度的均值和标准差加权和的最大值)。可以发现，鲁棒性设计优化解对应的鲁棒性目标函数值为 658.4190，相比于确定性设计优化解对应的鲁棒性目标函数值 717.0947 降低了 8.18%，即前者优化结果相比后者在实际参数不确定性条件下具有更好的鲁棒性。另外，为验证所提出 HUDR 方法的有效性，针对鲁棒性设计的优化拓扑构型，表 11.2 中列出了通过 HUDR 方法和双层 MCS 方法求解鲁棒性目标函数值的结果。由表 11.2 可知，在精度相当的情况下，HUDR 方法相比 MCS 方法的计算量大幅度减少。

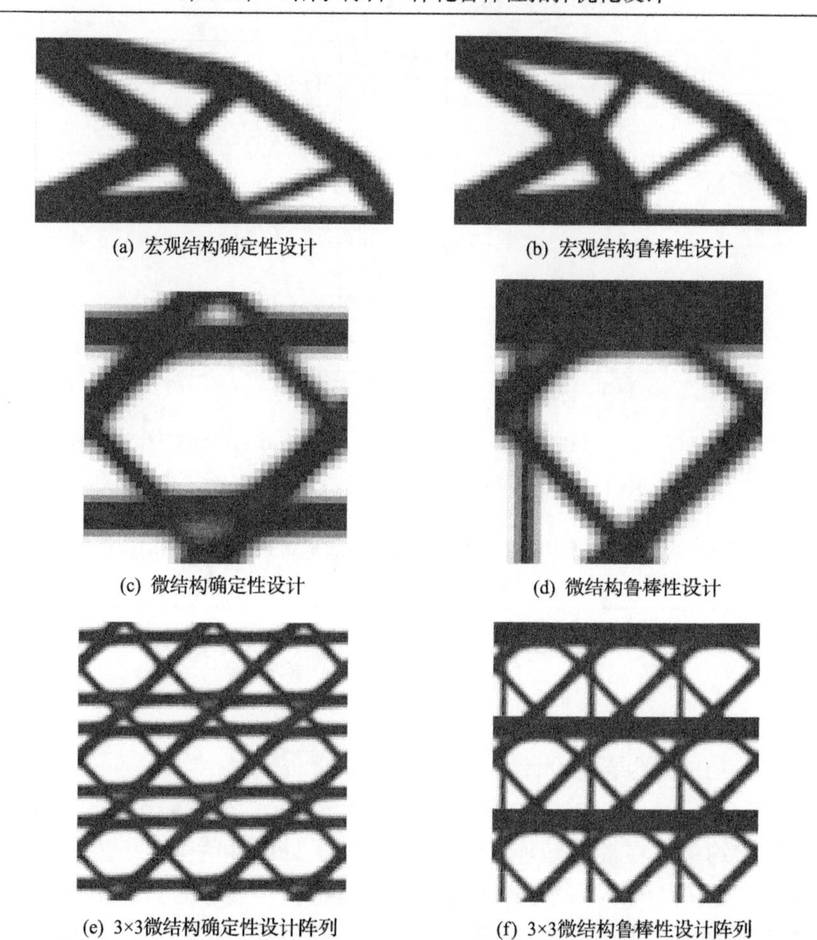

(a) 宏观结构确定性设计　(b) 宏观结构鲁棒性设计

(c) 微结构确定性设计　(d) 微结构鲁棒性设计

(e) 3×3微结构确定性设计阵列　(f) 3×3微结构鲁棒性设计阵列

图 11.4　悬臂梁结构的宏微观拓扑优化结果[24]

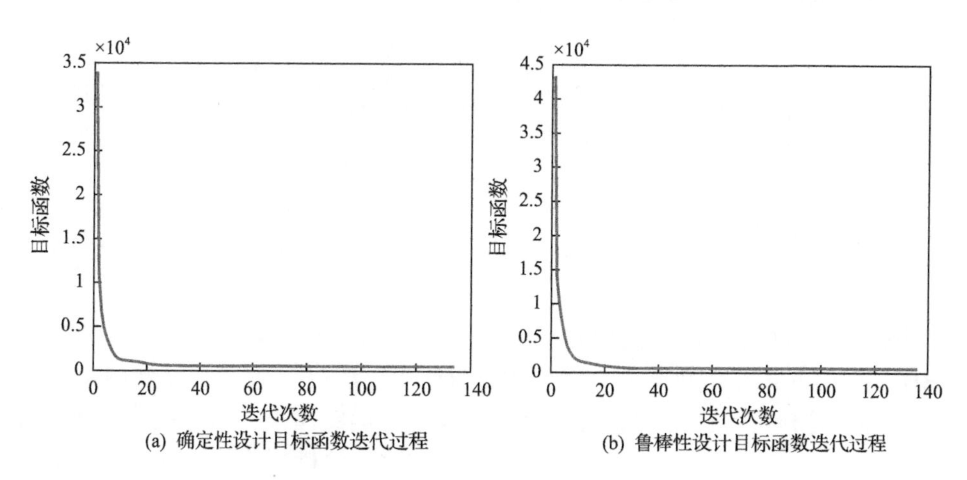

(a) 确定性设计目标函数迭代过程　(b) 鲁棒性设计目标函数迭代过程

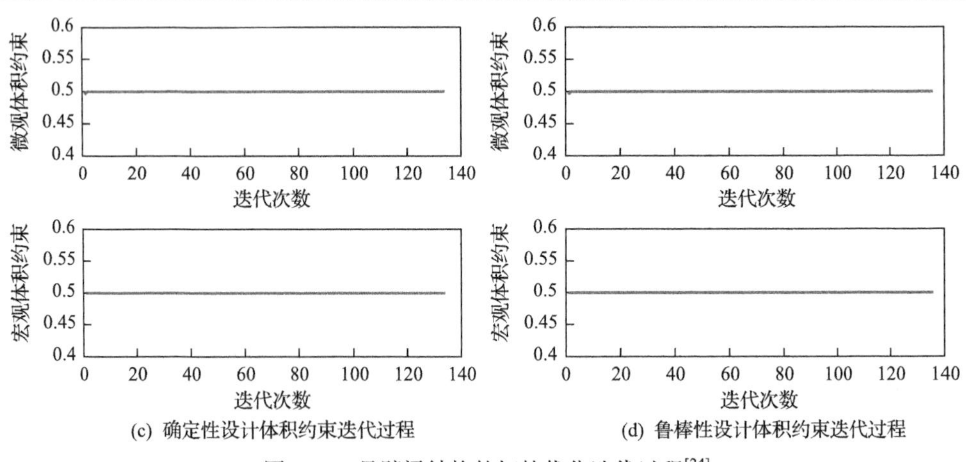

(c) 确定性设计体积约束迭代过程　　(d) 鲁棒性设计体积约束迭代过程

图 11.5　悬臂梁结构的拓扑优化迭代过程[24]

表 11.2　在优化解处使用 HUDR 方法和 MCS 方法求解鲁棒性目标函数的结果对比(悬臂梁结构设计)[24]

方法	均值	标准差	鲁棒性目标函数	有限元调用次数
HUDR	569.2122	87.7946	657.0068	35
MCS	570.4529	87.9659	658.4190	10^7

例 11.2　MBB 梁结构设计。

如图 11.6 所示，MBB 梁结构的长宽比为 6∶1，梁的左下角为固定约束，右下角为简支约束。在 MBB 梁上界的 1/3 和 2/3 处施加两个大小为 F_1 和 F_2 、方向为 θ_1 和 θ_2 的载荷，假定不确定性变量的分布类型和参数与例 11.1 相同(表 11.1)。材料的弹性模量和泊松比分别为 E=1 和 ν=0.3。宏观结构采用 120×20 个单元划分，微结构采用 40×40 个单元划分。

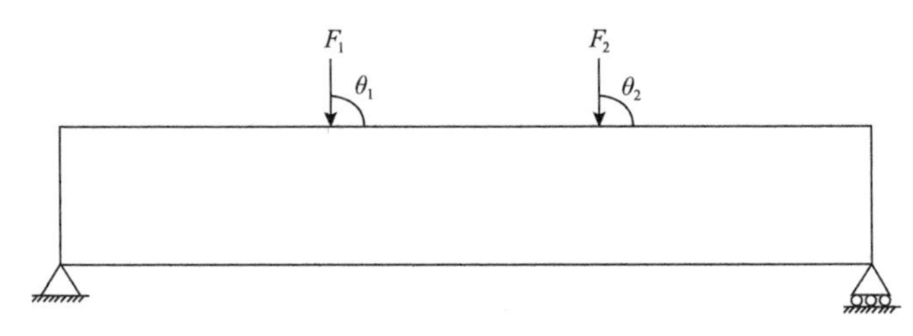

图 11.6　MBB 梁结构[24]

分别采用确定性拓扑优化方法和本章提出的鲁棒性拓扑优化方法求解该 MBB 梁结构的拓扑优化问题，优化结果与迭代过程分别如图 11.7 和图 11.8 所示。显然，鲁棒性设计的宏微观优化拓扑构型与确定性设计的宏微观优化拓扑构型不同，可见在本算例中混合不确定性对结构-材料一体化拓扑优化结果仍然有较显著的影响。为对比确定性拓扑优化和鲁棒性拓扑优化的结果，考虑相同的混合不确定性载荷工况，采用双层 MCS 方法求解各自优化解处的鲁棒性目标函数值。鲁棒性设计优化解对应的鲁棒性目标函数值为 1.2385×10^3，相比于确定性设计优化解对应的鲁棒性目标函数值 1.3460×10^3 降低了 7.99%。另外，针对鲁棒性设计优化解仍然采用 HUDR 方法和双层 MCS 方法分别求解鲁棒性目标函数值，结果如表 11.3 所示。结果再次表明，在精度相当的前提下 HUDR 方法相比 MCS 方法大大降低了计算量。

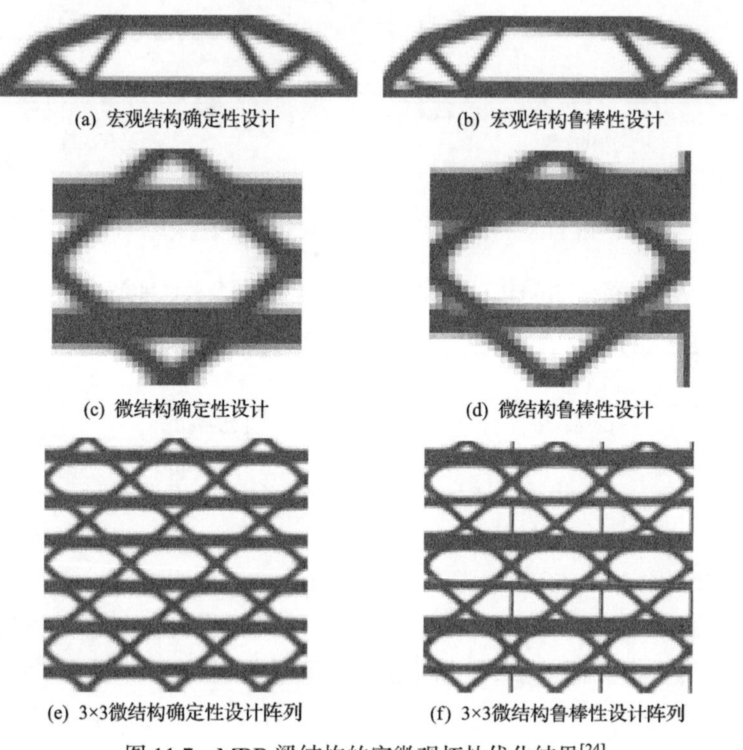

(a) 宏观结构确定性设计　　(b) 宏观结构鲁棒性设计

(c) 微结构确定性设计　　(d) 微结构鲁棒性设计

(e) 3×3微结构确定性设计阵列　　(f) 3×3微结构鲁棒性设计阵列

图 11.7　MBB 梁结构的宏微观拓扑优化结果[24]

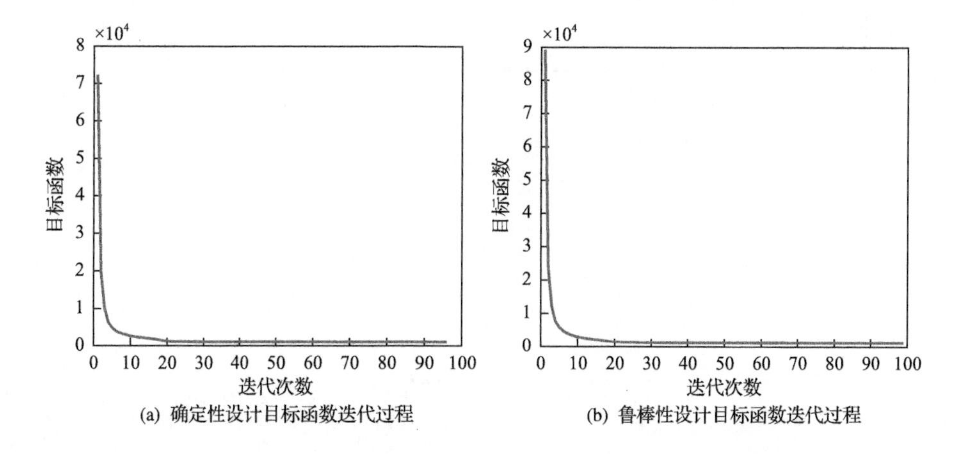

(a) 确定性设计目标函数迭代过程　　(b) 鲁棒性设计目标函数迭代过程

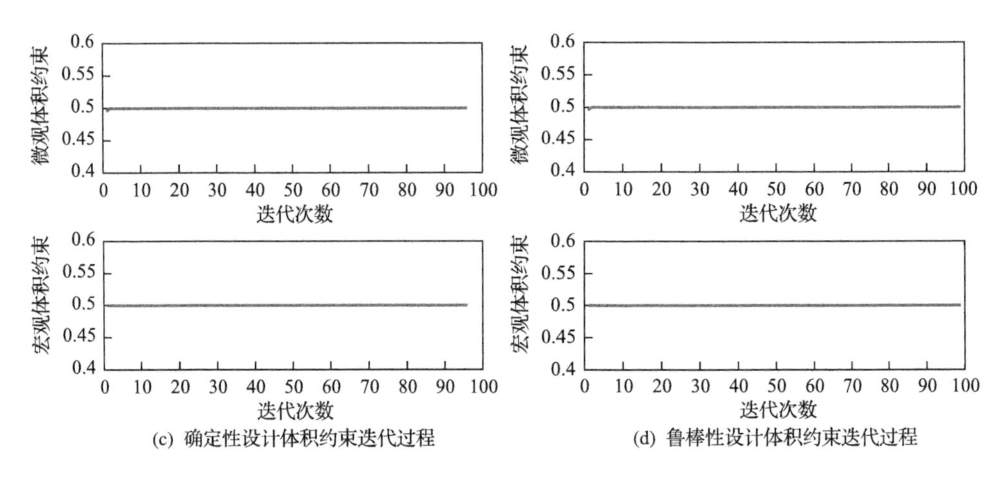

图 11.8 MBB 梁结构的拓扑优化迭代过程[24]

表 11.3 在优化解处使用 HUDR 方法和 MCS 方法求解鲁棒性目标函数的结果对比（MBB 梁结构设计）[24]

方法	均值	标准差	鲁棒性目标函数	有限元调用次数
HUDR	1.0864×10^3	152.6211	1.2390×10^3	35
MCS	1.0862×10^3	152.3253	1.2385×10^3	10^7

例 11.3 Michelle 梁结构设计。

本算例中研究了一长宽比为 2∶1 的 Michelle 梁结构，如图 11.9 所示，梁的左下角为固定约束，右下角为简支约束，结构下界的 1/4、1/2 和 3/4 处受到三个载荷作用。将载荷大小 F_1、F_2 和 F_3 处理为随机变量，载荷方向 θ_1、θ_2 和 θ_3 处理为区间变量，其分布类型和参数如表 11.4 所示。结构材料的弹性模量为 E=1，泊松比为 ν=0.3。宏观结构采用 80×40 个单元划分，微结构采用 40×40 个单元划分。

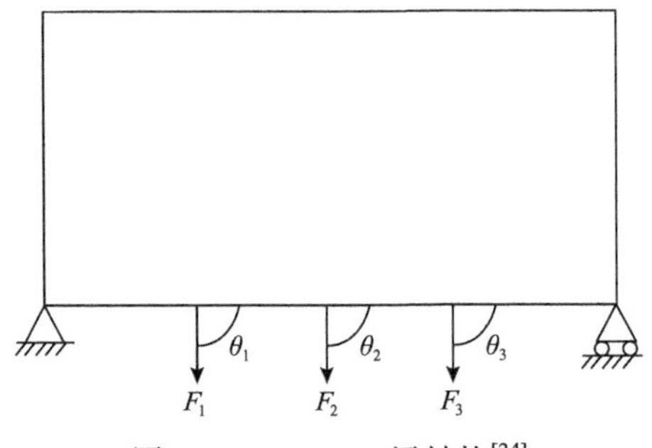

图 11.9 Michelle 梁结构[24]

表 11.4　不确定性变量类型和参数(Michelle 梁结构设计)[24]

不确定性变量	参数 1	参数 2	变量类型	分布类型
F_1	1	0.1	随机变量	正态分布
F_2	1	0.1	随机变量	正态分布
F_3	1	0.1	随机变量	正态分布
$\theta_1(°)$	80	100	区间变量	—
$\theta_2(°)$	80	100	区间变量	—
$\theta_3(°)$	80	100	区间变量	—

确定性拓扑优化和鲁棒性拓扑优化的结果与迭代过程如图 11.10 和图 11.11 所示。由图 11.10 可知，本算例与前两个算例稍有不同，其宏观结构鲁棒性设计结果图 11.10(b)与宏观结构确定性设计结果图 11.10(a)具有相似的拓扑结构，仅在其局部的拓扑构型尺寸上有所不同；但是，其微结构鲁棒性设计结果图 11.10(d)与微结构确定性设计结果图 11.10(c)则明显不同。也就是说，对于不同边界条件和承载情况的结构-材料一体化拓扑优化设计问题，混合不确定性对结构拓扑设计的影响程度可能会有所不同。类似地，在本算例中也采用双层 MCS 方法对比了确定性设计和鲁棒性设计优化解处的鲁棒性目标函数值。确定性设计优化解对应的鲁棒性目标函数值为 556.1797，而鲁棒性设计优化解对应的鲁棒性目标函数值为 516.8529，比前者下降了 7.07%，可见其在实际参数不确定性条件下具有更好的鲁棒性。针对鲁棒性设计优化解，采用所提出的 HUDR 方法和双层 MCS 方法求解鲁棒性目标函数，结果如表 11.5 所示，再次验证了 HUDR 方法具有较高的计算精度和计算效率。

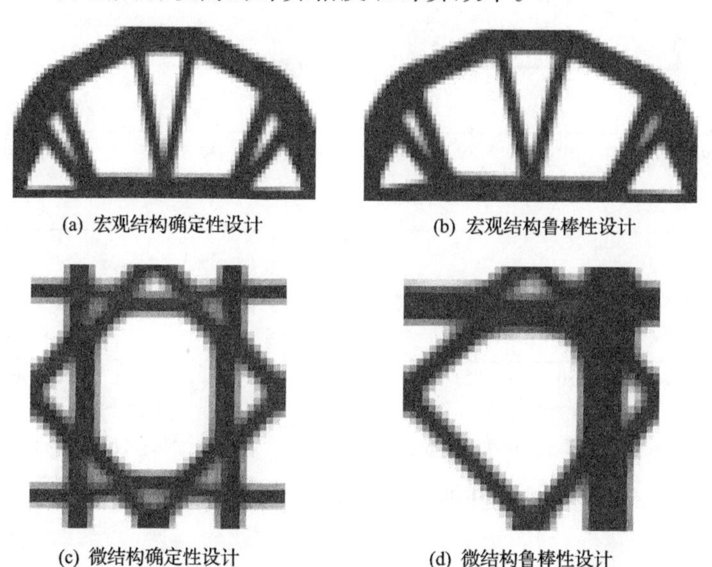

(a) 宏观结构确定性设计　(b) 宏观结构鲁棒性设计

(c) 微结构确定性设计　(d) 微结构鲁棒性设计

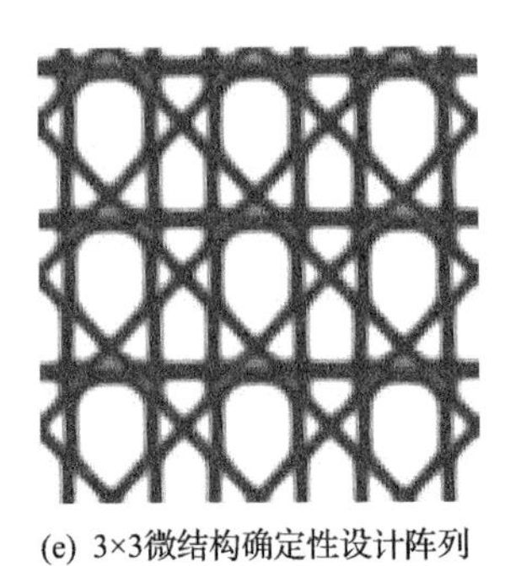

(e) 3×3微结构确定性设计阵列

(f) 3×3微结构鲁棒性设计阵列

图 11.10　Michelle 梁结构的宏微观拓扑优化结果[24]

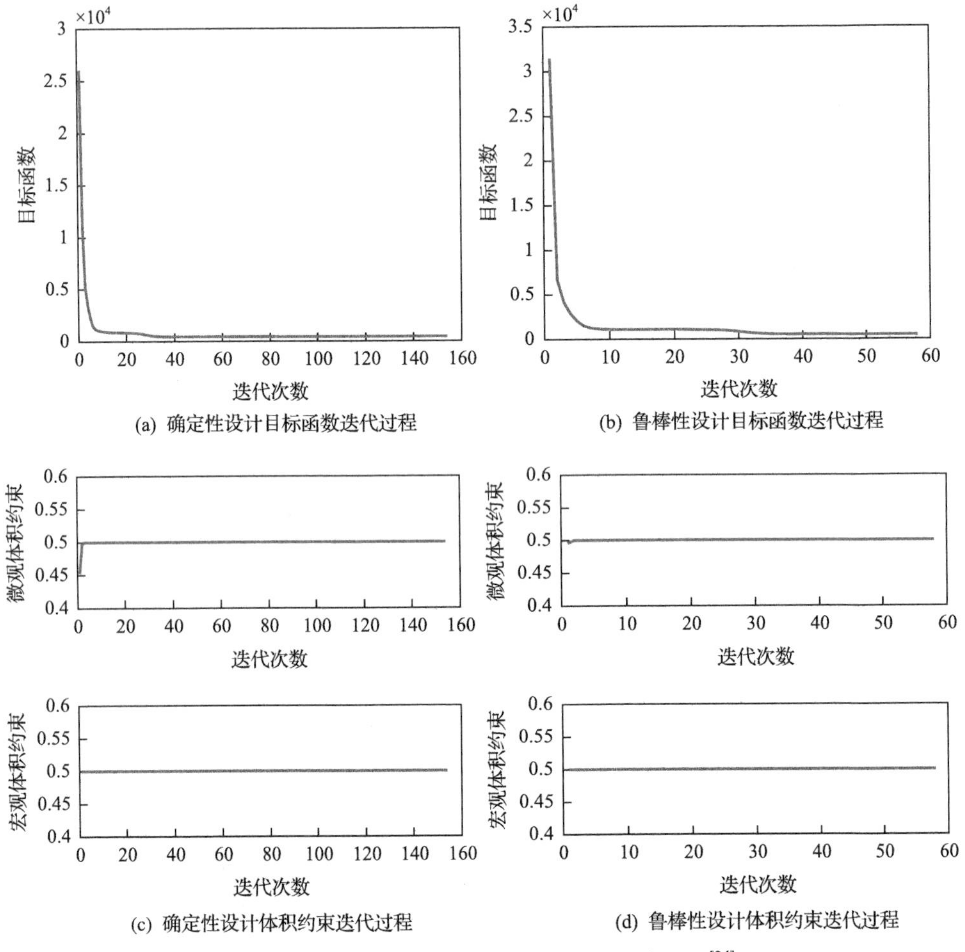

(a) 确定性设计目标函数迭代过程

(b) 鲁棒性设计目标函数迭代过程

(c) 确定性设计体积约束迭代过程

(d) 鲁棒性设计体积约束迭代过程

图 11.11　Michelle 梁结构的拓扑优化迭代过程[24]

表 11.5　在优化解处使用 HUDR 方法和 MCS 方法求解鲁棒性目标函数的结果对比 (Michelle 梁结构设计)[24]

方法	均值	标准差	鲁棒性目标函数	有限元调用次数
HUDR	463.6389	53.3526	516.9915	70
MCS	463.6422	53.2107	516.8529	10^7

11.4　本章小结

针对Ⅱ型混合不确定性问题，本章提出了一种结构-材料一体化鲁棒性拓扑优化设计方法，其中通过单变量混合降维策略高效求解了结构鲁棒性目标函数，并基于此推导了鲁棒性目标函数对宏微观设计变量的灵敏度表达式。需要指出的是，在本章方法的构建过程中采用了单变量降维策略进行不确定性响应的分析，因此对于一些非线性程度较高或者不确定性参数相关性较强的问题，可能带来计算精度的下降。整体而言，考虑混合不确定性的结构拓扑优化领域的研究仍然属于初步阶段，未来仍然需要发展可以考虑更多复杂混合不确定性类型及更强适应性的拓扑优化设计方法。

参考文献

[1] Bendsoe M P, Sigmund O. Topology Optimization: Theory, Methods, and Applications. Berlin: Springer Verlag, 2003.

[2] Sigmund O, Maute K. Topology optimization approaches: A comparative review. Structural and Multidisciplinary Optimization, 2013, 48(6): 1031-1055.

[3] Huang X, Xie Y M. A further review of ESO type methods for topology optimization. Structural and Multidisciplinary Optimization, 2010, 41(5): 671-683.

[4] Zhu J H, Zhang W H, Xia L. Topology optimization in aircraft and aerospace structures design. Archives of Computational Methods in Engineering, 2016, 23(4): 595-622.

[5] Guo X, Cheng G D. Recent development in structural design and optimization. Acta Mechanica Sinica , 2010, 26(6): 807-823.

[6] Jalalpour M, Tootkaboni M. An efficient approach to reliability-based topology optimization for continua under material uncertainty. Structural and Multidisciplinary Optimization, 2016, 53(4): 759-772.

[7] Silva M, Tortorelli D A, Norato J A, et al. Component and system reliability-based topology optimization using a single-loop method. Structural and Multidisciplinary Optimization, 2010, 41(1): 87-106.

[8] Luo Y J, Kang Z, Luo Z, et al. Continuum topology optimization with non-probabilistic reliability constraints based on multi-ellipsoid convex model. Structural and Multidisciplinary Optimization, 2009, 39(3): 297-310.

[9] Zheng J, Luo Z, Jiang C, et al. Non-probabilistic reliability-based topology optimization with multidimensional parallelepiped convex model. Structural and Multidisciplinary Optimization, 2018, 57(6): 2205-2221.

[10] Wang L, Ni B W, Wang X J, et al. Reliability-based topology optimization for heterogeneous composite structures under interval and convex mixed uncertainties. Applied Mathematical Modelling, 2021, 99: 628-652.

[11] Schevenels M, Lazarov B S, Sigmund O. Robust topology optimization accounting for spatially varying manufacturing errors. Computer Methods in Applied Mechanics and Engineering, 2011, 200(49-52): 3613-3627.

[12] Zhang W H, Liu H, Gao T. Topology optimization of large-scale structures subjected to stationary random excitation: An efficient optimization procedure integrating pseudo excitation method and mode acceleration method. Computers & Structures, 2015, 158: 61-70.

[13] Deng J D, Chen W. Concurrent topology optimization of multiscale structures with multiple porous materials under random field loading uncertainty. Structural and Multidisciplinary Optimization, 2017, 56(1): 1-19.

[14] Da Silva G A, Cardoso E L. Stress-based topology optimization of continuum structures under uncertainties. Computer Methods in Applied Mechanics and Engineering, 2017, 313: 647-672.

[15] Wu J L, Gao J, Luo Z, et al. Robust topology optimization for structures under interval uncertainty. Advances in Engineering Software, 2016, 99: 36-48.

[16] Rodrigues H, Guedes J M, Bendsøe M P. Hierarchical optimization of material and structure. Structural and Multidisciplinary Optimization, 2002, 24(1): 1-10.

[17] Yan J, Guo X, Cheng G D. Multi-scale concurrent material and structural design under mechanical and thermal loads. Computational Mechanics, 2016, 57(3): 437-446.

[18] Wang Y, Wang M Y, Chen F. Structure-material integrated design by level sets. Structural and Multidisciplinary Optimization, 2016, 54(5): 1145-1156.

[19] Wu Z L, Xia L, Wang S T, et al. Topology optimization of hierarchical lattice structures with substructuring. Computer Methods in Applied Mechanics and Engineering, 2019, 345: 602-617.

[20] Fujii D, Chen B C, Kikuchi N. Composite material design of two-dimensional structures using the homogenization design method. International Journal for Numerical Methods in Engineering, 2001, 50(9): 2031-2051.

[21] Andreassen E, Andreasen C S. How to determine composite material properties using numerical homogenization. Computational Materials Science, 2014, 83: 488-495.

[22] Bendsøe M P, Kikuchi N. Generating optimal topologies in structural design using a homogenization method. Computer Methods in Applied Mechanics and Engineering, 1988, 71(2): 197-224.

[23] Bensoussan A, Lions J L, Papanicolaou G. Asymptotic Analysis for Periodic Structures. Rhode Island: American Mathematical Society, 2011.

[24] Zheng J, Luo Z, Li H, et al. Robust topology optimization for cellular composites with hybrid uncertainties. International Journal for Numerical Methods in Engineering, 2018, 115(6): 695-713.

[25] Sigmund O. Materials with prescribed constitutive parameters: An inverse homogenization problem. International Journal of Solids and Structures, 1994, 31(17): 2313-2329.

[26] Hassani B, Hinton E. A review of homogenization and topology optimization I—homogenization theory for media with periodic structure. Computers & Structures, 1998, 69(6): 707-717.

[27] Rozvany G I N, Bendsøe M P, Kirsch U. Layout optimization of structures. Applied Mechanics Reviews, 1995, 48(2): 41-119.

[28] Zhou M, Rozvany G I N. The COC algorithm, part II: Topological, geometry and generalized shape optimization. Computer Methods in Applied Mechanics and Engineering, 1991, 89(1-3): 309-336.

[29] Svanberg K. The method of moving asymptotes—A new method for structural optimization. International Journal for Numerical Methods in Engineering, 1987, 24(2): 359-373.

[30] Haug E J, Choi K K, Komkov V. Design Sensitivity Analysis of Structural Systems. Orlando: Academic Press, 1986.

[31] Rahman S, Xu H. A univariate dimension-reduction method for multi-dimensional integration in stochastic mechanics. Probabilistic Engineering Mechanics, 2004, 19(4): 393-408.

[32] Chen S H, Ma L, Meng G W, et al. An efficient method for evaluating the natural frequencies of structures with uncertain-but-bounded parameters. Computers & Structures, 2009, 87(9-10): 582-590.

[33] Hohenbichler M, Rackwitz R. Non-normal dependent vectors in structural safety. Journal of the Engineering Mechanics Division, 1981, 107(6): 1227-1238.